"十三五"江苏省高等学校重点教材（本书编号：2018-1-093）

教育部高等学校文科计算机基础教学指导分委员会立项教材

第 2 版

大学计算机教程

主　编　卢雪松　周彩英

主　审　殷新春

副主编　楚　红　杨晓秋

　　　　徐　晶　唐忠宽

　　　　王深造

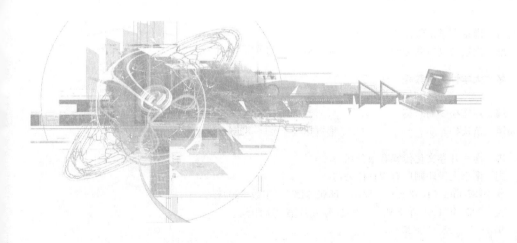

南京大学出版社

内容简介

本书为江苏省立项重点教材,以计算思维理念为指导,兼顾计算机等级考试的需要,将课程内容按照数据编码思维、数据存储思维、数据组织思维、数据管理思维、算法设计思维、软件开发思维和数据安全思维等进行知识重构,突出计算思维能力的培养。

全书共8章,内容包括计算机与计算思维概述、数据编码、数据存储、数据结构、算法设计与分析、数据库、软件开发、网络与信息安全等。每章结束,都附有计算思维启迪,并配有相应的思维导图,对本章的知识结构、思维过程进行梳理总结,以引导学生计算思维的养成。此外,每章还提供了阅读资料,以二维码形式呈现,展现了计算机界的风云人物、IT骨干企业和影响巨大的新技术新产品。本书对第1版中的部分陈旧内容进行了更新,在软件开发部分增补了Python语言的介绍。

本书可作为普通高校非计算机专业大学计算机基础课程教材,也可作为学生参加计算机等级考试的参考资料。

图书在版编目(CIP)数据

大学计算机教程/卢雪松,周彩英主编. —2版.
—南京:南京大学出版社,2020.10(2024.8重印)
高等院校信息技术课程精选系列教材
ISBN 978-7-305-23825-3

Ⅰ. ①大…　Ⅱ. ①卢…　②周…　Ⅲ. ①电子计算机—高等学校—教材　Ⅳ. ①TP3

中国版本图书馆 CIP 数据核字(2020)第 197793 号

出版发行　南京大学出版社
社　　址　南京市汉口路 22 号　　　邮　编　210093
书　　名　**大学计算机教程**
　　　　　DAXUE JISUANJI JIAOCHENG
主　　编　卢雪松　周彩英
责任编辑　苗庆松　　　　　　　编辑热线　025-83592655
照　　排　南京开卷文化传媒有限公司
印　　刷　南京人民印刷厂有限责任公司
开　　本　787 mm×1092 mm　1/16　印张 14.25　字数 380 千
版　　次　2020 年 10 月第 2 版　　2024 年 8 月第 5 次印刷
ISBN　978-7-305-23825-3
定　　价　37.80 元

网　　址:http://www.njupco.com
官方微博:http://weibo.com/njupco
官方微信号:NJUyuexue
销售咨询热线:(025)83594756

前　言

随着信息技术的飞速发展,计算机的应用已经融入人类学习、工作和生活的方方面面。人们已不再满足于掌握计算机基础知识和基本操作的要求,进一步提出了"计算思维"培养的理念。计算思维和理论思维、实验思维一起构成了推动人类文明进步和科技发展的科学思维。美国卡内基·梅隆大学周以真教授认为,计算思维是运用计算机科学的基础概念进行问题求解、系统设计以及人类行为理解的涵盖计算机科学之广度的一系列思维活动。

计算思维无处不在,无时不在,它闪现在人类活动的整个过程之中。计算思维是一种根本技能,因此每一个人要在现代社会中发挥更好的作用,就必须进一步加强计算思维的培养和训练。

在高等教育中,大学计算机课程对培养学生的信息素养和计算思维具有重要的地位和作用。科学地设计大学计算机的教学内容,形成合理的知识体系,使计算思维的培养真正落到实处,是目前各高校计算机基础教学改革的热点问题。本书以计算思维为指导,分析总结了当前一般高校非计算机专业学生计算机应用的知识结构和认知规律,兼顾到大部分学生参加计算机等级考试的需要,将课程内容按照数据编码思维、数据存储思维、数据组织思维、数据管理思维、算法设计思维、软件开发思维和数据安全思维等进行知识重构,这样既顺应学生学习计算机的认知规律,又符合学生操作使用计算机的思维习惯,更适于学生计算思维能力的培养。

本书共包括8章。第1章主要介绍了计算机的软硬件组成、应用领域、计算模式和计算思维,使读者对计算机是什么、有什么用以及怎样工作形成一个基本认识,初步建立起运用计算机解决问题的计算思维意识。第2章从"数据只有经过编码才能在计算机中存储、加工和传输"的思维理念出发,着重介绍了数值、字符、音频、图像和视频等各种数据编码方案。第3章厘清了数据在计算机中的存储机制,并详细介绍了内存储器、磁盘、光盘、U盘和固态硬盘等常见的存储介质。第4章从数据结构的角度介绍了数据应如何进行组织。第5章从算法设计的角度出发,逐一介绍了迭代、枚举、递推、递归、回溯、贪心、分治和动态规划等常见算法以及查找和排序的基本算法,强化训练读者的算法思维。第6

章以数据库技术为基础，介绍了计算机数据管理的思维方式。第7章以软件工程的思想为基础，介绍了软件开发的思维理念。第8章主要介绍计算机网络及信息安全，树立读者的安全意识。

本书每章结束，都附有计算思维启迪，对本章的知识结构、思维过程进行梳理总结，以引导学生计算思维的养成。与此同时，还配备了相应的思维导图。

为拓展学生的知识面，了解丰富的计算机文化，每章的最后都提供了阅读资料，以二维码的形式呈现，展现了计算机界的风云人物、IT骨干企业和影响巨大的新技术新产品。

本书由卢雪松、周彩英主编，殷新春主审。参加编写的有卢雪松（第1章和第5章）、周彩英（第3章和第4章）、楚红（第7章）、杨晓秋（第6章）、徐晶（第2章）、唐忠宽（第8章）等，最后由卢雪松统稿。

江苏省高等学校教学管理研究会教材管理工作委员会对本教材给予了充分的肯定，并鼎力支持申报江苏省重点教材；扬州大学出版基金确立了本教材为资助项目；扬州大学教务处对本教材所依托的大学计算机"计算思维"教学改革给予了立项资助；南京大学出版社的领导和编辑对本书的出版倾注了大量心血；书中部分内容和素材参考或改编自网络佚名作者。在此一并表示衷心的感谢！

囿于作者水平有限，加之编写时间仓促，书中难免有不当之处，敬请读者批评指正。

编　者
2020年3月

目　　录

第1章

计算机与计算思维概述

计算不仅是数学的基础技能,而且是整个自然科学的工具,也是人类生存的基本技能之一。从远古时代的结绳而治到今天的高性能计算机,人类从未停止过探索先进计算工具的脚步。随着信息技术的不断发展,计算机已深深融入人们的学习、工作和生活之中,并在各行各业取得了突破性的进展。与此同时,计算机的计算模式也发生了几次重大变革,分布式计算、云计算和普适计算已彻底颠覆了传统的思维方式。因此,加强计算思维的培养,更好地运用计算机科学的概念、思想和方法去解决问题,就显得特别的重要。

1.1 计算机系统组成

计算机系统通常由硬件系统和软件系统两大部分组成。硬件(hardware)是指实际的物理设备,计算机硬件是计算机系统中所有物理装置的总称,包括计算机的主机及其外部设备。软件(software)是指在硬件上运行的程序和相关的数据及文档,包括计算机本身运行所需的系统软件和用户完成特定任务所需的应用软件等。

1.1.1 硬件系统

美籍匈牙利科学家冯·诺伊曼指出现代计算机应由运算器、控制器、存储器、输入设备和输出设备等5大部件组成,其工作原理是存储程序和程序控制。人们将这样的计算机称为冯·诺伊曼计算机,并尊称冯·诺伊曼为现代计算机之父。至今的主流计算机仍然采用这种结构。

计算机硬件系统的组成如图1.1所示,图中细线为控制信号流程,粗线为数据流程。其中运算器和控制器合称为中央处理器(Central Processing Unit,CPU),它是计算机的核心部件。

一、CPU

CPU的具体任务是执行指令,它按照指令的要求完成对数据的基本运算和处理。CPU主要由运算器、控制器、寄存器和高速缓冲存储器(cache)等组成。

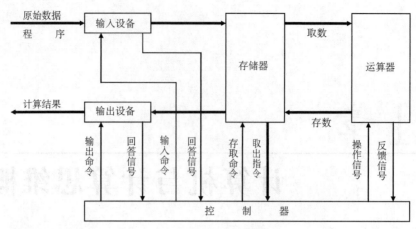

图 1.1　计算机硬件组成框图

指令是指挥计算机工作的指示和命令，是构成程序的基本单位。一条指令通常由操作码和操作数两个部分构成。每一种 CPU 都有它自己独特的一组指令，CPU 所能执行的全部指令称为该 CPU 的指令系统。不同公司生产的 CPU，其指令系统不一定互相兼容。目前常见的指令系统主要有精简指令集（RISC）和复杂指令集（CISC）两大类。

为提高处理速度，一台计算机中可以拥有 2 个、4 个、8 个甚至成百上千个 CPU，这样的计算机称为并行计算机。而在个人计算机、平板电脑和智能手机中，通常是将 2 个、4 个甚至更多个 CPU 集成在同一块芯片中，这样的 CPU 称为多核 CPU。

图 1.2　酷睿 i7 CPU

目前台式计算机或笔记本电脑的 CPU 大多采用 Intel 公司的 64 位 CPU 芯片，包括入门级的赛扬（Celeron）系列、消费级的奔腾（Pentium）系列和面向商业应用及中高端消费的酷睿（Core）系列，图 1.2 所示为酷睿 i7 CPU 芯片。也有部分台式计算机或笔记本电脑采用 AMD 公司的 CPU，其性能与 Intel 的相差无几，但经济实惠。平板电脑和智能手机的 CPU 大多采用 ARM 处理器内核。

CPU 的性能很大程度上决定了计算机的性能。影响 CPU 性能的因素很多，一般用户关注的指标主要有：

① 主频　主频是指 CPU 的时钟频率，也是 CPU 的工作频率。一般来说，主频越高，一个时钟周期里执行的指令数目就越多，CPU 的处理速度也就越快。目前个人计算机的 CPU 主频大致在 1～4 GHz 之间。

② cache 的容量　CPU 处理的数据来自内存，但 CPU 的处理速度远大于内存的访问速度，采用 cache 可减少 CPU 直接访问内存的次数。通常情况下，cache 容量越大，程序执行的速度越快。

③ 字长　字长是 CPU 中定点运算器和整数寄存器的宽度，它决定了 CPU 一次能处理的二进制整数的位数。多年来个人计算机使用的 CPU 大多是 32 位处理器，近些年使用的 Core 2 和 Core i3/i5/i7 则是 64 位处理器。

④ 内核个数　为提高 CPU 芯片的性能，如今的 CPU 中往往包含多个 CPU 内核，每个内核逻辑上都是一个独立的 CPU。在操作系统的支持下，多个 CPU 内核并行工作。通常情况下，内核越多，CPU 的整体性能越高。

二、存储器

存储器(memory)是用来存储程序和数据的部件。用户先通过输入设备把程序和数据存储在存储器中。运行时,控制器从存储器中逐一取出指令加以分析,发出控制命令以完成指定的操作;根据控制命令,从存储器中取出数据送到运算器中运算或把运算器中的结果送到存储器保存。由此可见,对存储器既可以进行"读"(取数)操作,又可以进行"写"(存数)操作。

衡量存储器的性能指标有三:一是存储容量,二是存储速度,三是价格。人们从未感到过存储容量已经够用、存取速度已经够快。因此存储器技术总是在不断发展,存储器容量越来越大、存取速度越来越快、价格越来越低、体积越来越小、耗电越来越省,就连使用寿命也越来越长。

三、输入设备

输入(Input)设备能把程序、数字、图形、图像、声音、控制现场的模拟量等数据,通过输入接口转换成计算机可以接收的电信号。常用的输入设备有键盘、鼠标器、操纵杆、卡片输入机、纸带输入机、光笔、语音识别装置、数字化仪、扫描仪、条形码阅读器、磁墨水字符阅读机、光学字符阅读机(Optical Character Reader,OCR)、调制解调器(modem)及各种模/数(A/D)转换器等。

1. 键盘

键盘是最常用的输入设备。键盘上布列了字母、数字、符号等键,使用者通过击键把字母、数字、符号或控制信号等输入到计算机中。目前计算机配置的键盘通常是 101/102 键或104/105 键的标准键盘。键盘的布局一般采用"QWERTY"键位排列。除了"QWERTY"键位排列外,还有"DVORAK"和"MALT"键位排列。这两种键位排列都比"QWERTY"键位排列科学,但是迄今为止"QWERTY"键盘仍然使用得最多,这是一个"劣势产品战胜优势产品"的典型例子。图1.3 所示为"QWERTY"键盘。

图 1.3　"QWERTY"键盘

2. 鼠标器

鼠标器属于一种"指点"设备,是一些菜单式软件和图形系统中常用的输入设备。世界上第一只鼠标是由美国科学家道格拉斯·恩格尔巴特(Douglas Englebart)于 1968 年在加利福尼亚发明的。

鼠标按其工作原理的不同可分为机械式鼠标、光机式鼠标、光电式鼠标 3 种。目前常见的是光电式鼠标。光电式鼠标不再像机械式鼠标那样需要滚动球,而是在外壳底部装有一个光电检测器。光电鼠标的工作原理是:在光电鼠标内部有一个发光二极管,通过该发光二极管发出的光线,照亮光电鼠标底部表面,然后将光电鼠标底部表面反射回的一部分光线,经过一组光学透镜,传输到一个光感应器件内成像。当光电鼠标移动时,将其位移信号转换为电脉冲信号,再通过程序的处理和转换来控制屏幕上光标箭头的移动,从而完成光标的定位。

目前无线鼠标越来越受到人们的青睐。无线鼠标采用无线技术与计算机通信,摆脱了鼠标线的束缚。当前主流的无线鼠标一般采用27M、2.4G和蓝牙技术实现与主机的通信。

图1.4　多键鼠标

2.4G无线鼠标，其接收信号的距离通常在7～15米之间，信号比较稳定，目前市场上多为这种产品。蓝牙鼠标，其发射频率和2.4G一样，接收信号的距离也一样，但是蓝牙鼠标不再需要适配器，直接连接就可使用。无线鼠标需要使用电池来供电，自身重量也随之增加。

鼠标按键数可分为两键鼠标、三键鼠标、五键鼠标和新型的多键鼠标。两键鼠标和三键鼠标的左右按键功能完全一致。多键鼠标是新一代的多功能鼠标，如有的鼠标上带有滚轮，大大方便了上下翻页，有的新型鼠标上除了有滚轮，还增加了拇指键等快速按键。图1.4所示为多键鼠标。

3. 笔输入设备

笔输入设备俗称"手写笔"，一般都由两部分组成，一部分是与主机相连接的基板，基板上有连接线，接在主机的串行口或USB口；另一部分是在基板上写字的"笔"。用户通过笔与基板的相互作用来完成写字、画画和控制鼠标箭头的操作。图1.5所示为手写笔。

图1.5　手写笔

目前使用的手写笔主要采用电磁感应式工作原理。工作时，电磁感应笔会放出电磁波，由基板感应到后，计算出笔的位置，输入给主机，主机于是移动光标或完成其他相应的操作。由于电磁波能隔空传导，所以笔即使不接触到基板，基板也能感应得到信号。

有的电磁感应笔，其基板能感应出用户写字过程中在笔尖上用力的变化，并将压力的大小（例如分为512级）传送给主机，主机就能在荧屏上显示出笔迹的粗细，这样就更接近于真正的笔在书写时的感觉，这就是所谓的"压力感应笔"，它在签名识别、绘画中很有用。

还有一种手写笔采用电容式触控板技术，电容式触控板使用手指和笔都能操作，它使用方便，没有磨损，性能稳定，寿命较长，受到用户的欢迎。

笔输入设备的出现为输入汉字提供了方便，用户不再需要学习其他的输入方法就可以很轻松地输入中文，当然这还需要运行专门的手写汉字识别软件。同时，笔输入设备还具有鼠标的作用，可以代替鼠标操作，并能方便地作画。

4. 扫描仪

扫描仪是将图片（照片）或文字输入计算机的一种输入设备。按扫描仪的结构来分，扫描仪可分为手持式、平板式、胶片专用和滚筒式等几种。

图1.6　平板式扫描仪

手持式扫描仪工作时，操作人员用手拿着扫描仪在被扫描的图件上移动。它的扫描头比较窄，只适用于扫描较小的图件。

平板式扫描仪主要扫描反射式稿件，它的适用范围较广，单页纸可扫描，一本书也可逐页扫描。它的扫描速度、精度、质量比较好，已经在家用和办公自动化领域得到了广泛应用。图1.6所示为平板式扫描仪。

胶片扫描仪和滚筒式扫描仪都是高分辨率的专业扫描仪，它们在光源、色彩捕捉等方面均具有较高的技术性能，光学分辨率很高，这种扫描仪多数都应用于专业印刷排版领域。

扫描仪的主要性能指标包括：

（1）分辨率

它反映了扫描仪扫描图像的清晰程度,用每英寸生成的像素数目 dpi 来表示,如 300 *
600dpi、600 * 1 200dpi、1 200 * 2 400dpi 等。

（2）色彩位数（色彩深度）

它反映了扫描仪对图像色彩的辨析能力,色彩位数越多,扫描仪所能反映的色彩就越丰
富,扫描的图像效果也越真实。色彩位数可以是 24 位、30 位、36 位、42 位、48 位等。

（3）扫描幅面

指被扫描图件容许的最大尺寸,例如 A4、A4 加长、A3、A1、A0 等。

5. 数码相机

数码相机(digital camera)是扫描仪之外的另一种重要的图像输入设备。数码相机与传
统照相机相比,它不再需要胶卷和暗房,能直接将数字形式的照片输入电脑进行处理,或通
过打印机打印出来,或与电视机连接进行观看。

数码相机的镜头和快门与传统相机基本相同,不同之处是它不使用光敏卤化银胶片成
像,而是将影像聚焦在成像芯片(CCD 或 CMOS)上,并由成像芯片转换成电信号。其中成
像芯片是数码相机的核心。目前市面上大部分相机使用的成像芯片已经逐渐从 CCD 过渡
到 CMOS。CMOS 由大量独立的光敏元件组成,这些光敏元件通常是按矩阵排列的,以百
万像素(megapixel)为单位。光线透过镜头照射到 CMOS 上,被转换成电荷,每个元件上的
电荷量取决于它所受到的光照强度。按动快门时,CMOS 各个元件采集到的电信号经过
A/D 转换后变成数字信号,经过必要的图像处理和数据压缩之后,存储在相机内部的存储
器中。数码相机的像素就是指 CMOS 的分辨率,也即这台相机的 CMOS 上有多少感光组
件。显然,CMOS 像素越多,影像分解的点就越多,最终得到的影像分辨率就越高,图像的
质量也越好。所以,CMOS 像素的数目是数码相机的一个至关重要的性能指标。

目前数码相机的结构已日趋完善,功能趋于多样化。一般使用
的轻便数码相机,结构上都配置有彩色液晶显示器、USB 数字接口
和模拟视频信号输出;功能上具有自动聚焦、自动曝光、自动白平衡
调整、数字变焦、影像预视、影像删除等,有的还增设了连续拍摄功
能,可满足人们多样化的需求。图 1.7 所示为数码相机。

图 1.7　数码相机

摄像头又称为电脑相机、电子眼等,是一种视频输入设备,已广
泛应用于视频会议、远程医疗及实时监控等方面。普通用户通常使
用摄像头进行视频聊天。

6. 触摸屏

触摸屏(touch screen)是一种可以通过手指或输入笔触碰屏幕上的图标或文字实现信
息输入的一种多媒体输入装置。

触摸屏由触摸检测部件和触摸屏控制器组成。触摸检测部件安装在显示器屏幕的前
面,用于检测用户的触摸位置,然后送触摸屏控制器。触摸屏控制器接收到从触摸点检测装
置传来的触摸信息,并将其转换成触点坐标后送给 CPU 处理,同时它也能接收 CPU 发来
的命令并加以执行。

图 1.8　多点触摸屏

触摸屏按其工作原理分为电阻式、电容式、红外线式以及表面声波式等 4 种。每一类触摸屏都有其各自的优点和缺点。

目前，多点触摸屏得到了广泛的应用。与单点触摸屏不同的是，多点触摸屏支持两只手、多个手指甚至多个人同时操作屏幕的内容。多点触摸屏不但能够同时采集多点信号，还能判断手势。图 1.8 所示为多点触摸屏。

触摸屏的应用范围很广，生活中常见的有公共场所大厅信息查询、商场导购、银行的业务查询、KTV 点歌、电子游戏等，手机触摸屏也是一个很普及的应用。

四、输出设备

输出（Output）设备能把计算机运行结果或过程，通过输出接口转换成人们所要求的直观形式或控制现场能接受的形式。常见的输出设备有显示器、打印机、绘图仪以及 3D 打印机等。

1. 显示器

显示器（display），通常也称为监视器，是最常用的输出设备，它能在程序的控制下，动态地以字符或图形形式显示程序的内容和运行结果。显示器的外形和家用电视接收机相仿。显示器必须配合正确的显示适配器才能构成完整的显示系统。显示适配器（即显卡），主要由图形处理单元（Graphic Processing Unit，GPU）、显存（Video RAM）和 BIOS 构成。

目前常见的显示器件类型有阴极射线管（Cathode Ray Tube，CRT）显示器件、液晶显示器件（Liquid Crystal Display，LCD）、发光二极管（Low Emitting Diode，LED）显示器件、等离子体显示器件等。

CRT 显示器的工作原理是作为阴极的电子枪在输入信号的控制下发出强度不同的电子束，电子束在加速电场和偏转磁场的作用下射向屏幕上的各点，使荧光材料发出不同亮度或不同色彩的光而达到显示的目的。

LCD 显示器的工作原理是由背光层发出的光线在穿过偏振过滤层之后进入包含成千上万水晶液滴的液晶层。液晶层中的水晶液滴都被包含在细小的单元格结构中，一个或多个单元格构成屏幕上的一个像素。当 LCD 中的电极产生电场时，液晶分子就会产生扭曲，从而将穿越其中的光线进行有规则的折射，然后经过过滤层的过滤在屏幕上显示出来。图 1.9 所示为液晶显示器。

图 1.9　液晶显示器

LCD 显示器既可以透射显示，也可以反射显示。透射型 LCD 由屏幕背后的光源照亮，目前主要的背光源有荧光灯管和发光二极管两种。计算机显示器、电视机、平板电脑和手机都采用透射型 LCD。反射型 LCD 无须光源，由其后面的反射面反射外部环境的光线照亮屏幕。电子钟表和计算器一般采用反射型 LCD。

LCD 显示器的主要性能参数如下：

（1）显示屏的尺寸

显示屏的尺寸由显示屏对角线的长度来衡量，单位为英寸。目前常见的 LCD 显示屏尺寸有 15、17、19、20、22、23、24、26、28、30 英寸等，也有一些显示屏的尺寸已超过 30 英寸。普屏 LCD 的宽高比一般为 4∶3，宽屏 LCD 的宽高比为 16∶9 或 16∶10。

（2）分辨率

分辨率是显示器的一个重要指标，用于描述一整屏可显示像素的多少，通常用水平分辨率×垂直分辨率表示，如 1 024×768、1 600×1 200、1 920×1 200、2 560×1 600、2 048×1 152 等。注意，并不是显示屏尺寸越大，分辨率就越高。这还和点距有关。点距为显示屏上两个相邻像素之间的间距。点距越小，显示的图像越清晰。例如某 23 英寸宽屏 LCD 其分辨率为 2 048×1 152，点距为 0.249 mm。某 26 英寸宽屏 LCD 其分辨率为 1 920×1 200，点距为 0.292 mm。

（3）对比值

对比值是定义最大亮度值（全白）除以最小亮度值（全黑）的比值。在 CRT 显示器上实现真正全黑的画面是很容易的，而 LCD 的背光源很难做快速的开关动作，因此背光源始终处于点亮的状态。要得到全黑画面时，液晶模块无法将来自背光源的光线完全阻挡，总会发生一些漏光。CRT 的对比值通常高达 500∶1，但对 LCD 来说人眼可以接受的对比值约为 250∶1。

（4）响应时间

响应时间是指 LCD 像素点对输入信号反应的速度。此值越小越好，一般在 5～10 ms 之间。如果响应时间太长，在观看高速运动图像时会出现尾影拖曳现象。

近年来，3D 显示器逐渐流行起来，它能让用户感受到震撼的立体效果。3D 显示主要分需佩戴立体眼镜和不需佩戴立体眼镜的两大技术体系。图 1.10 为 3D 液晶显示器。

传统的 3D 电影在屏幕上有两组图像（来源于在拍摄时互成角度的两台摄影机），观众佩戴的偏光眼镜让每只眼只接受一组图像，从而形成视差产生立体感。

图 1.10　3D 液晶显示器

自动立体显示技术，也即所谓的"真 3D 技术"，利用所谓的"视差栅栏"，使两只眼睛分别接受不同的图像，来形成立体效果，用户不用佩戴眼镜就可以观看立体影像。

2. 打印机

打印机（printer）也是常用的输出设备。它在来自主机的命令的控制下，能把程序的内容和运行结果打印在平纸上，以便阅读与保存。

打印机按工作机构可粗分为击打式和非击打式两类。击打式打印机又有点阵打印机（dot matrix printer）、菊花轮打印机（daisy wheel printer）、链式打印机（chain printer）等多种。非击打式印字机也有喷墨印字机、热敏印字机、静电印字机（electrostatic printer）、激光印字机等多种。

针式打印机主要由走纸机构、打印头与色带等组成。打印头通常有 24 根针，排成 2 列。根据主机送出的信号，驱动打印头中的一部分针击打色带，在打印纸上产生一个个由点阵组成的字符或汉字或图形。一般针式打印机价格便宜，对纸张要求低，但是噪声大，字迹质量不高，针头易折断。针式打印机主要应用于银行的存折打印、税务和商场的多层票据打印以及 ATM 机、收银机和出租车计价器的票据打印等。

图 1.11　激光打印机

激光打印机采用电子照相原理。在主机输出信息后，打印机便相应地去控制激光束的开合扫描，即控制激光图像发生器去形成激光图像而照射到感光鼓鼓面上。鼓面上未被光照的部分保留原来的充电电荷，被光照射到的部分原有的充电电荷则会消失，从而使鼓面形成静电潜像；已形成潜像的鼓面转入到显像器时，显像器内的色粉因静电吸引力而吸附在已曝光的鼓面上，这时静电潜像显影成为色粉图像。然后，再把色粉图像转印到记录纸面上，通过加热而使色粉熔化定影在纸面上以形成印刷拷贝。激光打印机打印速度快，每分钟可打印几页到几十页，印刷质量高，运行时无噪声，但是价格相对较高，对纸张有一定要求。图1.11所示为激光打印机。

喷墨打印机是将墨水通过精制的喷头喷射到纸面上而形成输出的字符或图形。喷墨打印机近几年来流行很广，因为其打印质量高，颜色鲜艳逼真，无噪声（可与激光打印机媲美），价格低于激光打印机，缺点是对纸张要求高，墨水的消耗量大且不便宜。

3. 绘图仪

打印机也可以打印图形，但是在绘图工作中则需使用专门设计的绘图仪（plotter）。绘图仪是一种图形输出设备。它可在绘图软件支持下，绘出各种复杂、精确的图形，是各种 CAD 的常用输出设备。绘图仪分为平板式和滚筒式两大类。

平板式绘图仪是将纸张固定在平板上，依靠绘图笔在计算机输出的信号控制下沿 x 轴和 y 轴方向移动，从而在纸张上绘出图形。滚筒式绘图仪则是在计算机的指

图 1.12　滚筒式绘图仪

挥下，使贴在滚筒上的绘图纸沿垂直方向运动，绘图笔则沿水平方向移动，从而在纸与笔的配合下绘制完成一幅图形。图 1.12 所示为滚筒式绘图仪。

4. 3D 打印机

3D 打印机，即快速成形技术的一种机器，它是一种以数字模型文件为基础，运用特殊蜡材、粉末状金属或塑料等可黏合材料，通过逐层打印的方式来构造物体的技术。图 1.13 所示为 3D 打印机。

在进行 3D 打印之前，必须先通过计算机建模软件建模，再将建成的三维模型"分区"成逐层的截面，即切片，从而指导打印机逐层打印。

3D 打印机一般采用堆叠薄层的方式，每一层的打印过程分为两步。首先在需要成型的区域喷洒一层特殊胶水，胶水液滴微小且不易扩散。然后再喷洒一层均匀的粉末，粉末遇到胶水会迅速固化黏结，而没有胶水的区域仍保持松散状态。这样在一层胶水一层粉末的交替下，实体模型就会被"打印"成型。打印完毕后只要扫除松散的粉末即可得到打印实物，剩

余粉末仍可循环利用。

　　当打印介质为金属粉末时,则采用"激光烧结"技术熔铸成指定形状。如果待打印物体中包含孔洞及悬臂等复杂结构时,介质中还需要加入凝胶剂或其他物质以提供支撑或用来占据空间。这部分粉末不会被熔铸,事后只需用水或气流冲洗掉支撑物便可形成孔隙。

　　如今可用于打印的介质种类多样,从繁多的塑料到金属、陶瓷、橡胶甚至秸秆等,应有尽有。目前已经有厂商开发出了巧克力 3D 打印机,用户可以通过它直接打印出自己设计的、富有创意和个性的巧克力。

图 1.13　3D 打印机

　　美国"太空制造"公司宣布于 2014 年为国际空间站提供一台 3D 打印机,供宇航员在轨生产零部件,无须再从地球运输零部件。在我国的飞机制造领域,有些部件就采用了 3D 打印技术。

　　3D 打印机在模具制造、工业设计、建筑设计、珠宝设计、骨科和牙科等领域有着广泛的应用前景。

五、I/O 接口

　　大多数 I/O 设备都是一个独立的物理实体。因此,I/O 设备与主机之间必须通过连接器(也叫作接插件或插头/插座)实现互连。计算机中用于连接 I/O 设备的各种插头/插座以及相应的通信规程和电气特性,统称为 I/O 接口。

　　PC 机可以连接许多不同种类的 I/O 设备,所使用的 I/O 接口分成多种类型。从数据传输方式来看,有串行(一位、一位地传输数据,一次只传输 1 位)和并行(8 位或者 16 位、32 位一起进行传输)之分;从数据传输速率来看,有低速和高速之分;从是否能连接多个设备来看,有总线式(可连接多个设备,被多个设备共享)和独占式(只能连接 1 个设备)之分;从是否符合标准来看,有标准接口与专用接口之分。

1. USB 接口

　　USB 是英文 Universal Serial Bus(通用串行总线)的缩写,它是一种高速的可以连接多个设备的串行接口,由 Compaq、IBM、Intel、Microsoft、NEC 等公司共同开发而成。

USB标识

**USB 3.0
标识**

图 1.14　USB 标识

　　早期的 USB 1.1 用于连接中低速设备(例如键盘和鼠标器),支持两种数据传输速率 1.5 Mb/s 和 12 Mb/s,目前已很少使用。与 USB 1.1 保持兼容的 USB 2.0 的数据传输速率可达到 480 Mb/s(60 MB/s),用来连接硬盘等高速设备。而 USB 3.0 的数据传输速率则可高达 3.2 Gb/s(400 MB/s)。USB 接口的标识如图 1.14 所示。

　　USB 接口使用 4 线连接器,它的插头比较小,不用螺钉连接,可方便地进行热插拔。

　　一个 USB 接口最多能连接 127 个设备,这时必须使用"USB 集线器"来扩展原来机器的 USB 接口。

　　带有 USB 接口的 I/O 设备可以有自己的电源,也可通过 USB 接口由主机提供电源

（＋5 V, 100～500 mA）。

由于 USB 接口的上述优点，它的使用已日趋普遍。目前不论是台式 PC 还是便携式 PC，几乎没有不具备 USB 接口的。为了便于将使用传统接口（如串行口和并行口）的 I/O 设备连接到 USB 接口，市场上有多种转接器销售，如 USB -串口转接器、USB -并口转接器、USB - SCSI 转接器、USB - PS/2（标准键盘和鼠标端口）转接器等。

USB 接口几乎可以连接所有外围设备。这些设备虽然都采用了 USB 接口，但是在连接设备端的时候，通常出于体积的考虑而采用了各种不同的接口。因此，除了常见的扁平的 USB 接口外，在手机、数码相机和移动硬盘中还经常见到各种 Mini 类型的 USB 接口，如图 1.15 所示。

miniUSB公口 miniUSB公口 USB公口 USB母口 USB公口
(A型插头) (B型插头) (B型) (A型插座) (A型插头)

图 1.15　USB 接口

2. IEEE - 1394 接口

IEEE - 1394 接口，又称火线（FireWire）接口，是由苹果公司领导的开发联盟开发的一种高速传送接口，主要用于连接需要高速传输大量数据的音频和视频设备。其数据传输速度特别快，可高达 400 MB/s。图 1.16 所示为 IEEE - 1394 接口的连接线。

IEEE - 1394 接口有 6 针和 4 针两种类型。6 角形的接口为 6 针，小型四角形接口则为 4 针。1394 接口采用级联方式连接外部设备，在一个接口上最多可以连接 63 个设备，设备间以菊花链方式进行转接。目前，许多便携式 PC 机都已提供了 IEEE - 1394 接口。图1.17 所示为 IEEE - 1394 接口 6 针型和 4 针型的示意图。

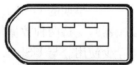

图 1.16　IEEE - 1394 接口连接线　　　图 1.17　IEEE - 1394 接口示意图

3. PS/2 接口

PS/2 是在较早电脑上常见的接口之一，用于连接鼠标、键盘等设备。一般情况下，PS/2 接口的鼠标为绿色，键盘为紫色。图 1.18 所示为 PS/2 接口。

PS/2 接口设备不支持热插拔，强行带电插拔有可能烧毁主板。

PS/2 接口可以使用 USB - PS/2 转接器转换成 USB 接口。

图 1.18　PS/2 接口

4. 显示器接口

显示器接口决定了图像传输的质量,常见的显示器接口有 VGA、DVI 和 HDMI 接口等。

(1) VGA 接口

VGA(Video Graphics Array)是 IBM 公司于 1987 年提出的一个使用模拟信号的电脑显示标准。VGA 接口是电脑采用 VGA 标准输出数据的专用接口。VGA 接口共有 15 针,分成 3 排,每排 5 个孔,是显卡上应用最为广泛的接口类型,绝大多数显卡都带有此种接口。它传输红、绿、蓝模拟信号以及同步信号(水平和垂直信号)。图1.19所示为 VGA 接口。

(2) DVI 接口

DVI(Digital Visual Interface,数字视频接口)是近年来随着数字化显示设备的发展而发展起来的一种显示接口。DVI 接口中,计算机直接以数字信号的方式将显示信息传送到显示设备中,图像显示质量较好。

图 1.19 VGA 接口

DVI 接口实现了真正的即插即用和热插拔,免除了在连接过程中需关闭计算机和显示设备的麻烦。现在许多液晶显示器都采用了该接口,CRT 显示器使用 DVI 接口的较少。

目前的 DVI 接口分为两种,一个是 DVI-D 接口,只能接收数字信号,接口上只有 3 排 8 列共 24 个针脚,其中右上角的一个针脚为空。不兼容模拟信号。图 1.20 所示为 DVI-D 接口。

另外一种则是 DVI-I 接口,可同时兼容模拟和数字信号。兼容模拟信号并不意味着模拟信号的接口 D-Sub 接口可以连接在 DVI-I 接口上,而是必须通过一个转换接头才能使用,一般采用这种接口的显卡都会带有相关的转换接头。图 1.21 所示为 DVI-I 接口。

图 1.20 DVI-D 接口

图 1.21 DVI-I 接口

(3) HDMI 接口

HDMI(High Definition Multimedia Interface,高清晰度多媒体接口)可以提供高达 5Gbps 的数据传输带宽,可以传送无压缩的音频信号及高分辨率视频信号。HDMI 不需要在信号传送前进行数/模或者模/数转换,因而能保证更高的音频和视频传输质量。在 HDMI 接口中,音频和视频采用同一电缆传送。图 1.22 所示为 HDMI 接口。

图 1.22 HDMI 接口

有些设备(如鼠标器、扫描仪、移动硬盘等)可以连接在主机的不同接口上,这取决于该设备本身使用的接口是什么。使用不同的接口,性能与成本也不同,应视需要而定。另外,一些传统的 I/O 接口,如串行口和并行口,正在被性能更好的 USB 或 IEEE-1394 接口所替代。

许多以前使用串行口或并行口的设备，现在已越来越多地改用 USB 接口；而一些使用 SCSI 接口的设备，也开始使用 USB 或 IEEE‐1394 接口。

1.1.2 软件系统

1983 年，IEEE 明确地将软件定为"软件是计算机程序、方法、规则、相关的文档以及在计算机上运行它时所必需的数据。"这一定义深刻阐述了软件的实质，也充分表明了软件与程序的区别。

软件是用户与硬件之间的接口界面，用户主要是通过软件来操作和使用计算机。

一、软件的分类

按照不同的原则和标准，可以将软件划分为不同的种类。若从应用的角度出发，软件通常分为系统软件、支撑软件和应用软件三大类。若从软件权益的处置方式出发，软件又有商品软件、共享软件、自由软件和免费软件之分。

1. 系统软件、支撑软件和应用软件

系统软件是计算机设计制造者提供的使用和管理计算机的软件，包括操作系统、语言处理系统等，其特征是与具体的应用领域无关。

支撑软件是用于支持软件开发与维护的软件，如数据库管理系统等。

应用软件是利用计算机提供的各种系统软件和支撑软件而开发的解决各种实际问题的软件。按照软件的开发方式和适用范围，应用软件可再分为通用应用软件和定制应用软件两类。通用应用软件可以在不同行业、不同部门中共同使用，如文字处理软件、电子表格软件、网络通信软件、统计分析软件等。定制应用软件是按照不同领域用户的特定需求而专门开发的软件，如某大学的学生选课系统、某企业的集成制造系统等。

也有人将软件分成两大类，即系统软件和应用软件，将支撑软件归入系统软件的范畴。

2. 商品软件、共享软件、自由软件和免费软件

商品软件只有付费以后才能得到其使用权，商品软件受版权法的保护。部分软件提供软件许可证。若用户购买了某软件的多用户许可证，则可以将该软件同时安装在若干台计算机上，或者允许安装的一份软件同时被若干个用户使用。

共享软件是一种购买前免费试用的具有版权的软件，它通常允许用户试用一段时间，也允许用户进行拷贝和散发，但不允许修改后散发。过了试用期，如果还想继续使用，就必须缴费成为注册用户。

自由软件允许用户随意拷贝、修改其源代码，允许销售和自由传播。但是，对软件源代码的任何修改都必须向所有用户公开，还必须允许此后的用户享有进一步拷贝和修改的自由。Linux 操作系统、TCP/IP 协议软件等都是自由软件催生的。

免费软件是一种无须付费就可以使用的软件，但用户没有修改权，其源代码也不一定公开。Adobe Reader、Flash Player、360 杀毒软件等都是免费软件。大多数自由软件都是免费软件，免费软件也不全都是自由软件。

二、操作系统

操作系统（OS）是计算机中最重要的一种系统软件，是由许多程序模块组成的一个大

型、复杂的软件产品。它能合理、有效地组织和管理计算机的软硬件资源,统筹安排计算机的工作流程,支持和控制应用程序的运行,并能向用户提供方便、灵活的操作界面,提高整个计算机系统的使用效率。

1. 操作系统的分类

随着计算机系统结构和使用方式的发展,目前已出现针对不同环境、适应不同领域的各种类型的操作系统。

(1) 单用户操作系统

这种操作系统的主要特征是在一个计算机系统内,一次只能运行一个用户程序。该用户独占计算机系统的全部软硬件资源。例如 20 世纪 80 年代流行的 DOS 操作系统。

(2) 批处理操作系统

用户把要计算的问题、数据和作业说明书一起交给系统,作业运行时,由操作系统自动控制执行,用户不能直接进行人工干预。这里又分为单道和多道批处理操作系统。单道批处理系统是指一次只有一个作业进入计算机系统的主存储器运行,它也是单用户操作系统。多道批处理操作系统是指多个程序或多个作业同时存在和运行,故也称为多任务操作系统,它主要用于多用户系统。

(3) 实时操作系统

实时操作系统是指当外界事件或数据产生时,能够接受并以足够快的速度予以处理,其处理的结果又能在规定的时间之内来控制生产过程或对处理系统做出快速响应,并控制所有实时任务协调一致运行的操作系统。因而,提供及时响应和高可靠性是其主要特点。实时操作系统有硬实时和软实时之分,硬实时要求在规定的时间内必须完成操作,这是在操作系统设计时保证的;软实时则只要按照任务的优先级,尽可能快地完成操作即可。我们通常使用的操作系统在经过一定改变之后就可以变成实时操作系统。此类系统多应用于实时过程控制和自动测控系统中。

(4) 分时操作系统

分时操作系统是一种多用户交互式操作系统,它将系统处理机时间与内存空间按一定的时间间隔(时间片),轮流地切换给各终端用户的程序使用。由于时间间隔很短,每个用户的感觉就像在独占使用计算机。这种方式称为时间片轮转。它与实时操作系统的主要区别在交互能力和响应时间上。分时系统交互性强,而实时系统响应时间要求高。

(5) 网络操作系统

网络操作系统是一种提供网络通信和网络资源共享功能的操作系统,它是负责管理整个网络资源和方便网络用户的软件的集合。用户通过使用网络模块提供的各种功能,可方便地共享网络中的各种软、硬件资源。网络操作系统一般运行在服务器端。

(6) 分布式操作系统

用于管理分布式系统资源的操作系统称为分布式操作系统。分布式系统是由多台计算机组成且满足如下条件的系统:① 系统中任意两台计算机可通过通信交换信息;② 系统中的计算机无主次之分;③ 系统中的资源为所有用户共享;④ 一个程序可以分布在几台计算机上并行地运行,互相协作完成一个共同的任务。

（7）嵌入式操作系统

嵌入式操作系统（Embedded Operating System，EOS）是指用于嵌入式系统的操作系统。嵌入式操作系统负责嵌入式系统的全部软/硬件资源的分配、任务调度，控制、协调并发活动。目前在嵌入式领域广泛使用的操作系统有嵌入式 Linux、Windows Embedded、VxWorks 等，以及应用在智能手机和平板电脑的 Android、iOS 等。

2. 常见的操作系统

（1）Windows

Windows 是 Microsoft 公司推出的一种运行在 PC 机上的图形界面的操作系统。

Windows 9x 系列包括 Windows 95、Windows 98 和 Windows Me 等，它们都建立在 MS-DOS 的基础之上，属于 16 位/32 位的混合操作系统。

Windows NT 是 1989 年开发的一个完全脱离 MS-DOS 的操作系统，后来进一步发展为 Windows 2000 系列产品，包括工作站版本和服务器版本。

Windows XP 是于 2001 推出的一个非常成功的操作系统，既适用于家庭用户，也适用于商业用户。2014 年 4 月 8 日，微软彻底取消了对 Windows XP 的所有技术支持，标志着 Windows XP 已正式光荣退役。

Windows 7 于 2009 年推出，取代了 Windows Vista 操作系统。Windows 7 既有 32 位版也有 64 位版，顺应了 PC 机从 32 位系统向 64 位系统的过渡。

Windows 8 于 2012 年推出，具有独特的 Metro 风格用户界面和触控式交互系统。Windows 8.1 于 2013 年 10 月 17 日发布。Windows 10 于 2015 年 7 月 29 日正式发布，这是一款跨平台及设备应用的操作系统，也是微软发布的最新的一个 Windows 版本。

Windows Phone 是微软发布的一款手机操作系统，它支持 ARM 硬件平台，采用 Metro 风格的用户界面。

Windows Azure 是微软基于云计算的操作系统，其主要目标是为开发者提供一个平台，帮助开发可运行在云服务器、数据中心、Web 和 PC 上的应用程序。Windows Azure 是继 Windows 取代 DOS 之后，微软的又一次重大变革，它借助于全世界数以亿计的 Windows 用户桌面和浏览器，通过在互联网架构上打造的云计算平台，让 Windows 实现由 PC 到云领域的转型。

（2）UNIX 和 Linux

UNIX 是美国 AT&T 公司的贝尔实验室开发的一个多用户、多任务的分时操作系统，具有结构简练、功能强大、可移植性好、可伸缩性和互操作性强、网络通信功能丰富、安全可靠等特点。其源代码的 90%以上以及绝大部分系统程序都是用 C 语言编写的，因而具有很好的可移植性。UNIX 最初适用于小型计算机，20 世纪 80 年代后，在大量有影响的大、中、小型机上都可以运行 UNIX，特别是以计算机为硬件环境的分时系统进入市场后，导致了 UNIX 的极大推广，几乎所有 16 位、32 位计算机竞相移植 UNIX，因而被公认为将作为 32 位计算机的主要操作系统。经过多年的努力，现在已推出国际上统一定义的 UNIX 标准。

图 1.23　Linus Torvalds

UNIX 具有功能强大的网络通信与网络服务功能,因此它也是很多分布式系统中服务器上广泛使用的一种网络操作系统。

Linux 是一种"类 UNIX"的操作系统,诞生于 1991 年,原创者是芬兰学者林纳斯·托瓦兹(Linus Torvalds),当时他只有 21 岁。Linux 内核是一个自由软件,它的源代码是公开的。用户可以通过网络或其他途径免费获得,并可以任意修改其源代码,这是其他的操作系统所做不到的。也正是由于这一点,让 Linux 吸收了无数程序员的精华,不断发展壮大。图 1.23 所示为 Linus Torvalds。

目前,基于 Linux 内核的操作系统很多,国外知名的系统有 redhat 、debian、ubuntu、suse 等,国内知名的有银河麒麟(KylinOS)、深度 Linux(Deepin)、中标麒麟(NeoKylin)和红旗 Linux(RedflagLinux)等。银河麒麟是由国防科技大学、中软和联想等公司合作研制的一个操作系统,该系统是国家 863 计划重大攻关科研项目,目标是打破国外操作系统的垄断,目前已在部队和政府部门投入使用。

COS(中国操作系统)是 2014 年 1 月发布的、由中国科学研究院软件研究所与上海联彤网络通信技术有限公司联合自主研发的操作系统。COS 是基于 Linux 的、兼有 Android 和 iOS 两者之长并拥有独立知识产权的操作系统。其支持的设备包括手机、个人电脑、家电和机顶盒等。

（3）Mac OS

Mac OS 是一个运行于苹果 Macintosh 系列电脑上的操作系统,也是首个在商用领域成功的图形用户界面操作系统。Mac OS 是基于 Unix 内核的图形化操作系统,一般情况下在普通 PC 上无法安装。

由于计算机病毒绝大部分都是针对 Windows 的,而 Mac OS 的架构与 Windows 又不同,因此很少受到病毒的袭击。

（4）Android

Android(安卓)是一个基于 Linux 的自由及开放源代码的操作系统,主要应用于智能手机和平板电脑等移动设备,由 Google 公司和开放手机联盟领导及开发。第一部 Android 智能手机发布于 2008 年 10 月。Android 的应用逐渐扩展了电视、数码相机、游戏机甚至 PC 机等领域。图 1.24 所示为 Android 的 Logo。

图 1.24　Android 的 Logo

安卓手机系统的一大优势在于其开放性和免费的服务,开发者在为其开发程序时拥有更大的自由度。但这也使得安卓 App 鱼龙混杂,让恶意应用有了可乘之机,许多应用涉嫌私自获取用户信息。

（5）Apple iOS

Apple iOS 是由苹果公司开发的移动操作系统。最初是为 iPhone 设计的,后来扩展到了 iPod touch、iPad 以及 Apple TV 等产品上。iOS 与苹果的 Mac OS X 操作系统一样,它也是以 Darwin 为基础的,因此同样属于类 Unix 的商业操作系统。

iOS 所拥有的应用程序是所有移动操作系统里面最多的。iOS 平台拥有数量庞大的移动 app,几乎每类 app 都有数千款,而且每款 app 都非常出色。用户通过使用自己注册的 Apple ID 访问 Apple Store,搜索和购买相应的应用软件。

Apple iOS 过于封闭，只支持苹果产品，目前还不支持 Java、Flash 等软件。

此外，手机操作系统还有诺基亚公司的塞班（Symbian），遗憾的是该产品已被诺基亚公司宣布放弃。

1.2 计算机的应用

计算机的应用已渗透到社会的各行各业，正在改变着人们传统的工作、学习和生活方式，推动着社会的进步与发展。我们对计算机在科学计算、数据处理、实时控制、辅助设计和制造以及人工智能等领域的应用已经非常熟悉，这里从不同行业来对计算机的应用作简单介绍。

1.2.1 计算机在商业中的应用

一、电子数据交换

电子数据交换（Electronic Data Interchange，EDI）是由国际标准化组织推出的、一种通过电子信息化的手段在贸易伙伴之间传播标准化商务贸易元素的方法和标准。例如，国际贸易中的采购单、装箱单和提货单等。

EDI 商务是指按照商定的协议，将商业文件标准化和格式化，并通过计算机网络，在贸易伙伴的计算机网络系统之间进行数据交换和自动处理，俗称"无纸化贸易"。

例如，一个生产企业的 EDI 系统，将买卖双方在贸易处理过程中的所有纸面单证由 EDI 通信网来传送，并由计算机自动完成全部（或大部分）处理过程。一个真正的 EDI 系统是将订单、发货、报关、商检和银行结算合成一体，从而大大加速了贸易的全过程。因此，EDI 对企业文化、业务流程和组织机构的影响是巨大的。

EDI 技术在工商业界获得了广泛的应用，并已成为电子商务的核心技术之一。

二、电子商务

电子商务是组织或个人用户在以通信网络为基础的计算机系统支持下的网上商务活动，是传统商业活动各环节的电子化、网络化。

电子商务涵盖的范围很广，常见的有企业对企业（Business-to-Business，B2B）、企业对消费者（Business-to-Consumer，B2C）、个人对消费者（Consumer-to-Consumer，C2C）等几种模式。随着国内 Internet 使用人数的增加，利用 Internet 进行网络购物并以银行卡付款的消费方式已日渐流行，市场份额也在迅速增长，电子商务网站也层出不穷。典型的有天猫、当当网、京东商城、苏宁易购和亚马逊中国（Amazon China）等。2020 年天猫双十一全球狂欢季一天的成交额就突破了 4 982 亿元，如图 1.25 所示。

团购（Group purchase）作为一种新兴的电子商务模式，通过消费者自行组团、专业团购网、商家组织团购等形式，提升用户与商家的议价能力，并极大程度地获得商品让利，引起了消费者、业内厂商甚至资本市场的关注。知名的团购网站有美团网、拉手网、糯米网、聚划算等。目前网络团购已成为消费者享受餐饮、影院、KTV、住宿、购物等超低折扣的一种常见手段。

图 1.25　2020 年天猫双十一成交额最终定格在 4 982 亿

1.2.2　计算机在制造业中的应用

一、计算机辅助设计

计算机辅助设计(Computer Aided Design,CAD)是指运用计算机软件制作并模拟实物设计,展现新开发商品的外形、结构、色彩、质感等特色的过程。随着技术的不断发展,计算机辅助设计已广泛地应用于城市规划设计、室内装潢设计、航空/航海图、服装设计与裁剪、印刷排版以及机械、建筑、电子、冶金、化工等领域的设计制图。图 1.26 所示为计算机辅助设计在室内装潢领域的应用。

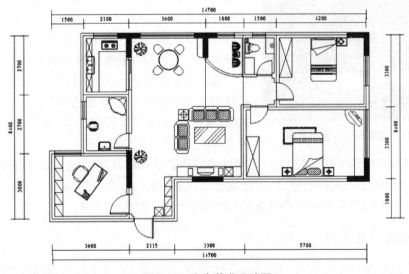

图 1.26　室内装潢设计图

二、计算机辅助制造

计算机辅助制造(Computer Aided Manufacturing,CAM)是利用计算机系统进行生产设备的管理、控制和操作的过程。例如,在产品的制造过程中,用计算机控制机器的运行,处理生产过程中所需的数据,控制和处理材料的流动以及对产品进行检测等。使用 CAM 技术可以提高产品质量,降低成本,缩短生产周期,提高生产率和改善劳动条件。

三、计算机集成制造系统

计算机集成制造系统(Computer Integrated Manufacturing System,CIMS)是通过计算机软/硬件,综合运用现代管理技术、制造技术、信息技术、自动化技术、系统工程技术,将企业生产全过程中相关的人、技术、经营管理三要素及其信息与物流有机集成并优化运行的复杂的大系统。

CIMS 是企业管理运作的一种手段,是一种战略思想的应用,其初期投资大,涉及面广,资金回笼周期长,短期内很难见到效益。但是 CIMS 的应用,提高了劳动生产力为企业带来的利润,提高了企业对市场的应变能力和抗风险能力,提高了企业市场竞争力以及整个企业员工的素质和技术水平。

1.2.3　计算机在交通运输业中的应用

一、卫星导航系统

卫星导航系统是利用覆盖全球的卫星进行空间定位的导航系统,通常由部署在空间的卫星、建立在地面的控制系统(包括天线、监测站和主控站等)以及用户的接收终端3个部分构成。图 1.27 所示为卫星导航系统示意图。

图 1.27　卫星导航系统示意图

经由联合国卫星导航委员会认定的全球卫星导航系统有美国的全球定位系统(GPS)、俄罗斯的全球卫星导航系统(GLONASS)、中国的北斗卫星导航系统(BDS)和欧盟的伽利略定位系统(GALILEO)。此外日本和印度也都在发展区域导航系统。

通常卫星导航系统的应用市场可分为专业市场、批量市场和安防市场等 3 个方面,主要应用于航空、航海、通信、人员跟踪、消费娱乐、测绘、授时、车辆监控管理和汽车导航等信息服务。

由于卫星导航系统具有全天候、高精度和自动测量的特点,作为先进的测量手段和新的生产力,已经融入了国民经济建设、国防建设和社会发展的各个应用领域。

目前普遍使用的车载导航系统就是 GPS、BDS 的一种典型应用。

二、地理信息系统

地理信息系统(Geographic Information System,GIS)是用于输入、存储、查询、分析和显示地理数据的计算机系统。地理信息系统技术可用于科学调查、资源管理、财产管理、发展规划、绘图和路线规划等。

"天地图"是国家测绘地理信息局建设的地理信息综合服务网站。该网站装载了覆盖全球的地理信息数据,这些数据以矢量、影像、三维等 3 种模式全方位、多角度展现,可漫游、能缩放。它是目前中国区域内数据资源最全的地理信息服务网站。

"百度地图"是百度提供的一项网络地图搜索服务,覆盖了国内近400个城市、数千个区县。在百度地图里,用户可以查询街道、商场、楼盘的地理位置,也可以找到离您最近的所有餐馆、学校、银行和公园等。百度地图还提供了丰富的公交换乘、驾车导航的查询功能。

三、订售票系统

售票系统是一个由大型数据库和遍布全国乃至全世界的成千上万台计算机终端组成的大规模计算机综合系统。

12306是中国铁路客户服务中心服务网,提供火车票查询、网上订票、铁路知识和新闻公告、货运信息查询等服务。旅客通过网络可以很方便地预订火车票,这给出行带来了很大的方便。

旅客也可以通过网络预订飞机票和宾馆。如果提前一个月预订,幸运的话还能买到一折的机票。

四、道路监控系统

道路监控系统是公安指挥系统的重要组成部分,提供对现场情况最直观的反映,是实施准确调度的基本保障。重点场所和监测点的前端设备将视频图像以各种方式(光纤、专线等)传送至交通指挥中心,进行信息的存储、处理和发布,使交通指挥管理人员对交通违章、交通堵塞、交通事故及其他突发事件做出及时、准确的判断和响应。

同样在铁路和航空系统中,监控系统为交通安全提供了强有力的保障。

1.2.4 计算机在农业中的应用

计算机在农业生产中的应用主要体现在农情监测、农业专家系统、农业生产实时控制系统、农产品检测及农业数据库等几个方面。图1.28所示为计算机在现代化农业中的应用。

一、农情监测

农情监测的主要任务是监测耕地的变化、粮棉作物的种植面积、作物的长势和估产、自然灾害监测等。我国利用遥感与地理信息系统技术,研制出了耕地变化监测系统、棉花种植面积遥感调查系统、作物产量气候分析预报系统,作物短/中/长期预报模型系统、小麦/水稻遥感估产信息系统等。

图1.28 现代化农业

二、专家系统

专家系统是以知识为基础,在特定问题领域内能像人类专家那样解决复杂现实问题的计算机系统。我国自20世纪80年代开始,已研制出了砂姜黑土小麦施肥专家系统、水稻主要病虫害诊治专家系统、小麦/玉米/桑蚕品种选育专家系统和农业气象专家系统等。

三、农业生产实时控制系统

农业生产实时控制系统主要用于耕耘灌溉作业、果实收获、畜牧生产过程自动控制、农产品加工自动化和农业生产工厂化等方面。

四、农产品质量检测

农产品品质检测是农产品进入市场前的一项重要工作。美国于1995年就成功研制出了Merling高速高频计算机视觉水果分级系统，用于苹果、梨、桃等水果的分等定级和品质监测。目前，我国在此领域的应用也取得了丰硕的成果。

五、农业数据库的建立和使用

目前，全世界已建立了4个大型的农业信息数据库，即联合国粮农组织的农业数据库（AGRIS）、国际食物信息数据库（IFIS）、美国农业部农业联机存取数据库（AGRICOLA）和国际农业与生物科学中心数据库（CABI）等。我国除了引进上述世界大型数据库外，还自己建立了数十个农林数据库。这些数据库的运行和服务都取得了较大的社会效益和经济效益。

1.2.5 计算机在医学中的应用

一、医学专家系统

医学专家系统是将著名医学专家或医生的知识和经验存储到知识库中，并建立与这些知识相关的规则库及获取知识的推理模型，运用计算机模拟医学专家诊断、治疗的系统。

医学专家系统已在日常诊疗、电子病历、基因芯片疾病诊断以及动植物医学等领域取得了广泛的应用。

二、远程医疗系统

远程医疗系统是计算机技术、网络技术、多媒体技术与医学相结合的产物，它能够实现涉及医学领域的数据、文本、图像和声音等信息的存储、传输、处理、查询、显示及交互，从而在对患者进行远程检查、诊断、治疗以及医学教学中发挥重要的作用。

三、数字化医疗仪器

数字化医疗检测仪器和治疗仪器是将计算机嵌入到医疗仪器中，利用计算机的强大的处理功能以数字化的形式进行处理和显示，或者使用计算机来控制治疗设备的动作。常见的有超声波仪、心电图仪、脑电图仪、核磁共振仪、X光机等。医疗检测设备中由于有了计算机，可以采用数字成像技术，使得图像更加清晰，甚至可以使用图像处理软件来进行加工处理。

目前数字化医疗检测仪器正在向智能化、微型化、集成化、芯片化和系统工程化发展。

四、病员监护与健康护理

病员监护系统可以对危重病人的血压、心脏、呼吸等进行全方位的监控，以防止意外的发生。

健康护理系统可以让患者或者医务人员利用计算机来查询病人在康复期应该注意的有关事项，解答各种疑问，使得病人尽快地恢复健康。使用营养数据库可以对各种食品的营养成分进行分析，为病人或者健康人提出合理的饮食结构建议，以保证各种营养成分的均衡摄入。

五、医药研究

研制一种新药从化合物筛选到临床试验，一般需要 10～15 年的时间。如果在药物研制的过程中使用高性能计算机进行模拟，可在较短的时间内从几十万甚至几百万种化合物中筛选出有效的药物成分。这不仅节省了大量资金，而且大大缩短了药物研发的周期。图 1.29 所示为计算机在新药研制领域的应用。

图 1.29　新药研制

1.3　计算模式

计算机技术提供了与其应用相适应的计算模式。计算模式目前仍缺乏一个明确的定义，但普遍认为计算模式（Computing Model）应包括组成计算机系统的各种硬件、网络、系统软件、应用软件等要素的逻辑和物理配置以及处于同一个网络中多台计算机共同工作的方式。基于计算机技术和应用方式可以将计算模式划分为传统主机计算模式、个人普及计算模式和网络分布计算模式等 3 种。

一、传统主机计算模式

传统主机计算模式以一台主机为核心，连接若干个只含显示器和键盘的终端，成百上千的用户可以同时访问主机。所有的数据存储和计算都在核心主机上进行，终端设备只负责接收用户的请求和计算结果的显示任务。目前，以中国的"天河"、美国的"泰坦"为代表的超级计算机仍然采用传统主机计算模式，在地震资料数字处理、天体演变研究、核爆炸模拟、中长期天气预报等领域发挥着巨大作用。

二、个人普及计算模式

个人普及计算模式包括桌面计算和移动计算。虽然计算模式与主机计算模式一样同属于单机计算，但是个人计算机的用户可以独自享用本机的计算和存储资源。20 世纪 80 年代后，随着个人计算机的普及，计算模式的主流从以一台主机为核心转移到了以用户桌面为核心。

三、网络分布计算模式

20 世纪后期，计算机技术最成功的应用是计算机网络的出现和普及。网络将已经普及但分散的桌面计算连接起来，人们以前所未有的方式和速度进行通讯、数据共享甚至共享处理能力,这就是正在发展的分布式计算模式。分布式计算包括数据的分布性和处理能力的分布性,分布计算又可分为客户端/服务器(Client/Server,CS)计算模式、浏览器/服务器(Browser/Server,BS)计算模式和当前流行的高性能计算、网格计算、云计算和普适计算等模式。

1.3.1　高性能计算

高性能计算(High Performance Computing,HPC)是指使用很多处理器(作为单个机器的一部分)或者某一集群中组织的几台计算机(作为单个计算资源操作)的计算系统和环境。有许多类型的 HPC 系统,其范围从标准计算机的大型集群,到高度专用的硬件。

高性能计算是计算机科学的一个分支,研究并行算法和开发相关软件,致力于开发高性能计算机。高性能计算机又称为超级计算机。超级计算机在高性能计算中承担着重要的角色。

超级计算机是计算机中功能最强、运算速度最快、存储容量最大的一类计算机,多用于国家高科技领域和尖端技术研究,是一个国家科研实力的体现,它对国家安全、经济和社会发展具有举足轻重的意义,是国家科技发展水平和综合国力的重要标志。

目前世界上能够研制超级计算机的国家主要有中国、美国、日本、欧洲和印度等国家。中国的超级计算机主要有国防科技大学计算机研究所的"银河"和"天河"系列、中科院计算技术研究所的"曙光"系列、国家并行计算机工程技术研究中心的"神威"系列、联想集团的"升腾"系列等。其中"天河二号"在 2013 年 6 月公布的全球超级计算机 500 强榜单中,以 3.39 亿亿次/秒的运算速度位居榜首,成为全球最快的超级计算机。2016 年 6 月,使用中国自主芯片制造的"神威·太湖之光"取代"天河二号"登上榜首,其运算速度为 9.3 亿亿次/秒。2018 年 6 月,美国的"Summit"(顶点)以 12.23 亿亿次/秒的运算速度夺得第一。2020 年 6 月,日本的"Fugaku"(富岳)以 41.55 亿亿次/秒的运算速度排名第一;而从超算数量方面来看,中国 226 台超算系统(占比 45.2%)蝉联榜首。

目前我国经科技部批准建立的国家级超级计算中心有国家超级计算天津中心、国家超级计算深圳中心、国家超级计算长沙中心、国家超级计算济南中心和国家超级计算广州中心等 5 家。这些超级计算中心为石油勘探、生物医药、新材料、动漫与影视特效渲染、天气预报等领域提供高性能计算服务。图 1.30 所示为高性能计算机在动漫与影视特效渲染领域的应用。

图 1.30　动漫与影视特效渲染

1.3.2　分布式计算

分布式计算是一门计算机科学,它研究如何把一个需要非常巨大的计算能力才能解决的问题分成许多小的部分,然后把这些部分分配给许多计算机进行处理,最后把这些计算结果综合起来得到最终的结果。

随着计算机的普及,个人电脑开始进入千家万户。与之伴随产生的是电脑的利用问题。越来越多的电脑处于闲置状态,即使在开机状态下中央处理器的潜力也远远不能被完全利用。我们可以想象,一台家用的计算机将大多数的时间花费在"等待"上面。即便是使用者实际使用他们的计算机时,处理器依然是寂静的消费,依然是不计其数的等待(等待输入,但实际上并没有做什么)。互联网的出现,使得连接调用所有这些拥有闲置计算资源的计算机系统成为现实。

那么,一些本身非常复杂的但是却很适合于划分为大量的更小的计算片段的问题被提出来,然后由某个研究机构通过大量艰辛的工作开发出计算用服务端和客户端。服务端负责将计算问题分成许多小的计算部分,然后把这些部分分配给许多联网参与计算的计算机进行并行处理,最后将这些计算结果综合起来得到最终的结果。

当然,这看起来也似乎很原始、很困难,但是随着参与者和参与计算的计算机的数量的不断增加,计算计划变得非常迅速,而且被实践证明是的确可行的。目前一些较大的分布式计算项目的处理能力已经可以达到甚至超过目前世界上速度最快的巨型计算机。

例如,由美国加州大学伯克利分校的空间科学实验室主办的 SETI@home 项目,是一项利用全球联网的计算机共同搜寻地外文明的科学实验计划。志愿者可以通过运行一个免费程序下载并分析从射电望远镜传来的数据来加入这个项目。Folding@home 是一个研究蛋白质折叠、误解、聚合及由此引起的相关疾病的分布式计算工程。它使用联网式的计算方式和大量的分布式计算能力来模拟蛋白质折叠的过程,并指引我们近期对由折叠引起的疾病的一系列研究。图 1.31 所示为 Folding@home 项目模拟蛋白质分子的折叠过程。

我国也有许多志愿者参与了该项目,但相比于欧、美、日等国家则差距较大。我国目前拥有相当数量的计算机,也不乏性能极其先进的计算机。其中许多计算机仅仅用于打字、播放幻灯等,这显然是一种资源的浪费。参与分布式计算只需要下载有关程序,然后这个程序会以最低的优先度在计算机上运行,这对平时正常使用计算机几乎没有影响。如果你有兴趣,可以访问"中国分布式计算总站",参与公益性的科学研究。

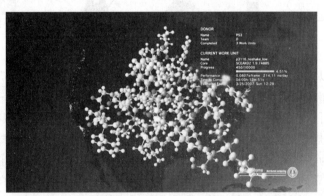

图 1.31　分布式计算——模拟蛋白质分子的折叠过程

1.3.3　网格计算

网格计算(Grid Computing)是伴随着互联网技术而迅速发展起来的,是专门针对复杂科学计算的新型计算模式。这种计算模式是利用互联网把分散在不同地理位置的电脑组成一个"虚拟的超级计算机",其中每一台参与计算的计算机就是一个"节点",而整个计算是由成千上万个"节点"组成的"一张网格"。实际上,网格计算是分布式计算的一种。图 1.32 所示为网格计算示意图。

网格是借鉴电力网的概念提出的,网格的最终目的是希望用户在使用网格计算能力解决问题时像使用电力一样方便,用户不用去考虑得到的服务来自哪个地理位置,由什么样的计算设施提供。也就是说，网格给最终的使用者提供的是一种通用的计算能力。

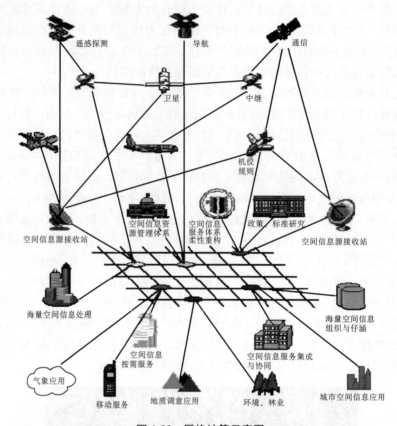

图 1.32　网格计算示意图

　　网格计算可以将分布式的超级计算机集中起来，形成一个"强强联合"的、比单台超级计算机强大得多的超级计算平台，协同解决复杂的大规模的问题。

　　网格计算还可以将互联网中大量闲置的个人计算机资源有效地组织起来，形成超级的计算能力，进行大规模的数据处理或科学研究。

　　网格计算作为一个集成的计算与资源环境，能够吸收各种计算资源，将它们转化成为一种随处可得的、可靠的、标准的而且相对经济的计算能力，最大限度地提高了现有网络计算资源的利用率，节省了大量的重复投资，使用户的需求能够得到及时满足。

　　网格计算与云计算有许多相似之处，但也有明显的不同。① 网格计算聚合分散的资源，支持大型集中式应用。云计算则是以相对集中的资源，运行分散的应用。② 网格计算以作业形式运行，在一个阶段内完成作业。云计算为用户提供持久服务，实现企业业务的托管和外包。③ 网格计算主要面向科学研究，云计算则面向企业的商业应用。

　　中国国家网格是国家 863 计划重大专项支持项目，以分布在全国的 10 个网格结点为主体构成，集成了分布在全国 8 个省市 10 个网格结点上的计算、存储、软件和应用服务等多种资源，包括重大专项研制的曙光 4000A 和联想深腾 6800 高性能计算机及其他高性能计算系统。依托国家网格环境开发和集成了 100 多个工具软件和应用软件，向全国的科学研究用户和行业用户提供了开放共享的高性能计算和数据处理等多种服务，为我国的科学研究和信息化建设提供了新型的环境和平台。中国国家网格在航空制造、气象、水利、新药发现、生物信息、数字林业、油气地震勘探及交通信息服务等行业建设了相应的应用网格。

1.3.4 云计算

云计算(Cloud Computing)至今为止没有统一的定义,不同的组织从不同的角度给出了不同的定义。例如,Gartner 认为,云计算是一种通过 Internet 将可扩展、高弹性的 IT 相关能力以服务的形式提供出去的计算模式。美国国家标准与技术实验室对云计算的定义是"云计算是一个提供便捷的通过互联网访问一个可定制的 IT 资源共享池能力的按使用量付费模式(IT 资源包括网络、服务器、存储、应用和服务),这些资源能够快速部署,并只需要很少的管理工作或很少的与服务供应商的交互"。图 1.33 所示为云计算示意图。

图 1.33 云计算示意图

从使用范围来分,云计算分为公有云、私有云和混合云 3 种。① 公有云通常是指由第三方提供商为用户提供的能够使用的云。公有云一般可通过 Internet 使用,其最大的特点是免费或价格低廉。这种云有许多实例,可在当今整个开放的公有网络中提供服务。如微软、IBM、亚马逊、中国电信、中国联通、中国移动等提供的公有云服务平台。② 私有云是为某个客户单独使用而构建的,因而能提供对数据、安全性和服务质量的最有效控制。私有云可部署在企业数据中心的防火墙内,也可以将它们部署在一个安全的主机托管场所。私有云可由本公司的 IT 机构或云提供商构建。③ 混合云是公有云和私有云两种服务方式的结合。由于安全和控制的原因,并非所有的企业信息都能放置在公有云上,这样大部分已经应用云计算的企业将会使用混合云模式。很多企业将选择同时使用公有云和私有云。私有云和公有云将会协调工作,而不是各自为政。例如在私有云里实现存储、数据库和服务处理,而在需求高峰期充分利用公有云来完成数据处理需求。此外,私有云还可以把公有云作为一个灾难转移的平台。运营商目前一般都采用混合云的模式。

从提供服务的形式来分,云计算分为 IaaS、PaaS 和 SaaS 等 3 个层次。

(1) IaaS(基础设施即服务)

消费者通过 Internet 可以从完善的计算机基础设施获得服务。IaaS 以硬件设备虚拟化为基础,组成硬件资源池,具备动态资源分配及回收能力,为应用软件提供所需的服务。典型的案例是亚马逊公司(Amazon)的弹性计算云。

(2) PaaS(平台即服务)

PaaS 实际上是指将软件研发的平台作为一种服务,以 SaaS 的模式提交给用户。因此,PaaS 也是 SaaS 模式的一种应用。但是,PaaS 的出现可以加快 SaaS 的发展,尤其是加快 SaaS 应用的开发速度。典型的案例是 Google 公司的应用程序引擎。

(3) SaaS(软件即服务)

它是一种通过 Internet 提供软件的模式,用户无须购买软件,而是向提供商租用基于 Web 的软件,来管理企业经营活动。部署于云上的 SaaS 应用软件都具备多用户能力,便于多个用户群体共同使用,且产生的数据均存储在云端。电子邮箱就是一个典型的案例。

目前各大 IT 企业提供的云计算服务主要是根据自身的特点和优势来实现的。① Google 是云计算的发起者和重要的推动力量之一,其硬件条件的优势、大型数据中心和搜索引擎的支柱应用,促进了 Google 云计算的迅速发展。用户熟知的 Google 地图就是一个典型的应用。② IBM 公司于 2007 年推出了"蓝云"云计算平台,为客户带来了即买即用的云计算平台。目前,IBM 公司在中国无锡太湖新城科教产业园建立了一个云计算中心。③ Amazon 是互联网上最大的在线零售商,它的弹性计算云是最早提供的远程云计算平台。④ 苹果公司推出的"MobileMe"服务也是一种基于云存储和计算的解决方案。

其他如思科、英特尔、惠普等各大公司以及国内的曙光、浪潮、阿里巴巴、金蝶、用友、腾讯、360 等公司也纷纷开发了各自的云计算产品。此外,云输入、云杀毒、云存储、云视频以及云游戏等等,已经是普通用户经常使用的服务了。

1.3.5　普适计算

普适计算(Pervasive Computing or Ubiquitous Computing)是将计算机融入到人的生活环境中去,形成一个无时不在、无处不在而又不可见的计算环境。普适计算的思想最早是由 Mark Weiser 于 1991 年提出的,他强调将计算机嵌入到环境或日常工具中去,让计算机

图 1.34　普适计算示意图

本身从人们的视线中消失,让人们注意的中心回归到要完成的任务本身。图 1.34 所示为普适计算示意图。

普适计算具有以下特性:① 无所不在性。用户可以随时随地以各种接入手段获取计算服务;② 嵌入性。众多的计算和通信设备被布置或嵌入到生活环境中,用户能够感觉到它和作用于它;③ 游牧性。用户和设备从一个环境转移到另一个环境时,依然能够获取所需的计算服务,即使非本地用户也能访问本地资源;④ 自适应性。计算和通信服务可感知和推断用户的需求,自动提供用户所需要的信息服务;⑤ 永恒性。系统在开启以后再也不会死机或需要重启,各计算模块可以自由进入或退出系统,整个系统永远保持可用状态。

普适计算的体系结构主要包括普适计算设备、普适计算网络、普适计算中间件、人机交互和觉察上下文计算等 4 个方面。① 普适计算设备。一个智能环境可以包含不同类型的设备,如传统的输入输出设备、无线移动设备和可穿戴设备等。理想状态下,普适计算应该包括全球范围内嵌入的具有主动或者被动智能型的每一个设备,能够自动搜集、传递信息,并且根据信息采取相应行动。② 普适计算网络。随着计算机软硬件技术的发展,普适计算设备的数量将成倍增长,这对现有技术提出了更高的要求。③ 普适计算中间件。除了分布式计算和移动计算之外,普适计算还需要中间件来完成网络内核与运行在泛化设备上的终端用户应用程序之间的交互。普适计算中间件应从用户的角度出发协调网络内核和用户行为间的交互,并且保持用户在泛化计算空间的自然感。④ 人机交互和觉察上下文计算。普适计算使计算和通信能力无处不在地融合在人们生活和工作的现实环境中,人机交互的不可见性是必需的。因此,普适计算提出了一种新的人机交互方式——蕴涵式人机交互,它需

要系统能觉察在当时的情景中与交互任务有关的上下文,并据此做出决策和自动地提供相应的服务。普适计算模式下上下文将随任务而变化,而且由于工作环境是现场,其中的背景情况不但复杂而且是动态变化的,使上下文的动态性问题更加突出。

智能空间也是普适计算的重要运用,如智能家居、智能小区、智能会议室、作战指挥室和智能教室等,它们将极大改变人们未来的生活方式,使人们学习、生活变得更加美好,工作效率更高。智能家居是以住宅为平台,利用综合布线技术、网络通信技术、安全防范技术、自动控制技术、音视频技术将家居生活有关的设施集成,构建高效的住宅设施与家庭日程事务的管理系统,提升家居安全性、便利性、舒适性、艺术性,并实现环保节能的居住环境。最著名的智能家居要算 1997 年建成的比尔·盖茨的豪宅。目前国内能够提供智能家居集成系统的专业单位和产品有许多,已成为现代家装的一个新的流行趋势。

普适计算的另一个应用领域是商业识别用 RFID 芯片。RFID 芯片可代替现在商品上的条形码,它不仅能够提供商品的价格、名称,还能够提供更多有用的信息。例如药瓶上的芯片可以给消费者提供药厂的相关信息、药品的成分、药品的适用症、药品禁忌等,水果蔬菜上的芯片还可以提供农药的喷施情况及残留情况,贴在衣服上的芯片可以提供衣服的材料、产地、规格等等。如高速公路和桥梁隧道上使用的 ETC(电子不停车收费系统)通过安装在车辆挡风玻璃上的车载电子标签与在收费站 ETC 车道上的微波天线之间的微波专用短程通讯,利用计算机联网技术与银行进行后台结算处理,从而达到车辆通过路桥收费站不需停车而能交纳路桥费的目的。

普适计算是对计算模式的革新,对它的研究虽然才刚刚开始,但是它已显示了巨大的生命力和深远的影响。微视频"科技改变生活 未来的一天"为人们很好地展现了普适计算在未来的工作、生活中的应用前景。

1.4　计算思维

计算思维是一种科学思维。人类在认识世界和改造世界的科学活动过程中离不开思维活动。人类的科学思维总体上可以分为三种:① 以观察和归纳自然(包括人类社会活动)规律为特征的实证思维。② 以推理和演绎为特征的逻辑思维。③ 以抽象化和自动化为特征的计算思维。

实证思维起源于物理学的研究,集大成者的代表是伽利略、开普勒和牛顿。逻辑思维的研究起源于希腊时期,集大成者是苏格拉底、柏拉图、亚里士多德,他们基本构建了现代逻辑学的体系。计算思维是人类科学思维中,以抽象化和自动化,或者说以形式化、程序化和机械化为特征的思维形式。计算思维的标志是有限性、确定性和机械性。因此计算思维表达结论的方式必须是一种有限的形式;而且语义必须是确定的,不会出现歧义;同时又必须是一种机械的方式,可以通过机械的步骤来实现。计算思维的结论应该是构造性的、可操作的、能行的。尽管计算思维冠以计算两个字,但绝不是只与计算机科学有关的思维,而是人类思维活动中早已存在的一种科学思维。只是由于计算机的发展极大地促进了这种思维的研究和应用,并且在计算机科学的研究和工程应用中得到了广泛的认同,所以人们习惯地称为计算思维。

国际上广泛认同的计算思维的定义来自美国卡内基梅隆大学的周以真(Jeannette Wing)教授。周教授认为,计算思维是运用计算机科学的基础概念进行问题求解、系统设计以及人类行为理解等涵盖计算机科学之广度的一系列思维活动。计算思维的本质是抽象和自动化。如同所有人都具备"读、写、算"（简称3R）能力一样,计算思维是必须具备的思维能力。为便于理解,在给出计算思维清晰定义的同时,周以真教授还对计算思维进行了更细致的阐述:① 计算思维是通过约简、嵌入、转化和仿真等方法,把一个困难的问题阐释为如何求解它的思维方法。② 计算思维是一种递归思维,是一种并行处理,是一种把代码译成数据又能把数据译成代码,是一种多维分析推广的类型检查方法。③ 计算思维是一种采用抽象和分解的方法来控制庞杂的任务或进行巨型复杂系统的设计,是基于关注点分离的方法(SoC方法)。④ 计算思维是一种选择合适的方式陈述一个问题,或对一个问题的相关方面建模使其易于处理的思维方法。⑤ 计算思维是按照预防、保护及通过冗余、容错、纠错的方式,并从最坏情况进行系统恢复的一种思维方法。⑥ 计算思维是利用启发式推理寻求解答,即在不确定情况下的规划、学习和调度的思维方法。⑦ 计算思维是利用海量数据来加快计算,在时间和空间之间、在处理能力和存储容量之间进行折中的思维方法。

计算思维无处不在,当计算思维真正融入人类活动的整体时,它作为一个问题解决的有效工具,人人都应掌握,处处都会被使用。

 ## 计算思维启迪

计算机系统由硬件系统和软件系统两大部分组成。硬件系统主要由运算器、控制器、存储器、输入设备和输出设备组成。运算器与控制器合称为中央处理器。中央处理器是对信息进行高速运算处理的主要部件,是计算机的核心部件,其处理速度可达每秒几亿次以上。存储器用于存储程序、数据和文件,常由快速的主存储器和慢速、海量的辅助存储器组成。各种输入输出设备是人和计算机间信息交流的工具。

软件系统由系统软件和应用软件组成。系统软件由操作系统、语言处理程序和支撑软件等组成。操作系统实施对各种软硬件资源的管理控制。语言处理程序将用户用汇编语言或某种高级语言所编写的程序,翻译成机器可执行的机器语言程序。支撑软件有工具软件和数据库管理系统等。应用软件是为解决各种实际问题而开发的软件,应用软件可再分为通用应用软件和定制应用软件两类。

计算机虽然最初是为了提高计算速度而发明的一种计算工具,但其很快就被应用到了科学计算以外的其他领域。人们传统地将计算机的应用领域划分为科学计算、数据处理、实时控制、辅助设计和制造以及人工智能等几大领域,但事实上计算机的应用已经深深地融入了整个社会的各个层面,影响和颠覆了人们的生活方式,如今人类几乎已经离不开计算机了。深入了解计算机的应用领域有助于我们进一步加强计算机的应用意识,提高学习、工作的效率和生活的质量。

随着技术的发展与进步,计算机解决问题的方式也发生了重大的变化,形成了传统主机计算模式、个人普及计算模式和网络分布计算模式等3大计算模式。这3种模式既是计算机发展历史的见证,也是计算机应用普及的写照。近年来,高性能计算、网格计算、云计算和普适计算等计算模式的发展正是方兴未艾。

计算思维与实证思维和逻辑思维并称人类的3大科学思维,是运用计算机科学的基础概念进行问题求解、系统设计以及人类行为理解等涵盖计算机科学之广度的一系列思维活动。计算思维的本质是抽象和自动化。从小学到大学,计算思维总是朦朦胧胧地、若隐若现地伴随在计算机的学习和应用过程之中,一直没有形成一个清晰、系统的思维活动。计算思维将是 21 世纪中叶全球每一个人都使用的基本技巧。计算思维的培养与形成,对于增强人们利用计算机解决问题的能力、提高信息社会公民的整体素质具有重要意义。

纵观计算机技术的发展历史,可以发现每一个新理论的诞生、每一种新技术的出现都闪烁着创新思维的光芒。与此同时,先进的计算机技术又对技术的创新提供了强有力的保障。创新是一个民族进步的灵魂。一个没有创新能力的民族,难以屹立于世界先进民族之林。学习和使用计算机,可以为我们创新能力的培养加薪添柴。

思维导图

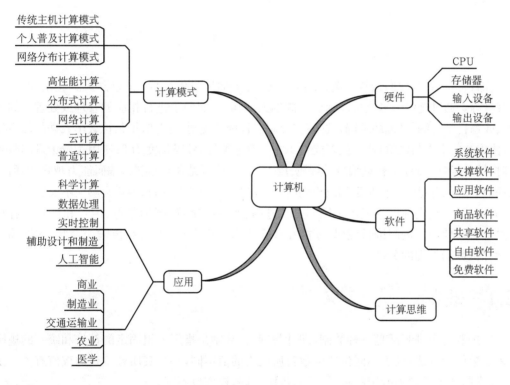

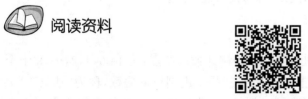

阅读资料

【微信扫码】
相关资源 & 拓展阅读

第2章

数据编码

在日常生活中,我们经常会遇到编码问题,比如居民身份证号、学生学号、大楼房间号、汽车牌号等。通过这些编号就可以标识不同的人或物,从而便于进行相应的管理或处理。如何对人或物科学地编号(也即编码),这就需要制定合理的规则。例如,给某栋教学大楼的教室编号,使用2位十进制数编号时,最多能对100个教室编号,号码长度为2;使用3位十进制数编号时,最多能对1000个教室编号,号码长度为3。由此可见,码长越长,编码能力越强,但所需消耗的资源也将越多。在制定编码规则时,应该注意规则简单易行、容量足够又不浪费。

由于计算机内部信息表示采用的是二进制,所有的字符、图形图像、声音和视频等各种信息都必须使用二进制进行编码,才能在计算机系统中存储、加工和传输。因此,数据编码是计算机数据处理的关键。

2.1 数制

二进制和十进制都是一种数制(即计数制)。数制是指用一组固定的符号和统一的规则来表示数值的方法,处于不同位置的数符所代表的值不同,并与其所处位置的权值有关。因此,二进制和十进制中所用的符号不同、规则不同,权值也不同。

一、十进制数

人们日常生活中使用最多的是十进制数。十进制计数的特点:① 由 $0,1,2,\cdots,9$ 十个不同的数符组成;② 运算规则是"逢十进一"。"十"就是十进制权的底数,称为"基数"。十进制数的各数位的权是基数 10 的整数次幂。例如,十进制数 123,百位上的 1 表示 1 个 10^2,十位上的 2 表示 2 个 10^1,个位上的 3 表示 3 个 10^0。

对于任意一个十进制数,都可表示成按权展开的多项式。例如:

$$268.13 = 2\times10^2 + 6\times10^1 + 8\times10^0 + 1\times10^{-1} + 3\times10^{-2}$$

一般地,对于一个十进制数 $a_n a_{n-1} \cdots a_1 a_0 . a_{-1} \cdots a_{-m}$,可表示为

$$a_n a_{n-1} \cdots a_1 a_0 . a_{-1} \cdots a_{-m} = a_n \times 10^n + a_{n-1} \times 10^{n-1} + \cdots + a_1 \times 10^1 + a_0 \times 10^0 +$$
$$a_{-1} \times 10^{-1} + \cdots + a_{-m} \times 10^{-m}$$

其中 $a_i(-m \leqslant i \leqslant n)$ 是 $0 \sim 9$ 这 10 个数字中的任意一个，m、n 为正整数。

注意：通常在一个数的右下方注上基数，以便明确地表明它的进制。例如：$(205)_{10}$，$(3.145)_{10}$ 等。如果不标注，则指十进制数。

二、二进制数

二进制数的特点：由两个数符 0 和 1 组成，且"逢二进一"。它的基数是 2，各数位的权是基数 2 的整数次幂。对于二进制数，其整数部分各数位的权，从最低位开始依次是 1，2，4，8，…；其小数部分各数位的权，从最高位开始依次是 0.5，0.25，0.125，…

与十进制数相仿，一个二进制数可表示成按权展开的多项式。例如：

$$(1001.01)_2 = 1 \times 2^3 + 0 \times 2^2 + 0 \times 2^1 + 1 \times 2^0 + 0 \times 2^{-1} + 1 \times 2^{-2}$$

计算机中的数据均采用二进制编码，这是因为二进制数表示信息具有以下优点：

① 二进制中的两个数符可用具有两个稳定状态的电路表示和存储，双稳态的电路也比较容易制造，并且易实现高速处理。

② 二进制数的运算规则简单，有利于简化计算机内部结构。如二进制数的加法和减法运算规则只有八种：$0+0=0, 0+1=1, 1+0=1, 1+1=10; 0-0=0, 0-1=1$（借位），$1-0=1, 1-1=0$。

③ 二进制数符 1 和 0 正好表达逻辑"真"和"假"，适合逻辑运算和判断。逻辑运算包括逻辑加（即或运算，记为 $\vee$ 或 $+$）、逻辑乘（即与运算，记为 $\wedge$ 或 $\times$）和取反（即非运算，记为 $\neg$），运算规则如下：$0 \vee 0=0, 0 \vee 1=1, 1 \vee 0=1, 1 \vee 1=1; 0 \wedge 0=0, 0 \wedge 1=0, 1 \wedge 0=0, 1 \wedge 1=1; \neg 1=0, \neg 0=1$。

计算机系统中存储、处理和传输信息的最小单位是 bit（比特，用 b 表示）。1 比特就是二进制中的 1 位数符 0 或 1，称为二进位。使用 1 个二进位只能表示两种状态，表达范围太小，要想表示一个较大的数据时，就需要用多个二进位编码。因此，计量信息的基本单位Byte（字节，用 B 表示）应运而生，8 个二进位组成 1 个字节，即 8 b ＝1 B。之后又相继使用更大的单位 KB、MB、GB、TB 表示信息，其换算关系如下：

$$1 \text{ KB} = 1\,024 \text{ B} = 2^{10} \text{ B}$$
$$1 \text{ MB} = 1\,024 \text{ KB} = 2^{20} \text{ B}$$
$$1 \text{ GB} = 1\,024 \text{ MB} = 2^{30} \text{ B}$$
$$1 \text{ TB} = 1\,024 \text{ GB} = 2^{40} \text{ B}$$

三、八进制数和十六进制数

电子计算机采用的是二进制，但是一个数值用二进制表示所需位数较多，书写、阅读、记忆均不方便。为此，在有关计算机问题的讨论中，人们经常使用八进制数和十六进制数。

八进制数的基数为 8，有 8 个数符：0，1，2，…，7，并且是"逢八进一"。

十六进制数的基数为 16，有 16 个数符：0，1，2，…，9，A，B，C，D，E，F，并且是"逢十六进一"。

四、常用数制的相互转换

1. 二进制数与十进制数的相互转换

(1) 二进制数转换成十进制数

把一个二进制数转换成十进制数，只需将二进制数按权展开求和，即"乘权求和"。

例 2-1 把 $(1011.011)_2$ 转换成十进制数。

解： $(1011.011)_2 = 1 \times 2^3 + 0 \times 2^2 + 1 \times 2^1 + 1 \times 2^0 + 0 \times 2^{-1} + 1 \times 2^{-2} + 1 \times 2^{-3}$
$$= 8 + 0 + 2 + 1 + 0 + 0.25 + 0.125$$
$$= 11.375$$

(2) 十进制整数转换成二进制整数

把一个十进制整数表示成一个二进制整数，可以采用"除 2 取余"法。

例 2-2 把 19 转换成二进制数。

解：

$$
\begin{array}{lll}
2 & \underline{|\ 19} & \cdots\cdots\ 1 = a_0 \quad \uparrow\ 低位 \\
2 & \underline{|\ \ 9} & \cdots\cdots\ 1 = a_1 \\
2 & \underline{|\ \ 4} & \cdots\cdots\ 0 = a_2 \\
2 & \underline{|\ \ 2} & \cdots\cdots\ 0 = a_3 \\
2 & \underline{|\ \ 1} & \cdots\cdots\ 1 = a_4 \quad 高位 \\
& \ \ 0 &
\end{array}
$$

于是得 $19 = (1\ 0011)_2$。

(3) 十进制小数转换成二进制小数

一个十进制纯小数转换成二进制纯小数，其方法如下：先用 2 乘这个十进制纯小数，然后去掉乘积的整数部分；用 2 乘剩下的小数部分，然后再去掉乘积中的整数部分，如此下去，直到乘积的小数部分为 0 或者已得到所要求的精度为止。把上述每次乘积的整数部分依次排列起来，就是所要求的二进制小数。我们把这个方法简称为"乘 2 取整"。

例 2-3 把 0.812 5 转换成二进制小数。

解：

$$
\begin{array}{r}
0.8125 \\
\times)\quad\ \ 2 \\
\hline
高位\quad 1\ \cdots\cdots\ 1.6250 \\
0.6250 \\
\times)\quad\ \ 2 \\
\hline
1\ \cdots\cdots\ 1.2500 \\
0.2500 \\
\times)\quad\ \ 2 \\
\hline
0\ \cdots\cdots\ 0.5000 \\
0.5000 \\
\times)\quad\ \ 2 \\
\hline
低位\quad 1\ \cdots\cdots\ 1.0000
\end{array}
$$

于是得 $0.812\,5=(0.1101)_2$。

应该注意的是,一个有限的十进制小数并非一定能够转换成一个有限的二进制小数,即上述过程中乘积的小数部分可能永远不等于0,这时我们可按要求进行到某一精度为止。由此可见,计算机中由于有限字长的限制,可能会截去部分有用小数位而产生截断误差。

如果一个十进制数既有整数部分,又有小数部分,则可将整数部分和小数部分先分别进行转换,然后再把两部分结果合并起来。

2. 八进制数与二进制数的相互转换

由于八进制数的基数8是二进制数的基数2的3次幂,即 $2^3=8$,1位八进制数相当于3位二进制数,因此八进制数与二进制数间的相互转换十分方便。

八进制数转换成二进制数时,只要将八进制数的每一位改成等值的3位二进制数,即"1位变3位"。

例2-4 把 $(26.703)_8$ 转换成二进制数。

解:

$$
\begin{array}{ccccc}
2 & 6 & . & 7 & 0 & 3 \\
\downarrow & \downarrow & & \downarrow & \downarrow & \downarrow \\
010 & 110 & . & 111 & 000 & 011
\end{array}
$$

即 $(26.703)_8=(1\,0110.1110\,0001\,1)_2$。

二进制数转换成八进制数时,从小数点开始向两边以3位为一段(不足补0),每段改成等值的1位八进制数即可,即"3位变1位"。

例2-5 把 $(1\,1001.1011)_2$ 转换成八进制数。

解:

$$
\underset{3}{\underline{011}}\ \underset{1}{\underline{001}}\ .\ \underset{5}{\underline{101}}\ \underset{4}{\underline{100}}
$$

即 $(1\,1001.1011)_2=(31.54)_8$。

八进制数与十进制数的互相转换和二进制数与十进制数互相转换的方法相仿。

例2-6 把十进制数 $796.273\,4$ 转换成八进制数。

解: 对整数部分796,除8取余　　对小数部分 0.273 4,乘8取整

$$
\begin{array}{rl}
8\ \underline{|\ 796} & \quad 4 \quad \uparrow \text{低位}\\
8\ \underline{|\ 99\ \ } & \quad 3 \\
8\ \underline{|\ 12\ \ } & \quad 4 \\
8\ \underline{|\ 1\ \ \ } & \quad 1 \quad \text{高位}\\
\quad 0 &
\end{array}
$$

$$
\begin{array}{rl}
& 0.2734 \\
\times) & \quad 8 \\
\hline
2 \cdots\cdots & 2.1872 \\
& 0.1872 \\
\times) & \quad 8 \\
\hline
1 \cdots\cdots & 1.4976 \\
& 0.4976 \\
\times) & \quad 8 \\
\hline
3 \cdots\cdots & 3.9808 \\
& 0.9808 \\
\times) & \quad 8 \\
\hline
7 \cdots\cdots & 7.8464
\end{array}
$$

高位（在2处） 低位（在7处）

得 796.273 4＝(1434.2137…)$_8$。

例 2-7　把(72.45)$_8$转换成十进制数。

解： 用"乘权求和"法。

$$(72.45)_8 = 7 \times 8^1 + 2 \times 8^0 + 4 \times 8^{-1} + 5 \times 8^{-2}$$
$$= 7 \times 8 + 2 \times 1 + 4 \times 0.125 + 5 \times 0.015\ 625$$
$$= 58.578\ 125。$$

3. 十六进制数与二进制数的相互转换

由于 $2^4 = 16$，1 位十六进制数相当于 4 位二进制数，所以不难得出十六进制数与二进制数之间相互转换的方法。

例 2-8　把(A3D.8B)$_{16}$转换成二进制数。

解： 用"1 位变 4 位"的方法。

$$
\begin{array}{ccccc}
\text{A} & 3 & \text{D} & \cdot\ 8 & \text{B} \\
\downarrow & \downarrow & \downarrow & \downarrow & \downarrow \\
1010 & 0011 & 1101 & 1000 & 1011
\end{array}
$$

即(A3D.8B)$_{16}$＝(1010 0011 1101.1000 1011)$_2$。

例 2-9　把(10 1101 0101.1111 01)$_2$转换成十六进制数。

解： 用"4 位变 1 位"的方法。

$$\underbrace{0010}_{2}\ \underbrace{1101}_{D}\ \underbrace{0101}_{5}\ .\ \underbrace{1111}_{F}\ \underbrace{0100}_{4}$$

即(10 1101 0101.1111 01)$_2$＝(2D5.F4)$_{16}$。

至于十进制数与十六进制数之间相互转换的方法，完全与前述类似，读者不难自行得出。

为便于区别和书写，通常在数的后面加上字母 B(Binary)表示二进制数，加上 Q(Octal，为了区别数字 0，不用字母 O，而用 Q)表示八进制数，加上 H(Hexadecimal)表示十六进制数，如 1001B，703Q，93H 等。

表 2-1 列出了数的十、二、八、十六进制表示。

表 2-1　数的十、二、八、十六进制表示对照表

十进制	二进制	八进制	十六进制	十进制	二进制	八进制	十六进制
0	0000	0	0	6	0110	6	6
1	0001	1	1	7	0111	7	7
2	0010	2	2	8	1000	10	8
3	0011	3	3	9	1001	11	9
4	0100	4	4	10	1010	12	A
5	0101	5	5	11	1011	13	B

十进制	二进制	八进制	十六进制	十进制	二进制	八进制	十六进制
12	1100	14	C	15	1111	17	F
13	1101	15	D	16	10000	20	10
14	1110	16	E	17	10001	21	11

2.2 常见编码方案

虽然世界上信息的表现形式多种多样，在计算机世界里它们的形式得到了概括和统一。无论是数值信息，还是字符、文字、声音、图形等非数值信息都得以二进制形式表示。信息被变换成计算机能理解的二进制形式的过程，称为编码。解码是编码的逆过程，将二进制编码转换成人们需要的相应形式。

2.2.1 数值编码

我们把一个数在计算机内表示成的二进制形式称为机器数，该数称为这个机器数的真值。机器数具有下列特点：

（1）由于计算机设备上的限制及满足操作上的便利，机器数都有固定的位数，因此它表示的数受到固定位数的限制，具有一定的范围，超过这个范围就会产生"溢出"。

例如，一个 8 位机器数所能表示的无符号整数的最大值是 8 位全 1，即 1111 1111，即十进制数 255。如果超过这个值，就会产出"溢出"。

（2）机器数把其真值的符号数字化。通常把机器数中规定的符号位（一般是最高位）取 0 或 1，分别表示其真值的正或负。

例如，一个 8 位机器数，其最高位是符号位，那么在定点整数原码表示情况下，对于 0011 0010 和 1001 1001，其真值分别为十进制数 +50 和 -25。

（3）机器数中，采用定点或浮点方式表示小数点的位置。关于数的定点和浮点表示，可见本节稍后的进一步说明。

一、原码、补码和反码

机器数的形式是人为规定的，原码、补码和反码是常见的数的编码方式。

1. 原码

整数 X 的原码是指：其符号位的 0 或 1 表示 X 的正或负，其数值部分就是 X 绝对值的二进制表示。通常用 $[X]_原$ 表示 X 的原码。

例如，假设机器数的位数是 8，其中最高位是符号位，其余是数值部分，那么

$$[+26]_原 = 0001\ 1010$$
$$[-26]_原 = 1001\ 1010$$
$$[+0]_原 = 0000\ 0000$$
$$[-0]_原 = 1000\ 0000$$

所以数值 0 的原码有两个。

一般情况下，如果机器数的位数为 n，其中最高位是符号位，那么用原码表示整数时可以表示 2^n-1 个数，且最大数为 $2^{n-1}-1$，最小数为 $-(2^{n-1}-1)$。

例如，8 位定点整数原码表示的范围是 $-127\sim+127$。同样可得，16 位定点整数原码表示的范围是 $-2^{15}+1\sim2^{15}-1$，即 $-32\,767\sim+32\,767$。

2. 补码

由于二进制数每一位上最大的数符是 1，因此进行二进制减法运算时经常要借位，此外加法与减法运算的规则不统一，需要分别使用不同的逻辑电路来完成，增加了成本。于是引进了数的补码表示。

例如，计算十进制数 $253-176$ 的值。为了运算时不借位，我们先用一串 9（这里是 999）减去减数，可以把其表达为

$$253-176=(999-176)+1+253-1\,000$$
$$=823+1+253-1\,000$$
$$=824+253-1\,000$$
$$=1\,077-1\,000$$
$$=77$$

其中 824 是 176 对于 1 000 的补码。

同样的方法用于二进制减法，它比十进制减法更方便。我们用一串 1（这里是 8 个 1）减去减数，上述数据的二进制表达为

$$1111\,1101-1011\,0000=(\underline{1111\,1111-1011\,0000})+1+1111\,1101-1\,0000\,0000$$
$$=0100\,1111+1+1111\,1101-1\,0000\,0000$$
$$=0101\,0000+1111\,1101-1\,0000\,0000$$
$$=\underline{1\,0100\,1101-1\,0000\,0000}$$
$$=0100\,1101$$

其中 $(0101\,0000)_2$ 是 $(1011\,0000)_2$ 对于 $(1\,0000\,0000)_2$ 的补码。大家仔细观察上式中的两次减法运算（即加下划线的部分），减法运算可以用等价的运算取代。所以二进制减法运算过程转化为：对减数直接按位取反，先加 1，再加上被减数，最后舍去最高位 1。

因此，在计算机中，负数的表示是用补码来实现的。负数的补码是指其原码除符号位外的各位取反（即 0 变 1，1 变 0），然后加 1。正数的补码与其原码相同。通常用 $[X]_补$ 表示 X 的补码。例如：

$$[+26]_补=[+26]_原=0001\,1010$$
$$[-26]_补=11100110$$
$$[0]_补=[-0]_补=[+0]_补=0000\,0000$$

因此，数 0 的补码表示是唯一的。

一般情况下，如果机器数的位数为 n，其中最高位是符号位，那么用补码表示整数时可以表示 2^n 个数，且最大数为 $2^{n-1}-1$，最小数为 -2^{n-1}。

例如，8 位定点整数补码表示的范围是 $-128\sim+127$。同样可得，16 位定点整数补码表

示的范围是 $-2^{15} \sim 2^{15} - 1$，即 $-32\ 768 \sim +32\ 767$。

3. 补码的运算

利用公式 $[X]_{\text{补}} + [Y]_{\text{补}} = [X+Y]_{\text{补}}$，$[X]_{\text{补}} + [-Y]_{\text{补}} = [X-Y]_{\text{补}}$，可以把加法和减法统一成加法。这里需要注意的是：把符号位和其他位上的数一样运算；如果符号位上有进位，则把这个进位 1 舍去不要；也有可能产生"溢出"错误。

例 2 - 10　已知机器数的位数为 8，$X=8$，$Y=3$，求 $X-Y$。

解：$[X]_{\text{补}} = 0000\ 1000$，$[-Y]_{\text{补}} = 1111\ 1101$，

$$
\begin{array}{r}
0000\ 1000 \\
+\ 1111\ 1101 \\
\hline
1\ 0000\ 0101
\end{array}
$$

$$\uparrow 舍去$$

故 $[X-Y]_{\text{补}} = 0000\ 0101$，即 $X-Y=5$。

例 2 - 11　已知机器数的位数为 8，$X=-21$，$Y=-17$，求 $X+Y$。

解：$[X]_{\text{补}} = 1110\ 1011$，$[Y]_{\text{补}} = 1110\ 1111$，

$$
\begin{array}{r}
1110\ 1011 \\
+\ 1110\ 1111 \\
\hline
1\ 1101\ 1010
\end{array}
$$

$$\uparrow 舍去$$

故 $[X+Y]_{\text{补}} = 1101\ 1010$，即 $X+Y=-38$。

例 2 - 12　已知机器数的位数为 8，$X=99$，$Y=30$，求 $X+Y$。

解：$[X]_{\text{补}} = 0110\ 0011$，$[Y]_{\text{补}} = 0001\ 1110$，

$$
\begin{array}{r}
0110\ 0011 \\
+\ 0001\ 1110 \\
\hline
1000\ 0001
\end{array}
$$

故 $[X+Y]_{\text{补}} = 1000\ 0001$，则 $X+Y=-127$，两个正数的和变成了负数，结果错误。这是因为产生了"溢出"，其值超出了用补码表示的 8 位二进制整数的范围 $-128 \sim +127$。

由此可见，计算机中加法和减法统一成了加法。但是由于计算机是电子电路的集成，运算的位数总是有限的，因此溢出不可避免。在利用计算机运算时，一定要考虑所使用的系统的机器数的宽度。

另外，计算机中的乘除运算则是通过移位和加减来实现的，因此四则算术运算在计算机中都转化成对补码进行简单的移位和相加，从而大大简化了计算机运算部件的电路设计。

4. 反码

反码也是机器数的一种表示法。正数的反码与其原码相同，负数的反码是原码除符号位外的各位取反。通常用 $[X]_{\text{反}}$ 表示 X 的反码。

数 0 的反码表示有两种，因而，如果机器数的位数为 n，其中最高位是符号位，那么用反码表示数时，可以表示 $2^n - 1$ 个数。

当数值为正时，原码、补码和反码 3 种表示方法一致；当数值为负时，3 种码制之间的相

互转换规则如图 2.1 所示。

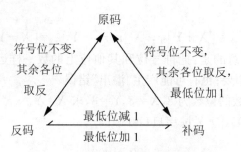

图 2.1　负数的 3 种码制间的转换规则

二、数的定点和浮点表示

数的补码表示解决了带符号数的运算问题。至于小数点的处理，计算机中通常用定点表示法或浮点表示法解决。

1. 定点表示法

定点表示法是把小数点约定在机器数的某一固定的位置上。如果小数点约定在符号位和数值的最高位之间，那么所参加运算的数的绝对值小于 1，即为定点纯小数。例如，

$$[X]_{补}=01011000$$

↑小数点位置

这时 $X=0.687\,5$。

如果小数点约定在数值最低位之后，那么所参加运算的数是整数，即为定点整数。例如，

$$[X]_{补}=11011000$$

↑小数点位置

这时 $X=-40$。

定点数在使用时，所有原始数据事先都要按比例化成纯小数或整数，运算结果还要按比例转换成实际值。

定点表示法所能表示的数值范围非常有限，计算机在进行定点数运算时，容易产生结果超出表示范围的溢出错误。

2. 浮点表示法

任何一个二进制数 N 都可写成 $10^e \times t$ 的形式，即 $N=10^e \times t$，其中 10^e 的底数 10 是二进制数。这里，e 称为 N 的阶码，是一个二进制整数；t 称为 N 的尾数，是一个二进制纯小数。例如，1011.011B 可写成 $10^{100} \times 0.101\,101\,1$，即 $1\,011.011B=10^{100} \times 0.101\,101\,1$。

机器数用阶码和尾数两部分表示，称为浮点表示法。一般规定，阶码是定点整数，尾数是定点纯小数。它们可采用原码、补码或其他编码[①]表示。

---

① 例如浮点数的阶码常用移码（也称增码）表示。将 $[X]_{补}$ 的符号位取反即得 $[X]_{移}$。

例如,一个数 X 用 8 位机器数浮点表示如下,其中前 3 位表示阶符和阶码值,后 5 位表示尾符和尾数值,用原码表示:

那么 $X = 10^{-10} \times 0.110\,0$ $B = 2^{-2} \times 0.75 = 0.187\,5$。

浮点表示中,尾数的大小和正负决定了所表示的数的有效数字和正负,阶码的大小和正负决定了小数点的位置,因此机器数小数点的位置随阶码的变化而浮动。为了使运算中不丢失有效数字,提高运算精度,计算机中的浮点表示通常采用改变阶码来达到规格化数的表示。这里,规格化数要求尾数值的最高位必须是 1(即小数点后第 1 位为非 0 数)。

如果在 16 位机器数浮点表示中,前 6 位为阶码(其中第 1 位为阶符),后 10 位为尾数(其中第 1 位为尾符),用原码表示,那么它能表示的最大数和最小数分别为:

$$0111110111111111 \quad 即 \quad 2^{25-1} \times (1 - 2^{-9}) \approx 2.143\,289 \times 10^{9},$$
$$0111111111111111 \quad 即 \quad -2^{25-1} \times (1 - 2^{-9}) \approx -2.143\,289 \times 10^{9}。$$

可见它表示数的范围约为 $-2.143\,289 \times 10^{9} \sim 2.143\,289 \times 10^{9}$,比相同位数机器数定点表示的范围大得多。

在数的浮点表示和运算中,也会产生溢出的问题。当一个数的阶码大于机器所能表示的最大阶码时,产生上溢出。这时,机器一般不再继续运算,而是转入出错处理。当一个数的阶码小于机器所能表示的最小阶码时,产生下溢出。这时,机器一般自动把该数作 0 处理。

浮点表示法表示数的范围大,但浮点数的运算规则复杂,运算速度相对较慢。在现代计算机中,用浮点运算协处理器来进行浮点数运算,从而提高了复杂的数值计算的处理速度。

2.2.2　字符编码

一、西文字符编码

1. ASCII 码

西文字符是计算机中使用最多的信息形式之一。对于西文字符集来说,一般包含拉丁字母、数字符号、标点符号以及一些控制符号,其次序由国际标准组织来确定。另外,还要确定用多少二进位来对它编码,二进位的数目不同所能表示的字符集大小也就不一样。

目前,国际上广泛采用的西文字符编码是美国标准信息交换代码(American Standard Code for Information Interchange),简称 ASCII 码。

ASCII 码采用 7 位二进制编码,它可以表示 2^{7}($=128$)个字符,在计算机中一般用一个字节表示,见表 2-2。该表由 16 行 8 列组成,行用一个字节的低 4 位 b3,b2,b1,b0 来编码,列用一个字节的高 3 位 b6,b5,b4 来编码,最高位 b7 置 0。

表 2-2　ASCII 码表

十六进制数低位					十六进制数高位		0	1	2	3	4	5	6	7
				高 b6			0	0	0	0	1	1	1	1
	二进制			三 b5			0	0	1	1	0	0	1	1
				位 b4			0	1	0	1	0	1	0	1
低四位														
b3	b2	b1	b0											
0	0	0	0			0	^@	^P	sp	0	@	P	`	p
0	0	0	1			1	^A	^Q	!	1	A	Q	a	q
0	0	1	0			2	^B	^R	"	2	B	R	b	r
0	0	1	1			3	^C	^S	#	3	C	S	c	s
0	1	0	0			4	^D	^T	$	4	D	T	d	t
0	1	0	1			5	^E	^U	%	5	E	U	e	u
0	1	1	0			6	^F	^V	&	6	F	V	f	v
0	1	1	1			7	^G	^W	,	7	G	W	g	w
1	0	0	0			8	^H	^X	(	8	H	X	h	x
1	0	0	1			9	^I	^Y	)	9	I	Y	i	y
1	0	1	0			A	^J	^Z	*	:	J	Z	j	z
1	0	1	1			B	^K	^[	+	;	K	[	k	{
1	1	0	0			C	^L	^\	,	<	L	\	l	|
1	1	0	1			D	^M	^]	—	=	M	]	m	}
1	1	1	0			E	^N	^^	.	>	N	^	n	~
1	1	1	1			F	^O	^_	/	?	O	—	o	del

　　从表中可以看出，ASCII 码小于 20H(0 列、1 列)的字符和最后一个字符(7 列 15 行)是控制字符，这些字符是不可见的。其余的为可显示字符，例如，字符"A"在表中的 4 列 1 行，所以它的 ASCII 编码是 100 0001B。字符"X"在表中 5 列 8 行，所以它的 ASCII 编码是101 1000B。

　　一个字符的 ASCII 码可用二进制表示，也可以用八进制、十六进制或十进制来书写表示。例如大括号"{"的 ASCII 码可用十进制表示为 123，数字"0"~"9"的 ASCII 码为 30H~39H 等等。

　　不难发现，只要记住字母"A"，"a"和数字"0"的 ASCII 码，就容易推算出所有英文大、小写字母和数字的 ASCII 码。

　　例如，已知字符"A"的 ASCII 码为 41H，可以推知字符"C"的 ASCII 码为 43H。"a"的 ASCII 码为 41H+20H＝61H，进而可得到字符"c"的 ASCII 码为 63H。

　　由于标准的 7 位 ASCII 码所能表示的字符较少，不能满足某些信息处理的需要，因此在 ASCII 码的基础上又设计了一种扩充的 ASCII 码，称为 ASCII-8 版本，用 8 位二进制编码，它可表示 256 个字符，最高位不再全为 0。

　　另一种在美国 IBM 系列机(微型机除外)上使用的字符编码是扩充的二～十进制交换代码(Extended Binary-Coded Decimal Interchange Code，EBCDIC)。EBCDIC 码是 8 位代码,字符顺序是:小写字母→大写字母→数字,而且不是连续的。

2. BCD 码

十进制数在键盘输入和打印、显示输出时,往往将各个数字以 ASCII 码表示。但是它在计算机中运算时,是以二进制形式进行的。为了便于转换,人们设计了一些二进制编码来表示十进制数,称为二～十进制码,即 BCD 码(Binary Coded Decimal)。

BCD 码用 4 位二进制代码来表示 1 位十进制数。从 16 个 4 位二进制代码 0000～1111 中只需选择其中 10 个作为十进制数的 10 个数字的代码。也正因为如此,BCD 码有多种编码方案,如 8421 码、5421 码、余 3 码等,如表 2-3 所示。

表 2-3　常用 BCD 码

十进制	8421 码	5421 码	余 3 码	十进制	8421 码	5421 码	余 3 码
0	0000	0000	0011	5	0101	1000	1000
1	0001	0001	0100	6	0110	1001	1001
2	0010	0010	0101	7	0111	1010	1010
3	0011	0011	0110	8	1000	1011	1011
4	0100	0100	0111	9	1001	1100	1100

其中最常用的是 8421 码,其特点是 4 位二进制编码本身的值就是它所对应的 1 位十进制数字值,因而也称为 NBCD 码[①];5421 码从高位到低位的权值为 5、4、2、1,表 2-3 中的 5421 码大于 5 的数高位为 1,5 以下的数高位为 0;余 3 码是由 8421 码加 3 得来的。

这样,一个十进制数就可用其各位数字所对应的一组 BCD 码来表示。例如,十进制数 315 可用 NBCD 码表示为 001100010101。需要注意,尽管 BCD 码的表示形式上像二进制数,但并不是真正的二进制数。例如,315 转换成二进制数是 100111011。

在计算机中,可以把用 BCD 码表示的十进制数转化成真正的二进制数后,再进行运算,但也可以直接对用 BCD 码表示的十进制数进行运算。这种运算是以二进制数进行的,但需进行"十进制调整",以符合"逢十进一"的十进制数的运算规则。

二、汉字编码

中文的基本组成单位是汉字,汉字也是字符。西文字符集的字符总数不超过 256 个,使用 7 个或 8 个二进位就可以表示。汉字的总数超过 6 万,数量巨大,显然用一个字节是不够的,很容易想到使用两个字节实行编码,两个字节的不同编码数可达 $2^{16}=65\ 536$ 个,因而双字节编码成为汉字编码的一种常用方案。

1. 国标 GB2312—80

为了适应计算机处理汉字信息的需要,1981 年我国颁布了《信息交换用汉字编码字符集基本集》(GB2312—80)。该标准选出 6 763 个常用汉字和 682 个非汉字符号,为每个字符规定了标准代码,以供这 7 445 个字符在不同计算机系统之间进行信息交换使用。这个标

---

① 　N 即 Natural 的缩写。在不致混淆时,常将 NBCD 码简称为 BCD 码。

准收集的字符及其编码称为国标码，又称国标交换码。

GB2312 国标字符集由 3 部分组成：第 1 部分是字母、数字和各种符号，包括拉丁字母、俄文、日文平假名与片假名、希腊字母、汉语拼音字母、汉字注音符号等共 682 个；第 2 部分为一级常用汉字，共 3 755 个，按汉语拼音顺序排列；第 3 部分为二级常用汉字，共 3 008 个，按偏旁部首顺序排列。

图 2.2　区位码码位图

GB2312 国标字符集构成一个二维平面，它分成 94 行（十进制编号 01～94 行）、94 列（十进制编号 01～94 列），行号称为区号，列号称为位号。如图 2.2 所示。每一个汉字或符号在码表中都有各自的位置，因此各有一个唯一的位置编码。该编码用字符所在的区号（行号）及位号（列号）的十进制代码或二进制代码来表示，这就是该汉字的区位码。区位码指出了该汉字在码表中的位置。

汉字的区位码还不是它的国标码。由于信息传输的原因，每个汉字的区号和位号必须加上 0010 0000B 即 32。由此得到的编码称为该汉字的国标码。在计算机中，为了处理与存储的方便，汉字国标码需用两个字节才能表示一个汉字。

例如，"宝"字的区号是 17，位号是 06，它的区位码是 1706，各加 32 之后变为国标码 4938，它的两字节的国标码应为 001 10001 0010 0110。

由于计算机中的双字节汉字与单字节的西文字符是混合在一起进行处理的，汉字信息如不予以特别的标识，就会与单字节的 ASCII 码混淆不清，无法识别。为了解决这个问题，采用的方法之一就是使表示汉字的两个字节的最高位（b7）总等于 1。这种双字节（16 位二进制）的汉字编码称为汉字的机内码，简称内码。目前 PC 机中汉字内码的表示大多数都是这种方式。例如，"宝"字的内码是 1011 0001 1010 0110。为描述的方便，又常用十六进制数表示为 B1A6。3 种编码之间的关系如图 2.3 所示。

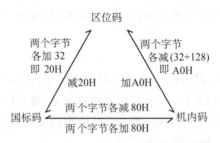

图 2.3　区位码、国标码及机内码转换表

应当注意，汉字的区位码和国标码是唯一的、标准的，而内码的表示则可能随系统的不同而采用不同的表示方法。

2. GBK 汉字内码扩充规范

GB2312—80 编码方案汉字收录不足，只包含 6 763 个简体汉字，新闻、出版、古籍研究等行业和部门在使用中感到十分不便。因而急需扩充汉字，能简繁共存，在保持一定兼容性的前提下，我国提出了一个汉字扩展内码规范 GBK。

GBK 是我国 1995 年发布的一个汉字编码标准，全称《汉字内码扩展规范》。它一共收录了 21 003 个汉字和 883 个图形符号，除了包含 GB2312 中的全部汉字和符号外，还收录了 Big5 中的繁体字及 ISO 10646 国际标准中的中日韩（CJK）其他汉字。GBK 汉字也采用双字节编码，而且 GBK 与 GB2312—80 的汉字编码完全兼容，但是 GBK（GB2312—80）与 Big5 并不兼容。

CJK（China，Japan 和 Korea 的首字符缩写）编码是由我国（包括香港、台湾地区）联合日本、韩国、朝鲜、新加坡、马来西亚等国制订的一个统一的汉字字符集，共收录了上述不同国家和地区的两万多个汉字及符号，采用 2 字节编码。在该字符集中，某汉字无论其字义在各国有何不同，只要字形相同就使用统一的编码。

Big5（又称大 5 码）是我国台湾地区计算机系统中广泛使用的一种汉字编码字符集，它包括 420 个图形符号和 13 070 个汉字（不包含简化汉字）。

Windows 操作系统自中文版 Windows 95 开始支持 GBK 编码方案，并提供了 TrueType 宋体、黑体两种 GBK 字库用于显示和打印，以及 4 种 GBK 汉字输入法。

3. UCS/Unicode

国际标准 ISO/ IEC 10646 定义通用多 8 位编码字符集（Universal Multiple-Octet Coded Character Set，UCS），是为了实现世界各国所有字符在同一字符集中等长编码、同等使用的真正多文种信息处理的编码标准。UCS 规定了全世界现代书面语言文字使用的所有字符的标准编码，每个字符用 4 个字节编码，故又记作 UCS－4。UCS 的优点是编码空间大，能容纳足够多的各种字符集。缺点是信息处理效率和方便性方面还不理想。

解决这个问题的较现实的方案是使用 UCS 的 2 字节格式子集（记作 UCS－2）。UCS－2 又称为 Unicode 编码或统一码，编码长度为 16 位，其字符集中包含了世界各国和地区当前主要使用的拉丁字母、音节文字、CJK 汉字以及各种符号和数字，共计 49 194 个字符。

为了与目前大量使用的 8 位系统保持向下兼容，同时避免与数据通信中使用的控制码发生冲突，UCS/Unicode 在具体实现时可以将双字节代码变换为可变长代码，目前常见的转换形式有 UTF－8、UTF－7、UTF－16 等。UTF 即 UCS/Unicode Transformation Format 的缩写。其中，UTF－8 是文本存储和网络传输中最常用的一种形式，它以字节为单位，对 Unicode 不同范围的字符使用不同长度的编码，分别有单字节、双字节、3 字节和 4 字节的 UTF－8 编码。

中文版 Windows 9x、2000、NT 和 Windows7 操作系统已支持 Unicode 编码。IBM、Apple、HP、Oracle 等公司也都已采用了 UCS/Unicode 标准。

4. 国标 GB18030

为了既能与国际标准 UCS/Unicode 接轨，又能保护已有的大量中文信息资源，我国开始广泛执行 GB18030 汉字编码国家标准，即《信息交换用汉字编码字符集基本集的扩充》。目前 GB18030 标准有两个版本 GB18030—2000 和 GB18030—2005。

GB18030—2000 标准在 GBK 基础上增加了 CJK 统一汉字扩充 A 的汉字，收录了 27 484 个汉字，采用单字节、双字节和四字节 3 种方式对字符编码，总编码空间超过 150 多万个码位，为解决人名、地名用僻字问题提供了方案，为汉字研究、古籍整理等领域提供了统一的信息平台基础。GB18030 标准一方面与 GB2312、GBK 保持向下兼容，同时还扩充了 UCS/Unicode 中的其他字符。

GB18030—2005 标准是在 GB18030—2000 基础上增加了 CJK 统一汉字扩充 B 的汉字，收录了 70 000 多汉字。

值得注意的是，除了国标 GB2312—80 外，其他的汉字编码字符集中某汉字的简体字与其相对应的繁体字各自占有不同的编码。

5. 输入码

前面介绍的 ASCII、GB2312—80 等字符编码，主要解决的是西文与汉字字符在计算机内存储和传输的问题，属于内码。如果将字符送入计算机，需要使用输入设备，由于输入设备的多样化，因而就有了键盘输入、手写输入、扫描输入和语音输入等多种输入方式。此处着重介绍汉字的键盘输入。

汉字的字数很多，无法使每个汉字与西文键盘上的按键一一对应。汉字的键盘输入通常采用编码输入方案。每个汉字用一个或几个键来表示，这种表示方法称之为汉字的输入码。

汉字输入编码方案有几百种，大体被分成以下 4 类：

（1）数字编码　这是一类用一串数字来表示汉字的编码方法，例如电报码、区位码等，它们难以记忆，不易推广。

（2）字音编码　这是一种基于汉语拼音的编码方法，简单易学。缺点是同音字引起的重码多，需增加选择操作。例如搜狗拼音、双拼等。

（3）字形编码　这是将汉字的字形分解归类而给出的编码方法，重码少，输入速度快，但编码规则不易掌握。五笔字型就是这类编码。

（4）形音编码　它吸取了字音编码和字形编码的优点，使编码规则简化，重码减少，但掌握起来也不容易。

汉字输入码与汉字内码完全是不同范畴的概念，不能把它们混淆起来。输入到计算机中的汉字，无论是使用汉字的输入码，还是手写、语音或扫描方式输入都得转换成内码，才能进行存储和处理。

6. 输出码

为显示和打印输出汉字，还必须有汉字的输出码。若直接输出汉字内码，则谁都无法看懂。因此，必须把汉字内码转换成人们可以阅读的方块字形式，这种表达汉字字形的字模数据称为字形码。

每个汉字的字形都必须预先存放在计算机内，一套汉字（例如 GB2312 国标汉字字符集）的所有字符的形状描述信息集合在一起称为字模（又称字形）信息库，简称字模库或字库（font）。不同的字体（如宋体、仿宋、楷体、黑体等）对应着不同的字模库。在输出每个汉字时，计算机都要先到字库中去找到它的字形描述信息，然后把字形信息送去输出。

汉字的字形主要有两种描述的方法：点阵字形（如图 2.4 所示）和轮廓字形（如图 2.5 所示）。前者用一组排成方阵（16×16，24×24，32×32 甚至更大）的比特来表示一个汉字，"1"

表示对应位置处是黑点,"0"表示对应位置处是空白。轮廓字形比较复杂,它把汉字笔画的轮廓用一组直线和曲线来勾画,记下每一直线和曲线的数学描述参数。这种方式精度高,字形大小可以任意变化。这两种类型的字库目前都在使用,如 Windows 中的 True Type 字体就是一种广泛使用的轮廓字形标准。

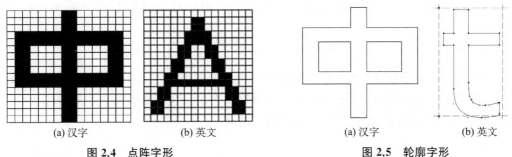

(a) 汉字　　　　(b) 英文　　　　　　　　(a) 汉字　　　　(b) 英文

图 2.4　点阵字形　　　　　　　　　　图 2.5　轮廓字形

字模的点阵数越多,字形放大时就越不容易产生锯齿,但占用的存储空间越大。如一个 16×16 点阵字模占用 32 个字节的存储空间,一个 24×24 点阵字模需要 72 字节的存储空间。

2.2.3　音频编码

声音是传递信息的一种重要媒体,能在计算机中存储、处理和传输的前提是声音信息数字化,即转换成二进制编码。计算机能处理的声音通常分为两类,一类是将现实世界中的声波经数字化后形成的数字波形声音,另一类是经计算机合成的声音。

一、波形声音

声音是由振动的声波所产生,通常用一种连续的随时间变化的波形来表示。波形的"振幅"决定音量的大小。连续两个波峰间的距离称为"周期"。每秒钟的周期数称为"频率",单位为 Hz(赫兹)。声音的频率范围称为声音的带宽。多媒体技术处理的是人类的听力所能接受的 20 Hz~20 kHz 的音频信号(audio),其中人类说话的声音频率范围约为 300~3 400 Hz,称为言语或语音(speech)。

1. 波形声音的数字化

波形声音是模拟信号,将这种模拟信号的取样量化值变换成二进制代码,这个过程称为波形声音的数字化,也即模数转换(简称 A/D 转换)。如图 2.6 所示。

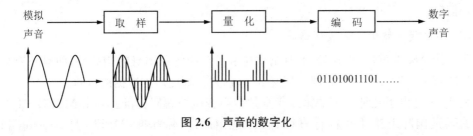

图 2.6　声音的数字化

（1）取样

由于声波是连续信号,用计算机处理这些信号时必须先对连续信号按一定的时间间隔取样。每秒取样的次数称为取样频率,单位为 Hz。为了防止失真,根据取样定理,取样频率应不低于声音信号最高频率的两倍。通常,语音的取样频率为 8 kHz,音乐的取样频率应高于 40 kHz。目前声卡一般提供 11.025 kHz、22.05 kHz 和 44.1 kHz 等 3 种不同的采样频率。

（2）量化

取样的离散音频数据要转换成计算机能够表示的数据范围,这个过程称为量化。量化的等级取决于量化精度,也即用多少位二进制数来表示一个音频数据。一般采用 8 位、12 位或 16 位量化。量化精度越高,声音的保真度越高。

（3）编码

经过取样和量化后的声音,必须按照一定的要求进行编码。其实质是对数据进行压缩,以便于存储、处理和网络传输。

波形声音的主要参数包括:取样频率、量化位数、声道数、压缩编码方案和数码率等。声道数是指一次采样所记录产生的声音波形的个数,通常为 1（单声道）或 2（双声道立体声）。数码率又称比特率,简称码率,它是指每秒钟的数据量。未压缩前,波形声音的码率计算公式为:

$$波形声音的码率＝取样频率×量化位数×声道数$$

例如用 44.1 kHz 的取样频率对声波进行取样,每个取样点的量化位数为 16 位,声道数为 2,其波形声音的码率为:$44.1×1\,000×16×2＝1\,411\,200$ b/s。

2. 声音的编码

波形声音,尤其是全频带声音数字化后信息量很大。由于这些原始数据有很强的相关性,也即存在着大量的冗余信息,加之人的听觉器官具有某种不敏感性,因此对数字波形声音进行压缩就显得十分必要和可能。

（1）第 1 代全频带声音编码

全频带数字声音的第 1 代编码采用脉冲编码调制（Pulse Code Modulation,PCM）技术。PCM 是最简单最基本的编码方法,其目标是使重建语音波形保持原波形的形状。它直接赋予取样点一个代码,没有进行压缩,因而所需的存储空间较大。PCM 编码的优点是音质好,缺点是数据量大。常见的 Audio CD 就采用了 PCM 编码,一张光盘只能容纳 72 min 左右的音乐信息。

（2）第 2 代全频带声音压缩编码

第 2 代全频带声音压缩编码不但充分利用了声音信息本身的相关性,而且还充分利用了人耳的听觉特性,即利用"心理声学模型"来达到大幅度压缩数据的目的。

表 2-4 列出了几种典型的第 2 代全频带声音压缩编码标准。其中 MPEG-1 的声音压缩编码是国际上第 1 个高保真声音数据压缩的国际标准,MPEG 是 Moving Picture Experts Group（运动图像专家组）的简称。MPEG-1 的声音压缩编码分为 3 个层次:层 1

(Layer 1)主要应用于数字盒式录音磁带;层2(Layer 2)主要应用于数字音频广播(DAB)、VCD等;层3(Layer 3)主要应用于Internet网上高质量声音的传输和MP3音乐。

表2-4 第2代全频带声音压缩编码标准

名称	压缩后的码率(每个声道)	声道数目	主要应用
MPEG-1层1	384 kbps(压缩4倍)	2	数字盒式录音带
MPEG-1层2	256~192 kbps(压缩6~8倍)	2	DAB,VCD,DVD
MPEG-1层3	128~112 kbps(压缩10~12倍)	2	Internet,MP3音乐
MPEG-2 audio	与MPEG-1层1、层2、层3相同	5.1,7.1	同MPEG-1
MPEG-2/AAC	64 kbps	5.1,7.1	同MPEG-1
Dolby AC-3	64 kbps	5.1,7.1	DVD,DTV,家庭影院

杜比数字AC-3(Dolby Digital AC-3)是美国杜比公司开发的多声道全频带声音编码系统,5.1声道提供了达5个全频带声道,其中包括左、中、右声道,独立的左环绕及右环绕声道以及第6个用以表现超低音效果的".1"声道。6个声道的信息在制作和还原的过程中全部数字化,具有真正的立体声效果,主要应用于家庭影院、DVD和数字电视中。

(3)数字语音的压缩编码

在有线电话通信系统中,数字语音传输时采用的压缩编码是ITU(国际电信联盟)提出的G.711和G.721标准,前者是PCM编码,后者是ADPCM(自适应差分脉冲编码调制)编码。它们的语音算法质量高、算法简单、易实现,一直在固定电话通信系统中采用。

1995年ITU批准的语音压缩标准G.729,采用"共轭结构代数码激励线性预测编码方案"算法,可以仅用8 kb/s带宽传输话音,而话音质量与32 kb/s的ADPCM相同,被用于VoIP网络电话技术中。

1999年ETSI(欧洲通信标准协会)推出了基于码激励线性预测编码(CELP)的第三代移动通信语音编码标准——自适应多速率语音编码器(AMR),其中最低速率为4.75 kb/s,达到通信质量。CELP是近10年来最成功的语音编码算法,Speex也是一种基于CELP算法的针对语音的免费开源音频压缩格式。

二、计算机合成声音

1. 音乐合成

MIDI是一个国际通用的标准接口,是一种电子乐器之间以及电子乐器与电脑之间的进行交流的标准协议。它不但规定了乐谱的数字表示方法,还规定了演奏控制器、音源、计算机等相互连接时的通信规程。

我们平常所说的"MIDI"通常只是指一种电脑音乐的文件格式。MIDI文件记录的是如"音乐在什么时刻,使用什么乐器,以什么音符开始,以什么音调结束,加以什么伴奏"等等这样的信息,所以MIDI文件本身并不是音乐,而是用数字信号表达的发音命令。一首乐曲所对应的全部MIDI消息组成一个MIDI文件,其文件扩展名为.MID或.RMI。MIDI文件的数据量很小,较适合在互联网上传播。例如,一首时长为5 min的MIDI歌曲,其容量约

100 KB。而相应的波形音乐文件(.WAV)，其容量高达 50 MB 左右，经压缩后的 MP3 文件的容量也有 5 MB 左右。

当播放 MIDI 时，计算机将指令发给声卡，声卡按照指令将 MIDI 信息重新合成起来。因此 MIDI 的播放效果取决于用户 MIDI 设备的质量和音色。就电脑声卡而言，最为常见的手段是 FM 合成与波表合成。FM 是频率调变的英文缩写，它运用声音振荡的原理对 MIDI 进行合成处理，该方式多用于以前的 ISA 声卡。波表即波形表格，它将各种真实乐器所能发出的声音(包括各个音域、声调)录制下来，存储为一个波表文件。譬如钢琴有钢琴的音色样本，小提琴有小提琴的音色样本。播放时，根据 MIDI 文件记录的乐曲信息向波表发出指令，从"表格"中逐一找出对应的声音信息，经过合成、加工后回放出来。由于它采用的是真实乐器的采样，所以效果自然要好于 FM。一般波表的乐器声音信息都以 44.1 kHz、16 bit 的精度录制，这样可以达到最真实回放效果。

2. 语音合成

语音合成是人机人性化交互方式中最有希望产生突破并形成产业化的一项技术。按照人类语言功能的不同层次，语音合成可分为 3 个层次，即从文字到语音的合成(Text-to-Speech)、从概念到语音的合成(Concept-to-Speech)和从意向到语音的合成(Intention to Speech)。目前主要是按文本(书面语言)进行语音合成，称为文语转换(简称 TTS)。

文语转换能将任意文字信息实时转化为具有高自然度的语音朗读出来，从而实现让机器像人一样说话。其实现过程需经过文本分析、韵律控制和语音生成 3 个阶段。

文本分析的任务首先是规范输入的文本，然后分析文本中词或短语的边界，确定文字的读音，同时分析文本中出现的数字、姓氏、特殊字符以及各种多音字的读音方式，将其转换成一串发音符号。韵律控制则是根据文本的结构、组成和不同位置上出现的标点符号，确定发音时语气的转换以及读音的轻重缓急，为合成语音规划出韵律特征，如音高、音长和音强，使合成语音能正确表达语意，体现语言的节奏感。语音生成是根据韵律建模的结果，从原始语音库中取出相应的语音基元，利用特定的语音合成技术对语音基元进行韵律特性的调整和修改，最终合成符合要求的语音。语音生成的主要方法有共振峰合成、LPC(线性预测编码)参数合成和 PSOLA(基音同步叠加)合成等。

语音合成技术目前已应用于多个领域，如基于 PC 的办公、教学和娱乐等多媒体软件；声讯服务领域的智能电话查询，包括 114 电话号码查询、工商信息电话查询、股市查询和电话银行等。

值得注意的是，通过语音学规则产生语音，对于不同的语种，其规则是完全不同的。

3. 语音识别技术

语音识别(Automatic Speech Reorganization)技术就是用计算机将声音数据流映射为相应的一串字符。语音识别技术涉及信号处理、物理学(声学)、模式识别、心理学、通信和信息理论、语言学、生理学和计算机等多种学科。

语音识别系统的构建过程分为两部分：训练和识别。训练通常是离线完成的，对预先收集好的海量语音、语言数据库进行信号处理和知识挖掘，获取语音识别系统所需要的"声学模型"和"语言模型"。识别通常是在线完成的，对用户实时的语音进行识别。识别过程的前端模块负责语音的预滤波、采样和量化、加窗、端点检测、特征提取等；后端模块利用训练好的"声学模型"和"语言模型"对用户语音的特征向量进行统计模式识别,得到其包含的文字信息;此外,后端模块还具有"自适应"能力,可以对用户语音进行自学习,从而对训练好的"模型"进行必要的校正,进一步提高识别的准确率。

目前,语音识别的应用领域已经非常广泛,如语音输入、语音控制(工业控制、语音拨号系统、智能家电、声控智能玩具)、智能对话查询(订票系统、银行服务、股票查询服务)等。近期,语音识别在移动终端上的应用最为火热,语音对话机器人、语音助手、互动工具等层出不穷。

三、音频文件的格式

音频文件通常分为两类:声音文件和 MIDI 文件。声音文件是指通过声音录入设备录制的原始声音,直接记录了真实声音的二进制采样数据,通常文件较大;MIDI 文件是一种音乐演奏指令序列,相当于乐谱,可以利用声音输出设备或与计算机相连的电子乐器进行演奏,由于不包含声音数据,其文件较小。

常见音频文件格式有:WAV、MP3、WMA、RA、FLAC、APE、AMR 和 MID 等。

1. WAV 文件

WAV 文件格式是 Microsoft 公司开发的一种声音文件格式。该格式记录声音的波形,只要采样频率高,量化位数多,机器速度快,该声音文件能与原声基本一致。在 Windows 平台下,基于 PCM 编码的 WAV 文件能被各种音频软件广泛支持,但该格式文件所占据的空间很大。

2. MP3、MP4 文件

MP3 是目前最为普及的音频压缩格式。MP3 采用的是 MPEG‐1 Layer‐3 的压缩编码标准。MP3 的压缩率高达 10∶1～12∶1。MP3 格式支持流媒体技术,即文件可以边读边放,而不用预读文件的全部内容。由美国唱片行业联合会推出的 MP4 音乐文件,它虽然不是 MP3 的升级版,但是主要解决了 MP3 文件无法提供版权保护的缺陷。MP4 的压缩比高于 MP3,音质相当,在文件中加入了保护版权的编码技术,只有特许用户才能播放。该音乐文件自身还包含一个播放器,每一个 MP4 音乐都是可执行文件,在 Windows 中双击即可播放,无须安装第三方播放器。

3. WMA 文件

WMA(Windows Media Audio)是微软针对网络环境开发的音频文件格式。WMA 也支持流媒体技术,压缩率可达 18∶1,在同文件同音质下比 MP3 体积小。WMA 支持防复制功能,可限制播放时间、播放次数甚至于播放的机器等。WMA 是目前互联网上用于在线试听的一种常见格式。

4. RA、RM 和 RAM 文件

RA、RM 和 RAM 都是 RealAudio 文件的格式。RealAudio 文件是 RealNetworks 公司开发的一种流式音频格式,主要用于在低速率的网络上实时传输音频信息。这种格式可以根据听众的带宽来控制自己的码率,在保证流畅的前提下尽可能提高音质。RealAudio 文件推出得较早,技术比较成熟,不少音乐网站和网络广播都采用 RealAudio 格式。

5. FLAC、APE 文件

FLAC、APE 是流行的数字音频无损压缩格式。它们与 MP3 等有损压缩格式不同。APE 通过 Monkey's Audio 软件压缩，体积变小，音质不变。FLAC 是一种非常成熟的无损压缩格式，源码完全开放，支持所有的操作系统平台，也是目前唯一获得广泛硬件支持的格式。比较这两者的优劣，FLAC 的解码速度高于 APE，FLAC 压缩率不如 APE。

无论 FLAC 还是 APE，由于所占空间都比有损音乐大很多，所以不是主流的音频格式，网上很难获取到 FLAC 和 APE 格式的音乐资源。支持的播放器主要有 Foobar2000 等。

6. AMR 文件

AMR 文件是移动通信系统中使用最广泛的音频文件格式，它既作为手机铃声格式，也被广泛应用为手机的录音文件格式。由于 AMR 文件的容量很小（每秒钟 1KB 左右），符合中国移动现行的彩信技术规范，AMR 也是实现在彩信中加载人声的唯一格式。目前，微信的语音信息主要采用 AMR 格式。但是 iOS 系统中微信语音采用的是 AUD 格式，AUD（Advanced WMA Workshop）是 WMA 的改进型，它在压缩比和音质方面都超过了 MP3。

7. MID 文件

MID 文件是计算机合成音乐（MIDI）的文件格式。MIDI 是 Musical Instrument Data Interface 的简称，MIDI 文件存储的是发音命令而不是声音。MIDI 文件的数据量很小，较适合在互联网上传播。MID 文件主要用于原始乐器作品，流行歌曲的业余表演，游戏音轨以及电子贺卡等。

2.2.4 图像编码

计算机中的数字图像分为两类：一类称为点阵图像或位图图像（bitmap image），简称图像（image）；另一类称为矢量图形（vector graphics），简称图形（graphics）。

点阵（位图）图像是将一幅图像分割成若干行×若干列的栅格，栅格的每一点（像素）的亮度值都单独记录。像素是组成图像的基本点。位图图像与分辨率有关，即在一定面积的图像上包含有固定数量的像素。因此，如果在屏幕上以较大的倍数放大显示图像，或以过低的分辨率打印，位图图像会出现锯齿边缘。

矢量图形由矢量定义的直线和曲线组成，Adobe Illustrator、CorelDraw、CAD 等软件是以矢量图形为基础进行创作的。矢量图形根据轮廓的几何特性进行描述。图形的轮廓画出后，被放在特定位置并填充颜色。移动、缩放或更改颜色不会降低图形的品质。矢量图形与分辨率无关，可以将它缩放到任意大小和以任意分辨率在输出设备上打印出来，都不会影响清晰度。因此，矢量图形是文字（尤其是小字）和线条图形（比如徽标）的最佳选择。

一、图像的基本概念

1. 分辨率

分辨率是影响位图质量的重要因素。图像分辨率即图像的大小，用宽×高表示，宽是指水平方向上的像素数，高是指垂直方向上的像素数。如图像的分辨率为 1 024×768。图像的分辨率越高，所包含的像素就越多，图像就越清晰，印刷的质量也就越好，同时所占用的存储空间越大。

2. 色彩空间

色彩空间(又称颜色模型)是一个三维颜色坐标系统和其中可见光子集的说明。使用专用颜色空间的目的是为了在一个定义的颜色域中说明颜色。常见的色彩空间有 RGB(红、绿、蓝)色彩空间、CMYK(青、品红、黄、黑)色彩空间、YUV(亮度、色度)色彩空间和 HSV(色彩、饱和度、亮度)色彩空间等。

由于人类的眼睛对红、绿、蓝等三基色最敏感,因此在计算机显示器(视频监视器)中采用 RGB 色彩空间。在彩色打印和彩色印刷中,采用的是由颜料的青、品红、黄三基色及黑色来表现颜色的 CMYK 色彩空间。在中国、欧洲等国的 PAL 制式电视系统中,采用 YUV 色彩空间;在美国、日本等国的 NTSC 制式电视系统中,采用 YIQ 色彩空间。当然这几种色彩空间之间是可以相互转换的。

3. 像素深度

像素深度也称位深度,指位图中记录每个像素点所占的二进制位数。常用的图像深度有 1、4、8、16、24 等。像素深度决定了可表示的颜色的数目。当像素深度为 24 时,像素的 R、G、B 等 3 个基色分量各用 8 bit 来表示,共可记录 2^{24} 种色彩。这样得到的色彩可以反映原图的真实色彩,故称真彩色。

二、位图图像

1. 图像数字化

通过数码照相机、数码摄像机、扫描仪等设备获取的数字图像,都得经过模拟信号的数字化过程。图像数字化的过程分为 3 个步骤,如图 2.7 所示。

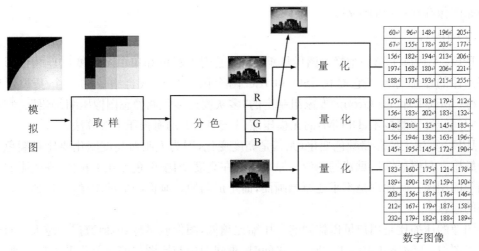

2.7 图像的数字化

(1)取样

将画面分割成 $M \times N$ 个点,每个点即是 1 个取样点,用其亮度值来表示。

(2)分色

将彩色图像取样点的颜色分解成 3 个基色(例如 R、G、B 三基色)。如果是黑白图像或灰度图像，每个取样点只有 1 个亮度值。

（3）量化

将经过分色的每个分量进行 A/D 转换，把模拟量的亮度值用数字量来表示。

这样获得的数字图像称为取样图像，即位图图像。位图表达的图像逼真，但数据量大。

取样图像在计算机中表示时，单色图像使用一个矩阵，彩色图像一般使用 3 个矩阵。矩阵的行数称为图像的垂直分辨率，列数称为图像的水平分辨率，矩阵中的元素表示像素的颜色分量的亮度值，用整数表示。

位图文件的大小用它的数据量表示，与分辨率和像素深度有关。图像文件大小是指存储整幅图像所占的字节数。其计算公式如下：

$$图像文件的字节数 = 图像分辨率 \times 像素深度/8$$

例如，一幅图像分辨率为 1 024×768 的单色图像，其文件的大小为(1 024×768×1)/8＝98 304 B。

一幅同样大小的图像，若显示 256 色，即图像深度为 8 位，则其文件的大小为(1 024×768×8)/8＝786 432 B。

2. 静态图像压缩编码 JPEG

和波形声音数据一样，由于这些图像数据中存在着大量的冗余信息，加上人的视觉器官具有某种不敏感性，舍去人的感官所不敏感的信息对图像质量的影响很小，因此对数字图像进行压缩是十分必要，而且也是可行的。

数据压缩分为无损压缩和有损压缩。无损压缩是指对压缩后的数据进行解压还原时，重建的图像与原图像完全相同。有损压缩是指对压缩后的数据进行解压还原时，重建的图像与原图像存在一定的误差。

（1）JPEG

JPEG 是国际上第一个静态图像压缩标准，适用于彩色和单色多灰度或连续色彩静止数字图像的压缩标准。它是由 ISO 和 IEC 两个国际机构联合组成的一个 JPEG（Joint Photographic Experts Group）专家组制定的"多灰度连续色调静态图像压缩编码"。它包括基于空间线性预测技术（DPCM）的无损压缩、基于 DCT 的有损压缩等算法。

JPEG 算法主要存储颜色变化，尤其是亮度变化，因为人眼对亮度变化要比对颜色变化更为敏感。只要压缩后重建的图像与原来图像在亮度变化、颜色变化上相似，在人眼看来就是同样的图像。其原理是不重建原始画面，而生成与原始画面类似的图像，丢掉那些未被注意到的颜色。

图像的压缩比是用户可以控制的。压缩比越低，图像质量越好，但数据量越大。对于自然风光图像，压缩比在 10：1～20：1 之间时，重建图像与原图像的误差几乎察觉不到。

（2）JPEG2000

JPEG2000 是为适应 Internet 的多媒体应用而推出的一个 JPEG 的升级版，采用以小波变换为主的多分辨率编码方式。JPEG2000 统一了面向静态图像和二值图像的编码方式，是既支持低比率压缩又支持高比率压缩的通用编码方式。在高压缩比的情况下，传统的 JPEG 压缩方式可能有明显的马赛克现象，但用 JPEG2000 压缩的图像质量就能得到保证。

此外,JPEG2000 还具有较强的纠错能力。

3. 图像文件格式

常用的位图图像格式有 BMP、JPG、GIF、TIF、PSD、PNG 等。

（1）BMP 文件

BMP 是 Windows 系统下的标准位图格式,具有多种分辨率。其结构简单,未经过压缩,文件会比较大。它能适用于大多数软件,是一种通用格式。位图比较适合于具有复杂的颜色、灰度等级或形状变化的图像,如照片、绘图和数字化了的视频图像。

（2）JPG、JPEG、JP2 文件

JPG、JPEG 文件是目前应用最广泛的图片格式之一,采用 JPEG 有损压缩算法,将不易被人眼察觉的图像颜色删除,从而达到较大的压缩比(可达到 2∶1 甚至 40∶1)。可以用不同的压缩比例对这种文件压缩,其压缩技术十分先进,对图像质量影响不大,因此可以用最少的磁盘空间得到较好的图像质量。由于它优异的性能,所以广泛应用在 Internet、数码相机上。JP2 图像格式是 JPG 图像的升级版本,同时支持有损压缩和无损压缩。在压缩比比较高时,JP2 的优势明显,尤其适合摄影照片图像。目前 JP2 文件还远没有 JPG 文件那样被广泛支持和使用。

（3）GIF 文件

GIF 文件最先使用在网络上用于图像数据的在线传输,特别是应用于互联网的网页中,通过 GIF 提供足够的信息,使得许多不同的输入输出设备能方便地交换图像数据。GIF 分为静态 GIF 和动画 GIF 两种,支持透明背景,在屏幕上渐进显示,适用于多种操作系统。网络上很多小动画都是 GIF 格式。其实 GIF 是将多幅图像保存为一个图像文件,从而形成动画,归根到底 GIF 仍然是图像文件格式。由于它最多只能表达 256 种颜色,文件特别小,经过无损压缩后,适合在网络上传输。

（4）TIF、TIFF 文件

标记图像文件格式 TIF(Tagged Image File Format)是图像文件格式中最复杂的一种,最初是由 Aldus 公司与微软公司一起开发的。它是一种无损压缩的图像文件格式,图像格式的存放灵活多变,独立于操作系统和应用程序,经常用于扫描仪和出版印刷。存储的图像质量高,但占用的存储空间也非常大。TIF 文件被用来存储一些色彩丰富的贴图文件,它将 3DS、Macintosh、Photoshop 有机地结合在一起。

（5）PSD 文件

图像处理软件 Photoshop 的专用图像格式。PSD 文件可以保存 Photoshop 的层、通道、路径等信息,是目前唯一能够支持全部色彩空间的格式,但文件一般较大,很少为其他软件所支持。通常在图像编辑修改过程中存为 PSD 格式,以保证图像数据不丢失;图像制作完成后,转存为数据量小,便于通用的文件格式(如.JPG)。

（6）PNG 文件

流式网络图形格式(Portable Network Graphic Format,PNG)是一种位图文件存储格式,采用无损压缩的方式,压缩比高于 GIF,存储彩色图像时位深度可达 48 位,支持图像透明,可以利用 Alpha 通道调节图像的透明度,但不支持动画。PNG 虽不及 JPEG 在照片压缩方面的优势，但是它是无损压缩，可以使图像质量更优体积更小。Fireworks 的默认格式就是 PNG。

同一内容的素材，采用不同的格式，其形成的文件的大小和质量有很大的差别。如一幅 640×480 大小的采用 24 位像素深度的图像，如果采用 BMP 格式，则这个图像的文件大小为 921 KB。若转用 JPG 格式，则该图像文件的大小只有 35 KB 左右。在考虑到文件的传送或存储方便时，需要选用文件较小的格式，如网页制作时一般都不采用 BMP 格式，而用 JPG 格式。

三、矢量图形

矢量图形用一组指令集合来描述图形的内容，这些指令用来描述构成该图形的所有直线、圆、圆弧、矩形、曲线等图元的位置、维数和形状等。图形分为二维图形和三维图形两大类。

在计算机上显示图形时，首先需要使用专门的软件读取并解释这些指令，然后将它们转变成屏幕上显示的形状和颜色，最后通过使用实心的或者有等级深浅的单色或色彩填充一些区域而形成图形。由于大多数情况下不用对图像上的每一个点进行量化保存，所以需要的存储量很少，但显示时的计算时间较多。

矢量图形压缩后不变形，它是充分利用了输出器件的分辨率，尺寸可以任意变化而不损失图像的质量。矢量集合只是简单地命令输出设备创建一个给定大小的图形物体，并采用尽可能多的"点"。可见，输出器件输出的"点"越多，同样大小的图形就越光滑。

常用的矢量图形格式有 AI、CDR、DWG、WMF、EMF、SVG、EPS 等。

① AI　是 Adobe 公司 Illustrator 中的一种图形文件格式，用 Illustrator、CorelDraw、Photoshop 均能打开、编辑等。

② CDR　是 Corel 公司 CorelDraw 中的专用图形文件格式，在所有 CorelDraw 应用程序中均能使用，但其他图形编辑软件不支持。

③ DWG、DXF　是 Autodesk 公司 AutoCAD 中使用的图形文件格式。DWG 是 AutoCAD 图形文件的标准格式。DXF 是基于矢量的 ASCII 文本格式，用于与其他软件之间数据交换。

④ WMF　是 Microsoft Windows 图元文件格式，具有文件短小、图案造型化的特点。该类图形比较粗糙，并只能在 Microsoft Office 中调用编辑。

⑤ EMF　是 Microsoft 公司开发的 Windows 32 位扩展图元文件格式。其目标是要弥补 WMF 文件格式的不足，使得图元文件更加易于使用。

⑥ SVG　是基于 XML 的可缩放的矢量图形格式，由 W3C 联盟开发。可任意放大图形显示，边缘异常清晰，生成的文件小，下载快。

⑦ EPS　是用 PostScript 语言描述的 ASCII 图形文件格式，在 PostScript 图形打印机上能打印出高品质的图形图像，最高能表示 32 位图形图像。

2.2.5　视频编码

一、视频数字化

视频是由一幅幅单独的画面（frame，称为帧）序列组成，这些画面以一定的速率（fps，即每秒显示帧的数目)连续地透射在屏幕上,使观察者具有图像连续运动的感觉。这是利用了人眼的视觉暂留原理。

计算机只能处理数字化信号,普通视频的 NTSC 制式和 PAL 制式是模拟的,必须进行数字化,并经模数转换和彩色空间变换等过程。模拟视频的数字化包括不少技术问题,如电视信号具有不同的制式而且采用复合的 YUV 信号方式,而计算机工作在 RGB 空间;电视机是隔行扫描,计算机显示器大多逐行扫描;电视图像的分辨率与显示器的分辨率也不尽相同等等。因此,模拟视频的数字化主要包括色彩空间的转换、光栅扫描的转换以及分辨率的统一等。

视频数字化的方法有复合数字化(Recombination digitalization)和分量数字化(Component digitalization)两种。复合数字化是先用 1 个高速的模/数(A/D)转换器对全彩色电视信号进行数字化,然后在数字域中分离亮度和色度,以获得 YUV(PAL,SECAM制)分量或 YIQ(NTSC 制)分量,最后再转换成 RGB 分量。分量数字化先把复合视频信号中的亮度和色度分离,得到 YUV 或 YIQ 分量,然后用 3 个模/数转换器对 3 个分量分别进行数字化,最后再转换成 RGB 空间。模拟视频一般采用分量数字化方式。

为了在 PAL,NTSC 和 SECAM 电视制式之间确定共同的数字化参数,国家无线电咨询委员会(CCIR)制定了广播级质量的数字电视编码标准,称为 CCIR 601 标准。在该标准中,对采样频率、采样结构、色彩空间转换等都做了严格的规定,一般采样频率为 13.5 MHz,如表 2-5 所示。

表 2-5 CCIR 601 标准

电视制式	分辨率	帧率	采样格式(Y∶U∶V)	数据量(Mbyte/s)
NTSC	640×480	30	4∶2∶2	27
PAL,SECAM	768×576	25	4∶4∶4	40

二、视频的压缩编码

未经压缩的数字视频数据量对于目前的计算机和网络来说无论是存储或传输都是不现实的,因此,在多媒体中应用数字视频的关键问题是数字视频的压缩技术。

数字视频产生的文件很大,而且视频的捕捉和回放要求很高的数字传输率,在采用工具编辑文件时自动适用某种压缩算法,压缩文件大小,在回放时,通过解压缩尽可能再现原来的视频图像。

视频压缩的目标就是尽可能保证视觉效果的前提下减少视频数据量。由于视频是连续的静态图像,因此其压缩编码算法与静态图像的压缩编码算法有某些共同之处,但是运动的视频还有其自身的特性,因而在压缩时还应考虑其运动特性才能达到高压缩的目标。

1. 压缩方法

在视频压缩中除了有损压缩和无损压缩两种区别外,还有帧内压缩和帧间压缩之分。

帧内(Intraframe)压缩也称为空间压缩(Spatial compression)。当压缩一帧图像时,仅考虑本帧的数据而不考虑相邻帧之间的冗余信息,这实际上与静态图像压缩类似。帧内压缩一般达不到很高的压缩比。

帧间(Interframe)压缩也称为时间压缩(Temporal compression)，它通过比较时间轴上不同帧之间的数据进行压缩。帧间压缩是基于许多视频或动画的相邻帧具有很大的相关性这一特点，压缩相邻帧之间的冗余量以进一步提高压缩率。

此外，压缩后的编码还有对称和不对称之分。对称(symmetric)编码是指压缩和解压缩占用相同的计算处理能力和时间。对称算法适合于实时压缩和传送视频，如视频会议等应用。不对称(asymmetric)编码是指以不同的速度进行压缩和解压缩。一般地说，压缩一段视频的时间要比解压缩的时间要多得多。一般情况下，都是先将视频预先压缩处理好，然后再播放，因此通常采用的是不对称编码。

2. 运动图像压缩标准 MPEG

MPEG 系列标准包括 MPEG-1，MPEG-2，MPEG-4 和 MPEG-7 。MPEG-1 和 MPEG-2 提供了压缩视频音频的编码表示方式，为 VCD、DVD、数字电视等产业的发展打下了基础。目前，MPEG 系列国际标准已经成为影响最大的多媒体技术标准，对数字电视、视听消费电子产品、多媒体通信产业产生了深远影响。

（1）MPEG-1

MPEG-1(ISO/IEC 11172)标准于 1993 年正式推出，用于 1.2～1.5 Mbps 的数字存储媒体的活动图像及其伴音的压缩编码标准。MPEG-1 为了满足用户的应用需求，具有随机存取、快速正向/逆向搜索、逆向重播、视听同步、容错性等功能。主要应用于 VCD、数码相机和数码摄像机等领域。

（2）MPEG-2

MPEG-2(ISO/IEC 13818)标准于 1994 年正式推出，用于 1.5～60 Mbps 的数字存储媒体的活动图像及其伴音的压缩编码标准。MPEG-2 向下兼容 MPEG-1，与 MPEG-1 相比，能支持更高的分辨率和传输率，具有固定比特率传送、可变比特率传送、随机访问、分级编码、比特流编辑等功能，能够提供广播级的视像和 CD 级的音质。主要用于数字存储媒体、高清晰度电视和数字视频广播等领域。

（3）MPEG-4

MPEG-4(ISO/IEC 14496)标准于 1999 年正式公布，是一个适合多种多媒体应用的视听对象编码标准。它定义了一种框架而不是具体的算法，使视频产品具备更大的灵活性和可扩展性。MPEG-4 采用基于对象的方式，通过对不同的视听对象（自然的或合成的）独立进行编码实现较高的压缩效率，同时可实现基于内容的交互功能，满足了多媒体应用中人机交互的需求。目前基于 MPEG-4 标准的应用有：交互式电视、实时多媒体监控、视频会议、虚拟现实、远程教学、低比特率下的移动多媒体通信、PSTN 网上传输的可视电话等。

（4）MPEG-7

MPEG-7(ISO/IEC 15938)一般称为多媒体内容描述接口，侧重于媒体数据的信息编码表达，是一套可用于描述多种类型的多媒体信息的标准，使多媒体信息查询更加智能化。MPEG-7 目前已应用于数字图书馆、广播媒体选择、多媒体目录服务、多媒体编辑、远程教育、医疗服务、电子商务、家庭娱乐等领域。

此外，ITU H.261 是国际电联(International Telecommunication Union，ITU)的前身

CCITT 制定的"64 kbps 视声服务用视频编码标准",又称 P×64 kbps 视频编码标准。P 是一个可变参数,取值范围为 1～30。当 P＝1 或 2 时,只支持 QCIF 格式、每秒帧数较低的可视电话;当 P≥6 时,可支持 CIF 格式的电视会议。

三、常见的视频文件格式

常见的视频文件格式如表 2－6 所示。

表 2－6　视频文件格式

文件后缀名	播放软件	特点	适用范围
avi	Windows Media Player	将视频和音频信号混合,存储在一起,它是一种有损的压缩算法。	Windows 系统中常见
mov	Quick Time for Windows	压缩率高,有损的压缩算法,视频质量较好,支持在线播放。	网络环境中常用
rm rmvb	Real Player	流格式,支持在线播放;压缩率可控制;播放是可根据数据传输速率自适应的调整播放效果(支持恒定速度的传输和变速传输)。	网络环境中大数据量的视频
mpeg	Media Player	标准化组织提供的压缩算法;不同的版本压缩率不同,视频质量也不同。	
dat	Media Player	基于 MPEG 标准	VCD
wmv	Media Player	数位视频编解码格式,流媒体格式	适合网上传输和播放
swf	Flash Player	由 Flash 生成的矢量动画,包含声音和动画,较强的交互性	网络环境中常用
flv	大部分播放软件	流媒体视频格式,文件极小加载速度极快,视频质量良好,无交互性	在线视频网站广泛采用
3gp 3g2		3G 流媒体视频格式,影像采用 MPEG－4 及 H.263,声音采用 AMR 或 AAC。	手机、mp4 播放器中常用

四、计算机动画

动画的原理同电影一样,是利用人眼的视觉暂留特性。当每秒钟变化的画面超过 15 帧时,连续放映的各个画面在人眼中产生的视觉暂留就会互相连接,使人的视觉根本无法辨认每帧的静态图像,造成运动的假象,从而形成动画。计算机动画是利用计算机生成一系列可供实时播放的连续画面的技术。常见的用于制作动画的软件有二维动画软件 Animator PRO 和三维动画软件 3D StudioMAX 等。

2.3　一维条形码与二维码

我们在超市购物结账时,收银员只需要将商品的标签在仪器上扫过,商品的价格即能显示出来;在图书馆借还图书时,管理员将图书扉页的标签在仪器上扫过,图书就能借阅或归还成功,这些都是条形码的功劳。条形码相当于物品的身份证,凭借它的黑白条纹,就可以知道商品的产地、厂家,图书的出版社、作者等信息。

条形码按其维数可分为一维条形码(简称条形码)、二维条形码(简称二维码)。

一、条形码

条形码(barcode)是一种可直接重复产生 0、1 比特流的可印制的机器语言。当然,由它特定的编码方式生成的条形码需由相应的扫描设备阅读识别。

条形码技术最早产生于 20 世纪 20 年代,诞生于 Westinghouse 的实验室。条形码是将宽度不等、反射率不同的多个条和空,按照一定的编码规则排列,用以表达一组信息的图形标识符。常见的条形码是由反射率相差很大的黑条(简称条)和白条(简称空)组成的。

1. 条形码的种类

条形码因条形组成规则不同而形成多种码制。常用的有通用产品码(UPC)、欧洲商品条码(EAN)、39 码、128 码、Codabar(库德巴)码等。此外,书籍和期刊也有国际统一的编码,特称为 ISBN(国际标准书号)和 ISSN(国际标准丛刊号)。

(1) UPC 条形码

该条形码主要在美国和加拿大地区的工业、医药、仓库等部门使用。只能用数字 0~9 表示,共有 A、B、C、D、E 五个版本,其中版本 A 有 12 位数字,如图 2.8 所示。UPC-A 码没有前缀,不需要区分所属国家,第 1 位数字标识商品类别,第 2~6 位为厂商识别码(含第 1 位),第 7~11 位为厂商产品代码,第 12 位为校验位。

图 2.8　UPC-A 条形码　　　　图 2.9　EAN-13 条形码

(2) EAN 条形码

EAN 是 European Article Number 的缩写,目前已成为一种国际性的条码系统。EAN 码有标准版(EAN-13)和缩短版(EAN-8)两种码制,只能使用数字 0~9。

EAN-13 码由 13 位数字构成,第 1~3 位前缀码标识所属的国家或地区,中国大陆地区使用的前缀码是 690~695,695 已经开始分配,表 2-7 中列出了一些常见的前缀码。不过,前缀码只是表明条形码是哪个国家申请的,并不表示产地一定是该国,例如在中国生产某商品,却在美国申请条形码。包含前缀码在内的前若干位是厂商识别码,具体位数由条形码使用国家自己规定,我国规定的是前 7~8 位,690、691 开头的是 7 位,692~695 开头的是前 8 位,如图 2.9 中的前 8 位"69224568"是厂商识别码。厂商识别码之后直到第 12 位的部分是厂商产品代码,如图 2.9 中的"0501",表示厂商自己不同的产品,由企业制定。最后一位是检验码,用来检查扫描到的数字是否有错。

表 2 - 7　条形码对照表

前缀码	编码组织所在国家	前缀码	编码组织所在国家
000～019		690～695	中国大陆
030～039	美国	754～755	加拿大
060～139		800～839	意大利
300～379	法国	840～849	西班牙
400～440	德国	880	韩国
450～459	日本	885	泰国
490～499		888	新加坡
460～469	俄罗斯	930～939	澳大利亚
471	中国台湾	958	中国澳门特别行政区
489	中国香港特别行政区	977	连续出版物
500～509	英国	978、979	图书

　　EAN-8 是商品缩短码,只有 8 位数字,用在小型商品的包装上。EAN-8 码中没有厂商识别码,前 3 位仍为前缀码,前 7 位均为厂商产品代码,由国家物品编码中心直接负责分配。如图 2.10 所示。

图 2.10　EAN-8 条形码

图 2.11　ISBN 条形码

　　另外,图书和期刊作为特殊的商品也采用了 EAN-13 表示 ISBN 和 ISSN。前缀 977 被用于期刊号 ISSN,图书号 ISBN 用 978 为前缀,我国被分配使用 7 开头的 ISBN 号,因此我国出版社出版的图书上的条码全部为 9787 开头。如图 2.11 所示。

　　(3)39 码

　　39 码是 1974 年研制出的条形码系统,是一种可供使用者双向扫描的分散式条码,主要用于工业、图书和票据自动化管理上。能使用 0～9、A～Z、"+""-""＊""/""％""$""."和" "(空格)共 44 个字符。39 码的长度是可变化的,用"＊"作为起始符和终止符,校验码可有可无。

　　(4) 128 码

　　128 码是 1981 年推出的一种长度可变的高密度条码,可用标准 ASCII 中 128 个字符表示,故称 128 码。目前,广泛应用于企业内部管理、物流控制等方面。具有 A、B、C 三种不同的编码类型,允许双向扫描,可自行决定是否加上校验符。128 码与 39 码很相近,但是 128 码能表现更多的字符，单位长度里的编码密度更高。目前我国推行的 128 码是 EAN-128 码。

2. 条形码的编码方案

条形码的编码方案有宽度调节法和色度调节法（模块组配法）。宽度调节编码法是指条形码符号由宽窄的条单元、空单元及字符符号间隔组成，宽的条单元和空单元逻辑上表示 1，窄的条单元和空单元逻辑上表示 0，宽的条空单元和窄的条空单元可称为 4 种编码元素，如 39 码、Codabar 码采用 4 种编码元素。

色度调节编码法是指条形码符号利用条和空的反差来标识，条逻辑上表示 1，空逻辑上表示 0。我们把 1 和 0 的条空称为基本元素宽度或基本元素编码宽度，连续的 1、0 则可有 2 倍宽、3 倍宽、4 倍宽等。所以此编码法可称为多种编码元素方式，如 EAN、UPC 码采用 8 种编码元素。

因此，条码中所有的条空都只有两种宽度，则是采用宽度调节法编码；如果条空具有至少三种以上宽窄不等的宽度，则是采用色度调节法编码。

任何一个完整的条形码是由两侧空白区、起始字符、数据字符、校验字符（可选）、终止符和供人识别字符组成。要将按照一定规则编译出来的条形码转换成有意义的信息，需要有条码阅读器、计算机系统组成的一套条形码识别系统。其中，条码阅读器完成扫描、译码任务。条形码是不含有价格信息的，要想知道条形码所包含的信息，需要有与之相连的计算机系统，相应的信息是存放在计算机的数据库中的。

3. 条形码的校验和制作

条形码的最后一位是校验位。校验位是很重要的一位编码，条码中的校验机制是保证条码识读时不会出现差错的重要措施。实际上条码中的校验手段分为 3 类：自校验、校验符、校验码。条形码的自校验特性，使得一个条码符号即使出现一个印刷缺陷也不会导致出现替代错误。EAN 和 UPC 商品条码是最常见的校验码的应用实例。校验码是由编码方案决定的，所以是否使用校验码和条码基本无关，但是商品条码 EAN、UPC 等除外。下面以 EAN 和 UPC 码为例，介绍条形码的校验码的计算方法：

① 把条形码从右往左依次编号为 1、2、3……，把所有偶数序号位上的数求和，然后乘以 3。

② 从序号 3 开始把所有奇数序号上的数求和。

③ 将上述（1）（2）两数求和，再进行 mod 10 运算得到余数（即取其个位数）。

④ 如果余数为 0，则校验码为 0；否则，用 10 减去余数得到的差即为校验码。

例如，某商品条形码是 692245680501X，求校验码 X。

解： ① $(1+5+8+5+2+9) * 3 = 90$

② $0+0+6+4+2+6 = 18$

③ $(90+18) \bmod 10 = 108 \bmod 10 = 8$

④ $10-8 = 2$

所以校验码 X=2，此条码为 692245680501 2。

条形码作为一个可印刷的计算机语言，其制作仅需要印刷。可以使用软件 Label mx、CorelDraw、Photoshop、Illustrator 设计，通过印刷或条形码打印机输出条形码。其中，Label mx 属于专业条形码生成打印软件，集条码生成、画图设计、标签制作、批量打印于一体,可打印固定与可变数据,Label mx 可以将条码导出为矢量图片(.emf 和.wmf),以便与专业的图形图像处理软件 CorelDraw、Photoshop、Illustrator 交互使用。

二、二维码

随着条码技术的飞速发展,人们希望能够用条码标识产品,描述更大量、多种类的信息,满足在物流、电子、单证、军事等领域产品描述信息自动化采集的需求,正是为了解决这个问题,二维码于 20 世纪 80 年代中期应运而生。综合来看,二维码作为一种高数据容量的条码技术,很好地弥补了一维码信息量不足的问题,与传统一维码应用形成了互补,在产品追溯、信息自动采集、移动互联服务接入方面具有广阔的发展前景,是一维码技术的有益补充。

二维码(2-dimensional bar code)是一种比一维码更复杂的条码格式。一维码只能在一个方向(一般是水平方向)上表达信息,而二维码在水平和垂直方向都可以存储信息。一维码只能由数字和字母组成,而二维码能存储汉字、数字和图片等信息。

1. 二维码的种类

(1)线性堆叠式二维码

线性堆叠式二维码也称为行排列二维条码,是在一维条形码编码原理的基础上,将多个一维码在纵向堆叠而产生的,典型的有 PDF417、Code 16K、Code 49。它们是一种多层可变长度、具有高容量和纠错能力的二维码。

PDF417 就是多行组成的条形码,PDF(Portable Data File)意为"便携数据文件"。因为组成条形码的每一符号字符都是由 4 个条和 4 个空共 17 个模块构成,所以称 PDF417 码。如图 2.12 所示。PDF417 码除可以表示字母、数字、ASCII 字符外,还能表达二进制数。可容纳多达 1 850 个字符或 2 710 个数字或 1 108 个字节的数据,由于本身可存储大量数据,不需要连接数据库。当条形码的某部分遭到损坏,可以通过存在于其他位置的错误纠正码将其信息还原出来。主要应用于医院、驾驶证、物料管理、货物运输。

图 2.12　PDF417 码

图 2.13　QR 码

(2)矩阵式二维码

矩阵式二维码(棋盘式二维码)是在一个矩形空间通过黑、白像素在矩阵中的不同分布进行编码。在矩阵相应元素位置上,用点(方点、圆点或其他形状)的出现表示 1,点的不出现表示 0,点的排列组合确定了矩阵式二维码所代表的含义。典型的矩阵式二维码有 QR 码、Maxi Code、Data Matrix 和汉信码等。

QR(Quick Response)码是由日本公司研制的一种矩阵式二维码,呈正方形,只有黑白两色。在 3 个角落印有较小的、像"回"字的正方图案。这 3 个是帮助解码软件定位的图案,使用者不需要对准，无论以任何角度扫描，资料仍可被正确读取。如图 2.13 所示。QR 码除了能表示数字 0～9、字母 A～Z、9 个符号（＋、－、＊、/、％、$、.、:和空格）、8 位字节型数据，还能表示中国汉字符号（GB2312 对应的汉字符号）。QR 码容量密度大，可以放入 1 817 个汉字、7 089 个数字、4 200 个英文字母。QR 码使用数据压缩方式表示汉字，仅用 13bit 即可表示一个汉字。如果表示同样的信息，QR 码占用的空间只是条形码面积的 1/10。

Maxi Code 是由美国联合包裹服务公司研制的，用于包裹的分拣和跟踪。Data Matrix 主要用于电子行业小零件的标识，如 Intel 的奔腾处理器的背面就印制了这种码。

图 2.14　汉信码

汉信码是我国第一个具有自主知识产权的二维码的国家标准。汉信码最多可以表示 7 829 个数字、4 350 个 ASCII 字符、2 174 个汉字、3 262 个 8 位字节信息，支持照片、指纹、掌纹、签字、声音、文字等数字化信息的编码。如图所示 2.14。它具有汉字编码能力强、抗污损、抗畸变、信息容量大等特点，是一种十分适合在我国广泛应用的二维码，具有广阔的市场前景。

2. 二维码的制作

二维码的制作与一维条码相似，可以通过一些图像处理软件制作，但一般都是通过专门的二维码软件生成的。可以在软件中输入文字、数字等信息，生成二维码，例如输入姓名、电话、单位等信息制作名片，经网络共享后，只要将二维码扫描到相应的识别软件中，就可以读出里面的信息。设计制作好二维码后，不仅能印刷、打印和网络共享，还可使用激光方式把二维码图片激光到物件上。

手机二维码是二维码的一种。用户可以通过手机摄像头扫描二维码，或输入二维码下面的号码即可实现快速手机上网，并随时随地下载图文、了解企业产品信息等。同时，还可以方便地用手机识别和存储名片、自动输入短信，获取公共服务（如天气预报），实现电子地图查询定位等多种功能。但是，二维码的使用也存在一些隐忧，有不法分子将病毒软件或带插件的网址等生成一个二维码，手机扫码相当于点击一次病毒链接，"刷码族"应提高警惕。

计算思维启迪

无论是客观自然，还是人类社会，本身是千变万化复杂多样的。我们要尝试理解这种复杂性与多样性，就必须有一个切入点。通过符号化的表达，将复杂多元的世界用两个最简单的符号抽象出来，通过符号的组合和逻辑运算，就是一个很好的途径。当面对各种复杂问题的时候，这种符号化和符号化基础上的组合计算同样能成为我们解决问题的思路。

这种思想早见于中国《易经》，八卦则是用"—"和"- -"两个符号叠成的。1679 年，德国数理哲学大师莱布尼兹在其手稿中描述到"0 与 1，一切数字的神奇渊源"，由此产生了二进制计数系统，用 0 和 1 代替原来的十位数。

现实世界可表示成 0 和 1，用 0 和 1 能进行算术与逻辑运算，0 和 1 可用电子技术（开关和门电路）实现，芯片则是一个复杂组合逻辑电路。二进制这一古老的计数制被用于现代电子计算机中，巧妙地迎合了电子计算机结构简单易行、运行稳定可靠的要求。

电子计算机中表达现实世界的各种事物都是用 0、1 及其组合，如何更好地表达以便于高效存储、快速传输数据，这就得靠人的智慧来对各种数据进行编码。

数值数据的二进制编码，就是直接将数值数据按照规则转换成二进制形式。所使用的编码能表示的数据的大小和种类，与二进制的位数紧密相关。若是 5 位二进制编码，能表示最大整数为 2^5-1（即 1 1111），8 位二进制编码能表示的最大整数为 2^8-1（即 1111 1111），那么 16 位、32 位呢？

计算机内存储器是按 8 位二进制为 1 个字节进行划分的，字节是内存的基本单位。因而一个字节表示的最大整数为 2^8-1，那么最小的负整数呢？正号、负号也得用 0 和 1 表示，一般用最高位表示符号位，这样，最高位的 1 不表示数值大小，而代表负号。因此，一个字节表示的整数范围变为 $-(2^7-1)\sim2^7-1$。依次可以推断 16 位、32 位编码表示的整数范围。

上述表示法称为"原码"，它虽然与人们日常使用的方法一致，但是二进制数的减法运算需频繁的借位，与加法运算规则不统一。为此，负数在计算机内采用"补码"表示。使用补码能够统一 +0 和 −0 的表示，保证 0 的编码的唯一性；可以把符号位同数值位一起进行运算；能够简化运算规则，把减法运算转换加法实现。从而使得计算机可以简化电路设计。

非数值数据包括文字、符号、图像、声音等也都用二进制编码表示。最常用的西文字符使用 ASCII 码，用 7 位二进制表示 $2^7=128$ 个字符（包括字母、数字、标点符号等），在内存中一个字节存放一个 ASCII 码，每个字节多出来的最高位保持为 0，在传输时将最高位可用作奇偶校验位。

由于汉字信息复杂，数量很大，使用单字节编码是远远不够的。我国第一个汉字编码 GB2312—80 标准，采用双字节编码，涵盖 6 763 个常用汉字和 682 个非汉字字符，但是所用编码不到双字节编码码位总数的四分之一，码位浪费巨大。另一汉字编码标准 GBK 被推出，该标准除了收录 GB2312—80 中的全部汉字和符号外，还涵盖大量的繁体字以及生僻汉字，达到 21 003 个汉字和 883 个图形符号。随着汉字编码 GB18030 标准的颁布使用，使得计算机系统中汉字量达 27 484 个，它采用单字节、双字节和四字节三种方式对字符编码，总编码空间超过 150 万个码位。如上所述的三种汉字编码都是计算机内部存储、处理、传输的编码，称之为内码。

图像、声音、视频等多媒体信息都需要经过采样、量化过程转化为二进制编码。声音、图像、视频的数据量很大，如果不进行压缩编码，计算机系统几乎无法对它进行存取和交换。

思维导图

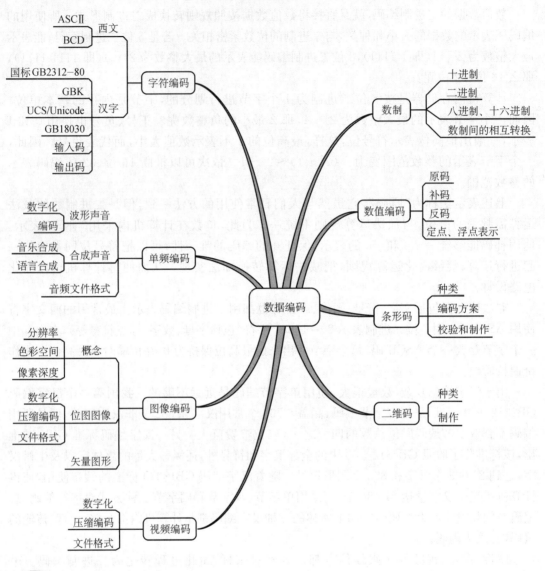

 阅读资料

【微信扫码】
相关资源 & 拓展阅读

第3章

数据存储

在冯·诺依曼体系结构的计算机中,存储器是计算机系统中的重要组成部分之一。它的主要功能是存储程序和各种数据,并能在计算机运行过程中高速、自动地完成程序或数据的存取。存储器的性能在计算机中的地位日趋重要,主要原因是:① 冯·诺伊曼体系结构的计算机是建立在存储程序概念的基础上的,访存操作占中央处理器时间的 70% 左右。② 存储管理与组织的好坏影响到整机效率。③ 现代的信息处理,如图像处理、数据库、知识库、语音识别、多媒体等对存储系统的要求很高。因此,存储系统应不断发展以适应现代信息技术发展的需要。

3.1 存储系统

存储系统(memory system)是指计算机中由存放程序和数据的各种存储设备、控制部件及管理信息调度的设备(硬件)和算法(软件)所组成的系统。

由于 Internet 的快速发展,在线数据存储的快速增长以及电子商务等众多需求,存储技术也在迅速发展。一般地,可将存储技术分为 3 个阶段:总线存储阶段、网络存储阶段和虚拟存储阶段。

3.1.1 总线存储阶段

程序员总是希望存储器的速度尽可能的高,以与处理器的速度相匹配;存储器的容量尽可能的大,以装下可能极大的程序。因此,高速度、大容量、低价格始终是存储体系的设计目标。

经过几十年的发展,存储器的工艺实现技术有了突飞猛进的发展,高速、大容量、低价的存储器件以惊人的速度生产出来。事实上,对容量与速度、速度与价格、容量与价格的性能要求是相互矛盾的。而且,存储器速度的改进始终跟不上 CPU 速度的提高。

由于计算机的主存储器不能同时满足存取速度快、存储容量大和成本低的要求,在计算机中必须有速度由慢到快、容量由大到小的多级层次存储器,以最优的控制调度算法和合理的成本，构成性能可以接受的存储系统。

在计算机系统中存储层次可分为高速缓冲存储器、主存储器、辅助存储器3级。

一、高速缓冲存储器

1. 基本概念

在计算机技术的发展过程中，主存储器的存取速度一直比中央处理器的工作速度慢得多，使中央处理器的高速处理能力不能充分发挥，整个计算机系统的工作效率受到影响。高速缓冲存储器（cache）设置在CPU和主存储器之间，可以放置在CPU内部或外部，用来改善主存储器的存取速度与CPU的运行速度之间不匹配的矛盾。

2. 程序的局部性原理

程序的局部性原理反映在空间和时间两个方面。空间局部性（spatial locality）是指如果某个数据或指令被引用，那么地址邻近的数据或指令不久很可能也将被引用。这主要是由于程序的顺序执行和数据的聚集存放而造成的。时间局部性（temporal locality）是指如果某个数据或指令被引用，那么不久它可能还将再次被引用，这主要是由于程序中存在大量的循环结构造成的。

3. cache的作用

cache的速度几乎与CPU一样快。当启动计算机执行程序时，根据程序的局部性原理，计算机预测CPU可能需要哪些数据和指令，把一段时间内在一定地址范围中被频繁访问的指令和数据成批地从主存中读到能高速存取的cache中，这样，CPU在一段时间内将不再或很少需要去访问速度较慢的主存储器，当CPU需要数据或指令时，首先检查cache中有没有，若有，就从cache中读取，否则再去访问主存，这就大大加快了程序的运行速度。

CPU和高速缓冲存储器（简称缓存）、主存储器（简称主存）及辅助存储器（简称辅存）之间的层次关系及其数据传递如图3.1所示。图中的箭头代表可直接进行的数据传递。

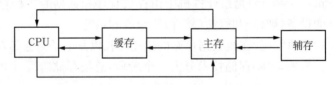

图3.1 CUP、缓存、主存、辅存及数据传递示意

cache中的数据只是主存很小一部分内容的映射（副本）。将主存储器中的信息调入cache的操作，是在主板芯片组的控制下自动完成的。cache最重要的技术指标是它的读取命中率。

4. 读取命中率

CPU在cache中找到有用的数据被称为命中，当cache中没有CPU所需的数据时（这时称为未命中），CPU才访问内存。从理论上讲，在一颗拥有2级cache的CPU中，读取L1 cache的命中率为80%。也就是说CPU从L1 cache中找到的有用数据占数据总量的80%，剩下的20%从L2 cache读取。由于不能准确预测将要执行的数据，读取L2 cache的命中率也在80%左右（即从L2 cache中读到有用的数据占总数据的16%）。那么还有的数据就不得不从内存调用,但这已经是一个相当小的比例了。在 Intel 的酷睿 i 系列和奔腾 G 系列,AMD 的羿龙 2 等 CPU 中均配备了大小不一的 L3 cache,它是为读取 L2 cache 后未命中的数据设计的一种 cache。在拥有 L3 cache 的 CPU 中,只有约 5% 的数据需要从内存中调用,进一步提高了 CPU 的效率。

为了保证 CPU 访问时有较高的命中率,cache 中的内容应该按一定的算法替换。一种较常用的算法是"最近最少使用算法"(Least Recently Used,LRU)。"最近最少使用算法"也称"最近最久未使用算法",它是将最近一段时间内最少被访问的页(一种内存管理方案中系统将用户程序的地址空间划分成若干个固定大小的区域,每个区域称为一页)淘汰出 cache。为了实现这一算法,往往需要为每页设置一个计数器。LRU 算法是把命中页的计数器清零,其他各页计数器加 1。当需要替换时将页计数器值最大(表示最久未用)的那一页淘汰出 cache。这是一种高效、科学的算法,计数器清零过程可以把一些频繁调用后不再需要的数据淘汰出 cache,以提高 cache 的利用率。

二、主存储器

1. 基本概念

主存储器是用于存放指令和数据,并能由中央处理器直接随机存取的存储器。主存储器的特点是速度比辅助存储器快,容量比高速缓冲存储器大。

目前计算机中几乎所有的主存都采用 DRAM 芯片实现。DRAM 主要采用 MOS 电路和电容作存储元件。由于电容两极片之间电荷会随时间流逝而衰减(简称放电),所以需要定时补充电荷(又叫刷新)以维持存储内容的正确,例如每隔 2 ms 刷新一次,因此称之为动态存储器。

2. 存储单元的地址

主存储器被划分成若干用于存放数据或指令的存储单元。为了区分不同的存储单元,给每一个存储单元分配一个编号,这个编号称为存储单元的地址,因此主存是按地址存取信息的。在主存中,以字节作为编址单位,即一个存储单元的长度为 8 个二进制位。存储单元的地址编号从 0 开始,顺序加 1,是一个无符号二进制整数,程序员表达时一般用十六进制数表示。32 位(比特)的地址最大能表达 4 GB 的存储器空间,这对多数应用已经足够,但对于某些特大运算量的应用和特大型数据库已显得不够,从而对 64 位地址提出要求。

3. 容量

存储器的存储容量就是指它所包含的存储单元的总数。存储容量的计量单位有 B(字节)、KB(千字节,$1KB=2^{10}B$)、MB(兆字节,$1 MB=2^{20}B$)、GB(吉字节,$1 GB=2^{30}B$)、TB(泰字节,$1TB=2^{40}B$)。

三、辅助存储器和移动存储器

cache 解决了主存储器和 CPU 速度不匹配的矛盾,但主存储器的容量仍然有限,难以使越来越庞大的软件驻留主存而得到运行。因此,在多级存储结构中又增设了辅助存储器和大容量(又称海量)存储器。随着操作系统和硬件技术的完善,主存之间的信息传送均可由操作系统中的存储管理部件和相应的硬件自动完成，从而降低了存储成本，同时弥补了主存容量不足的问题。

辅助存储器也称外存储器，主要有软磁盘存储器、硬磁盘存储器、光盘存储器和移动存储器等。

软盘驱动器和硬盘驱动器可分别对软磁盘和硬磁盘进行数据读写，软磁盘（简称软盘）和硬磁盘（简称硬盘）都是磁表面数据存储介质，它们分别由圆形的软质和硬质薄片基质均匀地涂上一层磁性材料而构成。使用时，通过驱动器中的读写磁头在磁盘上进行磁-电转换完成数据读写。由于软盘容量小、速度慢、性能不稳定，已经被淘汰。

1. 硬磁盘

（1）温彻斯特技术

硬磁盘（hard disk）是由金属基片（如铝合金）、陶瓷基片或玻璃基片涂布磁性材料而制成的。现代计算机中的硬盘均采用了 IBM 公司的温彻斯特技术（Winchester technology），这种硬盘又称为温盘，其技术要点如下：

① 把硬盘机整体组装在一个密封容器内，从而使硬盘的主要污染——空气尘埃大大减少。现代温盘还能对盘腔内部的温度和湿度进行自动调节。

② 把磁头与磁盘精密地组装在一起，尽量减小磁头与盘面的距离。为此，根据磁头悬浮原理，精心设计了磁头组件和空气轴承，并采用了接触起停技术。目前，磁头与盘片的距离已达 $0.2~\mu m$（微米，$1~\mu m = 0.000\,001$ m）。

③ 采用体积小、重量轻的磁头和表面润滑磁盘，使磁头能可靠地按接触起停方式在微浮动高度下工作，从而消除了磁头集中加载对盘面冲击可能引起的磁头、盘面损伤。

④ 提高磁头伺服机构的定位精度，减小磁道的偏心率，从而提高了记录密度。由于采用了固定式磁头和盘片组件，而使机械误差引起的磁道偏心率自然降低，同时也减少了机械结构的复杂性，降低了成本。

⑤ 磁盘表面采用定向涂布的薄膜介质，使读写性能进一步改善。读写电路尽可能安装在靠近磁头处，以改善高频信号的传输质量。

由于计算机硬盘采用了上述完善的温盘技术，因此它的工作环境要求不再苛刻。

（2）硬盘的规格

硬盘的直径早期多为 14、8、5.25 英寸，用作大型主机的外存。计算机中使用的硬盘主要是 3.5 英寸的，后来还出现了 2.5 英寸的硬盘。存储容量则从最初的 20 MB 到现在的几个 TB。硬盘结构如图 3.2 和图 3.3 所示。

从图 3.3 可以看到，硬盘实际上是由若干个盘片置于同一轴上组成的一个磁盘组，主要的组成部件包括盘片、磁头、盘片主轴、控制电机、磁头控制器、数据转换器、接口、缓存等。盘片越多，容量越大。盘片的两面均可记录信息，每一面有一个不同的编号，第 1 个盘片的一面编号为 0，另一面编号为 1，第 2 个盘片的一面编号为 2，另一面编号为 3。依次类推……如图 3.4 所示。

图 3.2 硬盘内部结构示意图 1

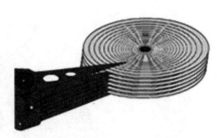

图 3.3 硬盘内部结构示意图 2

图 3.4 所示是由 4 个完全平行的盘片固定在一个旋转主轴上组成的硬盘内部结构示意图,每个盘片的存储面上都安置一个磁头,磁头与盘片的间距比发丝直径还小。所有磁头连在一个磁头控制器上,由磁头控制器负责各个磁头的径向移动。在工作过程中,盘片将以主轴为中心高速旋转,如此磁头就可以实现对盘片上任一指定位置的数据读写操作。

① 磁道

在对硬盘进行格式化的时候,一般会在盘片上划分出 300～1 024 个同心圆

图 3.4 磁盘组盘面编号示意图

(大容量硬盘被划分的磁道数更多),这些同心圆被称为磁道。这些磁道用肉眼是根本看不到的,因为它们仅是盘面上以特殊方式磁化了的一些磁化区,磁盘上的信息便是沿着这样的轨道存放的。相邻磁道之间并不是紧挨着的,这是因为磁化单元相隔太近时磁性会相互产生影响,同时也为磁头的读写带来困难。

② 扇区

磁盘上的每个磁道被等分为若干个弧段,这些弧段便是磁盘的扇区,每个扇区可以存放 512 个字节的文件信息。

③ 簇

扇区是磁盘最小的物理存储单元,但由于操作系统无法对数目众多的扇区进行寻址,所以操作系统就将相邻的扇区组合在一起,形成一个簇,然后再对簇进行管理。每个簇可以包括 2^n(n 是大于等于 0 的整数,n 的大小取决于磁盘的容量)个扇区。显然,簇是操作系统所使用的逻辑概念,而非磁盘的物理特性。

为了更好地管理磁盘空间和更高效地从硬盘读取数据,操作系统规定一个簇中只能放置一个文件的内容,因此文件所占用的空间,只能是簇的整数倍;而如果文件实际大小小于

一簇，它也要占一簇的空间。所以，一般情况下文件所占空间要略大于文件的实际大小，只有在少数情况下，即文件的实际大小恰好是簇的整数倍时，文件的实际大小才会与所占空间完全一致。

磁道、扇区、簇等概念如图 3.5 所示。

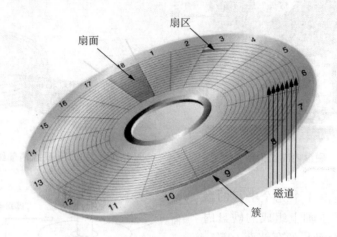

图 3.5　盘面上的磁道、扇区、扇面、簇等示意图

④ 柱面

由于硬盘通常由重叠的一组盘片构成，每个盘面都被划分为数目相等的磁道，并从外缘的"0"开始编号，具有相同编号的磁道形成一个圆柱，称之为硬盘的柱面。硬盘的柱面数与组成该硬盘的单片磁盘上的磁道数是相等的。由于每个盘面都只有自己独一无二的磁头，因此，盘面数等于总的磁头数。所谓硬盘的 CHS，即 Cylinder（柱面）、Head（磁头）、Sector（扇区），只要知道了硬盘的 CHS 的数目，即可确定硬盘的容量。

硬盘的总容量＝柱面数×磁头数×扇区数×512（字节）。

（3）使用硬盘的注意事项

① 防止震动

硬盘是十分精密的存储设备，进行读写操作时，磁头在盘片表面的浮动高度只有几微米。硬盘在工作时，一旦发生较大的震动，就容易造成磁头与资料区相撞击，导致盘片资料区损坏或刮伤磁盘，丢失硬盘内所储存的文件数据。因此，在工作时或关机后主轴电机尚未停顿之前，不要搬动电脑或移动硬盘；在硬盘的安装、拆卸过程中也要加倍小心。

② 读写时忌断电

关机时，一定要注意机箱面板上的硬盘指示灯不再闪烁，即硬盘已经完成读写操作之后才可以按照正常的程序关闭电脑。硬盘指示灯闪烁时，不要切断电源。

③ 远离强磁场

这就要考虑我们将电脑放置在什么地方了，在电脑主机附近尽量不要放置磁性很强的家电设备，也不要靠近有大电流通过的输电线。另外，也要注意电脑机箱内的 PC 喇叭位置，硬盘内部的盘片上面有磁粉，硬盘就是靠磁性保存数据的，有的 PC 喇叭磁性很强，在安装的时候要注意。

2. 光盘存储器

从 20 世纪 80 年代初 CD 光盘从音响领域跨入计算机领域之后,CD 光盘的技术和应用发展很快,性能有了大幅度提高。目前,常用于计算机系统的光盘有 3 大类:只读型光盘、一次写入型光盘、可抹型光盘。

(1) 只读型光盘 CD-ROM

CD-ROM 是 Compact Disk Read Only Memory 的缩写。这种光盘的特点是只能写一次,即在制造时由厂家把信息写入,写好后信息永久保存在光盘上。将光盘通过光盘驱动器接在计算机系统上,就能读出盘上的信息。

CD-ROM 的进一步发展是 DVD-ROM(Digital Video Disk-Read Only Memory)。DVD-ROM 比 CD-ROM 存储容量更大,驱动器的数据传输速率也更高(单倍速 CD-ROM 的速度是 150KB/s,单倍速 DVD-ROM 的速度是 1358KB/s),并可兼容 CD-ROM 光盘片。目前,CD-ROM 驱动器有 32 倍速、40 倍速等多种,DVD-ROM 驱动器也有 2 倍速、4 倍速等。

蓝光光盘(Blu-ray Disc,BD-ROM)是 DVD 之后的光盘格式之一,用以储存高品质的影音以及高容量的数据。须注意的是"蓝光光盘"并非本产品的官方正式中文名称,而是人们习惯的通俗称谓。蓝光光盘的命名源于其采用波长 405 纳米(nm)的蓝色激光光束来进行读写操作(DVD 采用 650 纳米波长的红光读写器,CD 则是采用 780 纳米波长)。

(2) 一次写入型光盘 WORM

这种光盘原则上属于读写型光盘,可以由用户写入数据,写入后可以直接读出。但是,它只能写入一次,写入后不能擦除、修改,因此称它为一次写入、多次读出的 WORM(Write Once Read Many disk),或简称为 WO,也称 CD-R(CD-Recordable,可录式 CD 光盘)。

如果要修改某些信息,则需在光盘操作系统的控制下,开辟一个未曾写过的空白记录区来记录修改后的信息,原来的信息则作为档案永久保存下来。WORM 的这些特点使它在不允许随意更改文件档案的应用领域获得市场。

(3) 可抹型光盘

可抹型光盘(erasable optical disk)是能够重写的光盘。它有 3 种主要类型:磁光型、相变型、染料聚合物型。目前,在计算机系统中使用的是磁光型(Magneto Optical disk)可抹光盘,简称为 MO,也称 CD-RW(CD-ReWritable,可写式 CD 光盘)。

磁光型光盘根据磁光效应存储信息。磁光材料在常温下需要较强的磁场才能改变磁畴的取向,但当温度升高到 150℃时,其矫顽力几乎为零,在外加磁场作用下很容易改变磁畴取向而把二进制信息记录下来。

磁光型光盘读出信息时是利用克尔磁光效应来完成的。原理是:偏振光照射在磁光型光盘表面后,由于表面磁化方向的不同,反射光的偏振面会在不同方向上偏转,因此利用检偏器就能把二进制信息辨别出来。目前,CD 刻录机可对 CD-RW 盘片进行读写。应注意的是,一些性能不好的 CD-ROM 驱动器无法正确读出 CD-RW 盘片中的信息。

3. 移动存储器

(1) 闪盘

闪存(flash memory)是一种掉电不丢失信息的半导体存储芯片,具有体积小、功耗低、不易受物理破坏等优点，是移动数码产品的理想存储介质。

闪盘是基于闪存技术以及 USB 接口技术的移动存储卡。近几年，随着半导体存储技术的不断发展，移动存储产品如 Compact Flash（CF）、Smart Media（SM）、Multi Media Card（MMC）、Memory Stick（MS）和 SanDisk（SD）、TF 卡等被广泛地应用于数码相机、PDA、MP3 播放器、笔记本电脑等当前十分热门的消费电子产品之中。

优盘（Usb disk，U 盘）是指通过 USB 接口与计算机连接的外接存储设备，其核心存储器是闪存，主要用于存储较大的数据文件和在电脑之间方便地交换文件。优盘不需要物理驱动器，也不需外接电源，可热插拔，使用简单方便。

（2）移动硬盘

由于闪盘的容量不够大，对于需要保存图像、声音、视频文件的用户，还远远不够。因此移动硬盘也是移动存储器的一个组成部分。移动硬盘容量大（最大容量已达几个 TB），数据携带比较方便，一般情况下比闪盘寿命长，读写速度、数据安全性也比闪盘好。移动硬盘常用的接口有 USB、SATA、IEEE 1394 等。

（3）固盘

目前存储系统已经开始越来越多地加入固态硬盘（Solid State Disk、Solid State Drive，SSD）了。固态硬盘的存储介质有两种，一种是闪存，另一种 DRAM。现在市面上的产品，200G 以上的固态硬盘，一般都是以 DRAM 作为存储介质的。

3.1.2 网络存储阶段

自 20 世纪末开始，存储技术的发展进入"网络存储"时代，它将存储设备从应用服务器中分离出来，进行集中管理。网络存储具有以下特点：

（1）存储设备与主机之间是多对多的关系；

（2）统一性，在逻辑上是完全一体的，实现数据的集中管理；

（3）面向网络应用，容易扩充，伸缩性强；

（4）共享存储系统。

网络存储的关键技术是带宽。大致分为三种：直接附加存储 DAS、网络附加存储 NAS 和存储区域网络 SAN。

一、直接附加存储（DAS）

1. 基本概念

直接附加存储（Direct Attached Storage，DAS）是指将存储设备通过 SCSI 接口或光纤通道直接连接到一台计算机上。DAS 与普通的 PC 存储架构一样，外部存储设备都是直接挂接在服务器内部总线上，数据存储设备是整个服务器结构的一部分。

DAS 完全以服务器为中心，寄生在相应服务器或客户端上，其本身是硬件的组成部分。磁盘阵列（Redundant Arrays of independent Disks，RAID）属于 DAS 的一种。其文件系统取自于其宿主服务器安装的操作系统，并且只能通过宿主服务器系统访问。在这种方式中，存储设备是通过电缆（通常是 SCSI 接口电缆）直接到服务器的，I/O（输入/输出）请求直接发送到存储设备。DAS 也可称为服务器附加存储（Server-Attached Storage，SAS）。它依赖于服务器,其本身是硬件的堆叠,不带有任何存储操作系统。

2. DAS 的适用环境

(1) 小型网络

因为网络规模较小,数据存储量小,且也不是很复杂,采用这种存储方式对服务器的影响不会很大。并且这种存储方式也十分经济,适合拥有小型网络的企业用户。

(2) 地理位置分散的网络

虽然企业总体网络规模较大,但在地理分布上很分散,此时各分支机构的服务器也可采用 DAS 存储方式,这样可以降低成本。商店或银行的分支便是一个典型的例子。

(3) 特殊应用服务器

在一些特殊应用服务器上,如微软的集群服务器或某些数据库使用的原始分区,均要求存储设备直接连接到应用服务器。

对于多个服务器或多台 PC 的环境,使用 DAS 方式设备的初始费用可能比较低,可是这种连接方式下,每台 PC 或服务器单独拥有自己的存储磁盘,容量的再分配困难;对于整个环境下的存储系统管理,工作烦琐而重复,没有集中管理解决方案。所以整体的拥有成本较高。目前 DAS 基本被 NAS 所代替。

二、网络附加存储(NAS)

1. 基本概念

网络附加存储 (Network Attached Storage,NAS)是一种将分布、独立的数据整合为大型、集中化管理的数据中心,以便于对不同主机和应用服务器进行访问的技术。

NAS 是连接在网络上的具备资料存储功能的装置,因此也称为"网络存储器"或者"网络磁盘阵列"。

从结构上讲,NAS 是功能单一的精简型电脑,因此在架构上不像个人电脑那么复杂,在外观上看就像家电产品,只需电源与简单的控制钮,NAS 是一种专业的网络文件存储及文件备份设备,它是基于 LAN(局域网)的,按照 TCP/IP 协议进行通信,以文件的 I/O(输入/输出)方式进行数据传输。在 LAN 环境下,NAS 已经完全可以实现异构平台之间的数据级共享,比如 NT、UNIX 等平台的共享。

一个 NAS 系统包括处理器、文件服务管理模块和多个硬盘驱动器(用于数据的存储)。NAS 可以应用在任何的网络环境中。

2. NAS 的适用环境

(1) 小型工作室

小型工作室如一些小型的广告公司、设计工作室等,他们一般拥有由十几台计算机所组成的局域网络。通常情况下,小型工作室在信息处理中经常会遇到诸如素材库、设计稿之类的存储问题,采用 NAS 存储这些信息会使资料安全性提高、便于统一管理,同时还降低了储存成本。

(2) 大型出版、印刷企业

大型出版、印刷公司的计算机数量多,信息量巨大,对这些资料的存储与调阅要求相当高，如果是使用光盘备份，不但检索不方便而且共享也不方便，如果购买服务器，则成本过高，且易造成浪费。采用 NAS 可有效地避免这些问题。

三、存储区域网络（SAN）

1. 基本概念

存储区域网络（Storage Area Network，SAN）是一种通过光纤集线器、光纤路由器、光纤交换机等连接设备将磁盘阵列、磁带等存储设备与相关服务器连接起来的高速专用子网。

构成 SAN 系统的主要部件有：接口（如 SCSI、光纤通道、ESCON 等）、连接设备（交换设备、网关、路由器、集线器等）、通信控制协议（如 IP 和 SCSI 等）、附加的存储设备和独立的 SAN 服务器。SAN 提供一个专用的、高可靠性的基于光通道的网络存储。

SAN 的优点：① 可实现大容量存储设备数据共享；② 可实现高速计算机与高速存储设备的高速互联；③ 可实现灵活的存储设备配置要求；④ 可实现数据快速备份；⑤ 提高了数据的可靠性和安全性。

2. SAN 的适用环境

结合 SAN 技术特性及其在众多行业的成功应用，在具有以下业务数据特性的企业环境中适宜采用 SAN 技术。

（1）对数据安全性要求很高的企业。如电信、金融和证券等行业的计费业务。

（2）对数据存储性能要求高的企业。如电视台、交通部门和测绘部门等行业的音频/视频、石油测绘和地理信息系统等业务。

（3）在系统级方面具有很强的容量可扩展性和灵活性的企业。如各大中型企业的 ERP 系统、CRM 系统和决策支持系统等业务。

（4）具有超大型海量存储特性的企业。如图书馆、博物馆、税务和石油等行业的资料中心和历史资料库。

（5）具有本质上物理集中、逻辑上又彼此独立的数据管理特点的企业。如银行业务和移动通信的运营支撑系统。

（6）实现对分散数据高速集中备份的企业。如企业各分支机构数据的集中处理。

（7）数据在线性要求高的企业。如商业网站和金融行业的电子商务系统。

（8）实现与主机无关的容灾的企业。如大型企业的数据中心。

3.1.3 虚拟存储阶段

事实上，虚拟化技术并不是一个很新的技术，它的发展应该说是随着计算机技术的发展而发展起来的，最早始于二十世纪七十年代。由于当时的存储容量，特别是内存容量成本非常高、容量也很小，对于大型应用程序或多程序应用就受到了很大的限制。为了克服这样的限制，采用了虚拟存储的技术，最典型的应用就是虚拟内存技术。随着计算机技术以及相关信息处理技术的不断发展，相继出现了磁盘阵列（Redundant Arrays of independent Disks，RAID）技术、存储区域网络（SAN）技术等。

一、虚拟存储的概念

所谓虚拟存储，就是把多个存储介质模块（如硬盘、RAID）通过一定的手段集中管理起来,所有的存储模块在一个存储池(Storage Pool)中得到统一管理,从主机和工作站的角度,看到的就不是多个硬盘,而是一个分区或者卷,就好像是一个超大容量(如1TB以上)的硬盘。这种可以将多种、多个存储设备统一管理起来,为使用者提供大容量、高数据传输性能的存储系统,就称之为虚拟存储。

二、虚拟存储技术的实现方式

目前实现虚拟存储主要分为如下几种:

1. 在服务器端的虚拟存储

服务器厂商会在服务器端实施虚拟存储。同样,软件厂商也会在服务器平台上实施虚拟存储。这些虚拟存储的实施都是通过服务器端将镜像映射到外围存储设备上,除了分配数据外,对外围存储设备没有任何控制。服务器端一般通过逻辑卷管理来实现虚拟存储技术。逻辑卷管理为从物理存储映射到逻辑卷提供了一个虚拟层。服务器只需要处理逻辑卷,而不用管理存储设备的物理参数。用这种方法构建的虚拟存储系统,服务器端的性能是一瓶颈,因此在多媒体处理领域几乎很少采用。

2. 在存储子系统端的虚拟存储

另一种实施虚拟的地方是存储设备本身。这种虚拟存储一般是存储厂商实施的,但是很可能使用厂商独家的存储产品。为避免这种不兼容性,厂商也许会和服务器、软件或网络厂商进行合作。当虚拟存储实施在设备端时,逻辑(虚拟)环境和物理设备同在一个控制范围中,这样做的益处在于虚拟磁盘能高度有效地使用磁盘容量。

在存储子系统端的虚拟存储设备主要通过大规模的 RAID 子系统和多个 I/O 通道连接到服务器上。这种方式的优点在于存储设备管理员对设备有完全的控制权,而且通过与服务器系统分开,可以将存储的管理与多种服务器操作系统隔离,并且可以很容易地调整硬件参数。

3. 网络设备端实施虚拟存储

网络厂商在网络设备端实施虚拟存储,通过网络将逻辑镜像映射到外围存储设备,除了分配数据外,对外围存储设备没有任何控制。在网络端实施虚拟存储具有其合理性,因为它的实施既不是在服务器端,也不是在存储设备端,而是介于两个环境之间,可能是最"开放"的虚拟实施环境,最有可能支持任何的服务器、操作系统、应用和存储设备。

采用虚拟存储技术,其目的是为了提供一个高性能、安全、稳定、可靠、可扩展的网络存储平台。

三、虚拟存储的应用

虚拟存储技术正逐步成为共享存储管理的主流技术,主要应用如下:

1. 数据镜像

数据镜像就是通过双向同步或单向同步模式在不同的存储设备之间建立数据副本。

2. 数据复制

通过 IP 地址实现的远距离数据迁移(通常为异步传输)对于用户来说是一种重要的数

据灾难恢复的方法。

3. 实时副本

出于测试、拓展、汇总或一些别的原因，一些企业经常需要利用虚拟存储技术制作数据的实时副本。

4. 应用整合

存储设备是用来服务于应用的，比如数据库、通信系统等等。通过将存储设备和关键的企业应用行为相整合，能够获取更大的价值，同时，可大大减少操作过程中遇到的难题。

5. 数字视频

数字视频网络在广播电视技术数字化进程中起到了重要的作用，它完全打破了以往一台录像机、一个编辑系统、一套播出系统的传统结构，取而代之的是上载工作站、编辑制作工作站、播出工作站及节目存储工作站等。节目上载、节目编辑、节目播出在不同功能的工作站上完成，可成倍提高工作效率。

3.2　存储介质

存储介质是指存储数据的载体。计算机最初采用串行的延迟线存储器，不久又用磁鼓存储器。二十世纪五十年代中期，主要使用磁芯存储器作为主存。二十世纪六十年代中期以后，半导体存储器已取代磁芯存储器。由于科学计算和数据处理对存储系统的要求越来越高，需要不断改进已有的存储技术，研究新型的存储介质，改善存储系统的结构和管理，以适现代信息技术发展的要求。

目前计算机使用的存储介质主要有半导体存储介质、磁介质和光介质。

3.2.1　半导体存储介质

半导体是指常温下导电性能介于导体与绝缘体之间的一种材料。半导体存储器是一种以半导体电路作为存储媒体的存储器，内存储器就是由称为存储器芯片的半导体集成电路组成的。

一、半导体存储器的分类

半导体存储器按其功能可以分为易失性存储器和非易失性存储器两大类。

1. 易失性存储器

随机存储器（Read Random Memory，RAM）是一种易失性存储器，它的主要特点是当电源关闭时不能保留数据。因此，有时也将 RAM 称作"可变存储器"。RAM 内存可以进一步分为双极型随机存储器和 MOS 型随机存储器。

（1）双极型随机存储器

双极型随机存储器指的是用双极型晶体管构成的随机存储器。在半导体存储器中，双极型随机存储器发展速度最快，在计算机高速缓冲存储器、控制存储器、超高速大型计算机主存储器等方面获得广泛应用。

（2）MOS 型随机存储器

金属氧化物半导体（Metal Oxide Semiconductor，MOS）随机存储器是用 MOS 电路制成的存储器，其特点是集成度高、功耗低、价格便宜。MOS 型随机存储器又可分为静态 RAM(SRAM) 和动态 RAM(DRAM) 两大类。

① 静态随机存取存储器

SRAM 没有电容放电造成的刷新问题。只要有电源正常供电，触发器就能稳定地存储数据，因此称之为静态存储器。

静态存储器具有极高的存储速度，但集成度较低，所以，它一般用于对存取速度要求较高、存储容量不太大的场合。目前在 PC 机中主要用来制作高速缓冲存储器 cache。

② 动态随机存取存储器

DRAM 由于具有较低的单位容量价格，所以通常被用作系统的主存储器。

2. 非易失性存储器

随机存储器的缺点之一就是掉电后所存储的数据会随之丢失。为了克服这个问题，人们已设计并开发出了多种非易失或可编程的存储器。

（1）ROM

ROM 中的信息只能读出而不能写入。计算机断电后，ROM 中的内容保持不变；当计算机重新接通电源后，ROM 中的内容仍可被读出。因此，ROM 常用来存放一些固定的程序，如检测程序、解释程序等。

（2）PROM

PROM 是可编程只读存储器（Programmable ROM）的缩写。它的性能与 ROM 一样，存储的内容在使用过程中不会丢失，也不会被替换。PROM 主要用于针对用户的特殊需要把那些不需变更的程序或数据烧制在芯片中。原则上，把软件固化在 PROM 中既可由厂家来做，也可由用户来做，但主要还是由厂家来烧制。

（3）EPROM

EPROM 是可擦除可编程只读存储器（Erasable Programmable ROM）的缩写。它存储的内容可以通过紫外光照射来擦除，然后可以用专门的写入器写入数据，这就使它的内容可以反复更改，而运行时它又是非易失的。这种灵活性使 EPROM 更接近用户。

（4）EEPROM

EEPROM 是电擦除可编程只读存储器（Electrically Erasable Programmable ROM）的缩写。它的功能与 EPROM 相同，但在擦除与编程方面却更加方便。应该知道，使用普通计算机并不能重写 EPROM，当它要擦除内容时，需要把芯片的透明部分在紫外灯下照射约 30 min 才行，并且需要特制的 EPROM 写入器，这就限制了 EPROM 的使用。而 EEPROM 就大不相同了，用户使用一般计算机就能对它重写。因此，EEPROM 已经开始取代 EPROM 而受到用户的欢迎。

（5）Flash ROM

Flash ROM（快擦除 ROM，或闪速存储器，简称闪存），这是一种新型的非易失性存储器，但又像 RAM 一样能快速方便地写入信息，属于 EEPROM 的改进产品。它的工作原理是：在低电压下，存储的信息可读不可写，这时类似于 ROM；而在较高的电压下，所存储的信息可以更改和删除，这时又类似于 RAM。因此，Flash ROM 在 PC 机中可以在线写入，信息一旦写入即相对固定。由于芯片的存储容量大，易修改，因此在 PC 机中用于存储 BIOS 程序，还可使用在数码相机和优盘中。

Flash ROM 最大特点是必须按块（Block）擦除（每个区块的大小不定，不同厂家的产品有不同的规格），而 EEPROM 则可以一次只擦除一个字节（Byte）。目前"闪存"被广泛用在 PC 机的主板上，用来保存 BIOS 程序，便于进行程序的升级。闪存的另外一大应用领域是用来作为硬盘的替代品，具有抗震、速度快、无噪声、耗电低的优点。

二、半导体存储器的优缺点及主要技术指标

半导体存储器的优点是：体积小、存储速度快、存储密度高、与逻辑电路接口容易。主要用作高速缓冲存储器、主存储器、只读存储器、堆栈存储器等。

半导体存储器的技术指标主要有：

1. 存储容量

存储单元个数 $M \times$ 每单元位数 N（b）。

2. 存取时间

从启动读（写）操作到操作完成的时间。

3. 存取周期

两次独立的存储器操作所需间隔的最小时间。

4. 平均故障间隔时间

MTBF（可靠性）。

5. 功耗

包括存储器的动态功耗和静态功耗。静态功耗是指漏电流功耗，是电路状态稳定时的功耗，其数量级很小。动态功耗是指电容充放电功耗和短路功耗。

三、固态硬盘

固态硬盘（Solid State Disk，Solid State Drive，SSD）是用固态电子存储芯片阵列而制成的硬盘，由控制单元和存储单元（闪存芯片、DRAM 芯片）组成。

1. 基于闪存的固态硬盘

一般地，我们通常所说的 SSD 主要是指采用闪存芯片作为存储介质的固态硬盘。在 SSD 中，存储单元又分为两类：SLC（Single Layer Cell，单层单元）和 MLC（Multi-Level Cell，多层单元）。SLC 的特点是成本高、容量小、速度快；而 MLC 的特点是容量大、成本低、速度慢。SSD 的外观可以被制作成多种模样，例如笔记本硬盘、微硬盘、存储卡、U 盘等样式。

2. 基于 DRAM 的固态硬盘

基于 DRAM 的固态硬盘采用 DRAM 作为存储介质，应用范围较窄。它仿效传统硬盘的设计，可被绝大部分操作系统的文件系统工具进行卷设置和管理，并提供工业标准的 PCI 和 FC 接口用于连接到主机或者服务器。应用方式可分为 SSD 硬盘和 SSD 硬盘阵列两种。

3. 两种固态硬盘的优缺点

（1）基于 DRAM 的固态硬盘需要独立的电源作为数据保护装置，而基于闪存的固态硬盘对于电源方面的要求不高，甚至可以将数据线作为电源线来使用。

（2）基于 DRAM 的固态硬盘比基于闪存的固态硬盘的寿命长。

由于 SSD 在接口规范、功能及使用方法上与普通硬盘完全相同，在产品外形和尺寸上也与普通硬盘相似，因此，虽然 SSD 已不是使用"盘"来存储数据，但是人们依照命名习惯，仍然称其为固态硬盘或固态驱动器。

固态硬盘的存储原理完全不同于传统的硬盘，它没有普通硬盘的旋转介质，因而抗震性极佳，同时工作温度很宽，可工作在－45℃～＋85℃。所以，SSD 被广泛应用于军事、车载、工程监控、视频监控、网络监控、网络终端、电力、医疗、航空、导航设备等领域。

3.2.2　磁介质

由于磁场和事物之间的相互作用，使物质处于一种特殊状态，从而改变原来磁场的分布。这种在磁场作用下，其内部状态发生变化，并反过来影响磁场存在或分布的物质，称为磁介质。磁介质在磁场作用下内部状态的变化叫作磁化。磁盘通过覆盖在磁盘表面的磁性材料粒子的两种不同磁化状态来分别表示 0 和 1，从而实现存储数据的目的。

一、磁存储介质的发展

从磁带开始，人们开始大规模地使用磁介质来存储数据。现在仍有大量的数据备份设备是以磁带库为基础的。磁带之后，磁盘的出现将磁存储时代推向了一个最高点。磁盘的发展也经历了从并口的 IDE 和 SCSI 磁盘到串口的 SATA 和 SAS 磁盘两个时代。

当前硬盘仍以大容量的 SATA 和 SAS 磁盘为主，有时会搭配以速度更高的 SSD 提升数据处理速度。由于技术发展非常成熟，当前主流的串口硬盘无论是在稳定性和可靠性还是在速度和性价比上都是存储介质的首选。现在磁盘作为一个基础的存储单元被组合成为磁盘阵列、大型的网络存储系统以及数据备份设备，应用范围主要涉及数据存储、备份镜像、企业数据归档等等。

个人硬盘和企业级硬盘对于性能的追求是不同的。个人硬盘通常注重读写速度、单盘的容量以及成本。而企业级硬盘则更注重硬盘的稳定性和可靠性。企业的存储环境较个人的 PC 复杂得多，服务器、磁盘阵列、SAN 和 NAS 等网络存储都需要大量的性能稳定的硬盘作为基础。

二、磁介质存储器技术指标

衡量磁介质存储器的主要技术指标有记录密度、存储容量、平均存取时间和数据传输率等。

1. 记录密度

记录密度又称存储密度，是指磁介质存储器上单位长度或单位面积所存储的二进制信息量，通常以道密度和位密度表示。道密度是指垂直于磁道方向上单位长度中的磁道数目；位密度是指沿磁道方向上单位长度中所记录的二进制信息的位数。

2. 存储容量

存储容量是指整个磁介质存储器所能存储的二进制信息的总量，一般以字节为单位表示，它与存储介质的尺寸和记录密度直接相关。磁介质存储器的存储容量有非格式化容量和格式化容量两种指标。非格式化容量是指磁记录介质上全部的磁化单元数；格式化容量是指用户实际可以使用的存储容量，也就是制造商给出的标称容量。格式化容量一般约为非格式化容量的 $60\%\sim70\%$。

3. 存取时间

对于采用直接存取方式的磁盘存储器来说，存取时间主要包括 3 部分：

（1）寻道时间

是指磁头从原先位置移动到目的磁道所需要的时间。

（2）旋转延迟时间

是指在到达目的磁道以后，等待被访问的记录块旋转到磁头下方的等待时间。

（3）数据读写时间

是指信息的读写操作时间。

4. 数据传输率

数据传输率是指磁介质存储器在单位时间内向主机传送数据的位数或字节数。数据传输率与记录密度和磁记录介质通过磁头的速率成正比。

3.2.3 光介质

光介质存储器是用光学方法从光存储媒体上读取和存储数据的一种设备。它对存取单元的光学性质（如反射率、偏振方向等）进行辨别，并转化为便于检测的形式，即电信号。目前几乎所有的光存储器都是用半导体激光器，因而光存储器也称为激光存储器。广义上，光存储器还包括条码阅读器、光电阅读机等。在计算机领域，光存储器一般指光盘机、光带机、光卡机等设备，光盘机应用最广。

一、光盘的组成及读写原理

光盘采用丙烯树脂作基片，其上溅射（溅射是一种以一定能量的粒子轰击固体表面，使固体近表面的原子或分子获得足够大的能量而最终逸出固体表面的工艺）碲合金薄膜或者涂布其他介质。记录信息时，使用功率较强的激光光源，把它聚焦成小于 $1~\mu m$ 的光点照射到介质表面上，并用输入数据来调制光点的强弱，激光光束会使介质表面的微小区域温度升高，从而产生微小凹坑或其他几何形变，以改变表面的反射性质。激光把不同的信息以凹凸形式记录下来，这样就制成了原片光盘。利用原片光盘可以大量复制商品光盘，用户使用的都是复制光盘。

从光盘读出信息时，把光盘插入光盘驱动器中（驱动器装有功率较小的激光光源，不会烧坏盘面），由于光盘表面的凹凸不平，故使反射光有强弱变化，经过解调后读出信息。

二、常用光盘的主要特点及容量

常用的光盘种类、主要特点及容量等如表 3-1 所示。

表 3-1　常用光盘的种类、主要特点及容量

光盘种类	主要特点	容量
CD-ROM	称为"只读"光盘,不能在 CD-ROM 上添加或删除信息。	650 MB
CD-R	可以多次将文件刻录到 CD-R,但是无法从中删除文件。每次刻录都是永久性的。	650 MB 700 MB
CD-RW	可以多次刻录和擦除。	650 MB
DVD-ROM	称为"只读"光盘,不能在 DVD-ROM 上添加或删除信息。	4.7 GB
DVD-R	可以多次将文件刻录到 DVD-R,但是不能从光盘中删除文件。每次刻录都是永久性的。	4.7 GB
DVD-RW	可以多次将文件刻录到 DVD-RW,也可以从光盘上删除不需要的文件,以便回收空间以及添加其他文件。DVD-RW 可以多次刻录和擦除。	4.7 GB
DVD-RAM	可以多次将文件刻录到 DVD-RAM。也可以从光盘上删除不需要的文件,以便回收空间以及添加其他文件。DVD-RAM 可以多次刻录和擦除。	2.6 GB 4.7 GB 5.2 GB 9.4 GB
DVD-R DL	可以多次将文件刻录到 DVD-R DL,但是无法从光盘中删除文件。每次刻录都是永久性的。	8.5 GB
BD-R	只能将文件刻录到 BD-R 一次,但是无法从光盘中删除文件。每次刻录都是永久性的。	25 GB
BD-R DL	只能将文件刻录到 BD-R DL 一次,但是不能从光盘中删除文件。每次刻录都是永久性的。	50 GB
BD-RE	可以多次将文件刻录到 BD-RE。也可以从光盘上删除不需要的文件,以便回收空间以及添加其他文件。BD-RE 可以多次刻录和擦除。	25 GB
BD-RE DL	可多次将文件刻录到 BD-RE DL。也可从光盘上删除不需要的文件,以便回收空间以及添加其他文件。BD-RE DL 可以多次刻录和擦除。	50 GB

三、光盘存储格式

CD-ROM 光盘上记录信息的光道是一条由里向外连续的螺旋形路径。在这条路径上,每个记录单元(一个二进制位)占据的长度是相等的。CD-ROM 光盘采用恒定线速度方式,数据读出的速度为常数,因而要求光盘的旋转速度必须同路径的半径相适应,不断进行调整。光盘上的螺旋形路径由里向外被划分成许多长度相等的"块"(block)。每个块的容量相同,存放带有纠错编码的数据时容量为 2 048 B,不带纠错编码时容量则为 2 352 B。整个光盘约有 30 万块数据,存储容量达 650 MB 以上。

四、光盘刻录

如果要将重要资料制作成光盘,就必须拥有一部光盘刻录机。可以刻录光盘的光驱称为光盘刻录机,CD-R、CD-RW、DVD-R、DVD-RW 等都是光盘刻录机,可以用来刻录光盘。CD-R 光盘刻录机只能使用 CD-R 光盘,而且只能刻录一次;而 CD-RW 光盘刻录机则可以使用 CD-R 和 CD-RW 光盘。使用 CD-RW 光盘时,可以重复多次刻录资料。用光盘刻录资料除了需配置光盘刻录机外,还需要安装相关刻录软件,CD 光盘刻

录软件如 Easy-CD Pro、Easy-CD Creator、Nero、WinOnCD 等；DVD 盘刻录软件如软碟通、Nero 等。

3.3 文件管理

用户使用计算机时处理的主要对象是文件，因此文件管理是操作系统的主要职能之一。所谓文件管理，就是操作系统中实现文件统一管理的一组软件、被管理的文件以及为实施文件管理所需要的一些数据结构（操作系统中负责存取和管理文件信息的机构）的总称。从系统角度来看，文件系统是对文件存储器（即外存）的存储空间进行组织、分配和回收，负责文件的存储、检索、共享和保护。从用户角度来看，文件系统主要是实现"按名存取"，文件系统的用户只要知道所需文件的文件名，就可存取文件中的信息。

3.3.1 文件的逻辑结构和物理结构

一、文件的逻辑结构

简单地说，逻辑结构就是用户研究一个问题时，把该问题描述成的形式。文件的逻辑结构是指一个文件在用户面前所呈现的形式。文件按逻辑结构来分可分成流式文件和记录式文件。

1. 流式文件

流式文件是一种无结构文件，它对文件内信息不再划分单位，即流式文件是一串字符流构成的文件。无结构的流式文件的典型代表是源程序文件。

2. 记录式文件

记录式文件是一种有结构文件，是用户把文件内的信息按逻辑上独立的含义划分信息单位，每个单位称为一个逻辑记录（简称记录），所有记录通常都是描述一个实体集的，是一个具有特定意义的信息单位，由该记录在文件中的逻辑地址（相对位置）与记录名所对应的一组键、属性及其属性值所组成。记录可分为定长和不定长记录两类。有结构文件的典型代表是数据库文件。一个描述学生人事档案的记录式文件如图 3.6 所示。

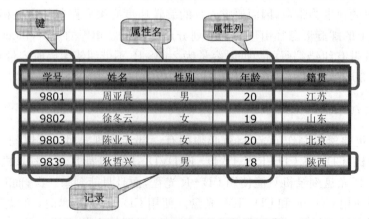

图 3.6 学生人事记录文件逻辑结构示意

在文件系统设计时,选取文件的逻辑结构应遵循下述原则:

(1) 当用户对文件信息进行修改操作时,给定的逻辑结构应能尽量减少对已存储好的文件信息的变动。

(2) 当用户需要对文件信息进行操作时,给定的逻辑结构应使文件系统在尽可能短的时间内查找到需要查找的记录或基本信息单位。

(3) 应使文件信息占据最小的存储空间。

(4) 应是便于用户进行操作的。

显然,对于字符流的无结构文件来说,查找文件中的基本信息单位,例如某个单词,是比较困难的。但反过来,无结构文件管理简单,用户可以方便地对其进行操作。所以,那些对基本信息单位操作不多的文件较适于采用字符流的无结构方式,例如,源程序文件、目标代码文件等。除了字符流的无结构方式外,记录式的有结构文件可把文件中的记录按各种不同的方式排列,构成不同的逻辑结构,以便用户对文件中的记录进行修改、追加、查找和管理等操作。

二、文件的物理结构

文件的物理结构也称文件的存储结构,它表示了一个文件在辅助存储器上的安置、链接和编目的方法。文件的物理结构和文件的存取方法以及辅助存储设备的特性等有密切的关系。

构造文件的物理结构主要有两种方法:

(1) 计算法

设计一个映射算法,例如线性计算法、散列法等,通过对记录键的计算转换成对应的物理块地址,从而找出所需记录。直接寻址文件、计算寻址文件、顺序文件均属此类。

优点:存取快速,又不必增加存储空间存放附加控制信息。

缺点:关键是挑选好算法,尽量做到"均匀映射";其次要处理"冲突"问题,即可能有不同键映射为相同值。

(2) 指针法

用指针指出相应逻辑记录的地址或表示各记录间的关联。索引文件、索引顺序文件、链接文件等均属此类。

优点:可将文件信息的逻辑次序与在存储介质上的物理排列次序完全分开,便于随机存取,便于更新,能加快存取速度。

缺点:使用指针要耗费较多存储空间,大型文件的索引查找要耗费较多处理器时间。

文件的物理结构主要有三种结构:顺序结构、链接结构、索引结构。

1. 顺序结构

(1) 顺序文件(连续文件)

将一个文件中逻辑上连续的信息存放到存储介质的依次相邻的存储块中,便形成顺序结构,这类文件叫顺序文件,又称连续文件。显然,这是一种逻辑记录顺序和物理记录顺序完全一致的文件。磁带机文件、卡片机、打印机、纸带机介质上的文件都是顺序文件。而存储在磁盘上的文件也可以是顺序文件。顺序文件通常按记录出现的顺序来完成记录的访问和更新。

优点：顺序存取记录时速度较快。因此，批处理文件、系统文件用得最多。

缺点：建立文件时要预先确定文件长度，以便分配存储空间；增、删、改文件记录困难。

顺序文件适用于很少更新的文件。文件的顺序存储结构如图 3.7 所示。

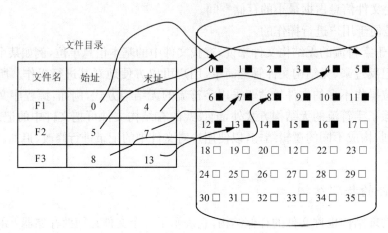

图 3.7　文件的顺序结构示意图

（2）直接文件

在可直接存取的存储设备上，记录的关键字和物理块之间可以通过某种方式建立对应关系，利用这种关系实现记录存取的文件叫直接文件，或称散列文件。在散列文件中，记录在存储介质上的位置是通过对记录键施加变换而获得的，这种变换法被称为散列法，或者叫杂凑法。直接文件通常适用于不能用顺序组织方法、次序较乱、又需在极短时间内存取的场合，如实时处理文件、操作系统目录文件、编译程序变量名表等。

优点：存取速度快。

缺点：存在"冲突"问题。"冲突"是指在利用散列法将记录键变换为存储地址时，不同的键值可能变换出相同的地址。

解决"冲突"常用的处理技术有：顺序探查法、两次散列法、拉链法、独立溢出区法等。

2. 链接结构

链接结构是利用指针来表示文件中各个记录之间的关系。在这种表示法中，文件第一块信息的物理地址通常由文件目录给出，而每块中的链接字指出文件的下一个物理块。一般以链接字的内容为 0 时，表示没有后继块，也即文件信息至本块结束。用这种方法存储的文件称链接文件，又称串联文件。文件的链接存储结构如图 3.8 所示。

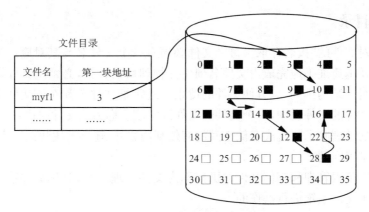

图 3.8　文件的链接结构示意图

3. 索引结构

索引结构是实现文件在存储介质上非连续存取的另一种方法,适用于数据记录存放在随机存取存储设备上的文件。它使用一张索引表,其中一个表目包含一个记录键及其记录的存储地址,存储地址可以是记录的物理地址,也可以是符号地址,这类文件叫索引文件。通常,索引表地址可由文件目录给出,查找索引表先找到相应记录键,然后获得数据的存储地址。文件的索引存储结构如图 3.9 所示。

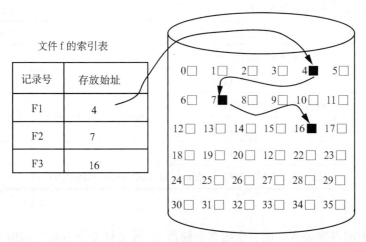

图 3.9　文件的索引结构

索引顺序文件是顺序文件的扩展,其中各记录本身在存储介质上也是顺序排列的,它包含了直接处理和修改记录的能力。索引顺序文件能像顺序文件一样进行快速顺序处理,即允许按物理记录存放的次序,也允许按逻辑顺序(由记录主键决定的次序)进行处理。

优点:快速存取,具有直接读写任一记录能力,便于增、删、更新。

缺点:增加索引存储空间和索引查找时间。

3.3.2 文件目录

为了实现对文件的"按名存取"，每个文件必须有一个文件名与其对应。为了有效地利用存储空间以及迅速准确地完成由文件名到文件物理块的转换，必须把文件名及其结构信息等按一定的组织结构排列，以方便文件的搜索。通常把文件名和对该文件实施控制管理的信息称为该文件的文件说明，一个文件的文件说明信息称为该文件的目录。

文件目录的管理除了要解决存储空间的有效利用之外，还要解决快速搜索、文件命名冲突以及文件共享等问题。

操作系统中负责管理和存储文件的机构称为文件管理系统，简称文件系统。大部分应用程序都是基于文件系统进行操作的。

一、FAT 和 NTFS

文件系统有很多，常用操作系统及所采用的文件系统如表 3-2 所示。

表 3-2　常用操作系统及所采用的文件系统

操作系统	文件系统
MS-DOS	FAT16
Windows 3.x	FAT16
Windows 98/Me	FAT16、FAT32
Windows NT	FAT16、NTFS
Windows 2000	FAT16、FAT32、NTFS
windows 2003	FAT16、FAT32、NTFS
Windows XP	FAT16、FAT32、NTFS
Windows 7	FAT16、FAT32、NTFS
Windows 8	FAT16、FAT32、NTFS
Linux	FAT16、FAT32、NTFS、Minix、ext、ext2、xiafs、HPFS、VFAT

1. 卷

卷是磁盘上的逻辑分区。由一个或多个簇组成，供文件系统分配空间时使用。在任何时候，一个卷包括文件系统信息、一组文件以及卷中剩余的可以分配给文件的未分配空间。一个卷可以是整个磁盘，也可以是一个磁盘的部分，还可以跨越多个磁盘。

2. FAT16

FAT(File Allocation Table，文件分配表)最早于 1982 年开始应用于 MS-DOS 中。FAT 文件系统主要的优点就是它可以允许多种操作系统访问，如 MS-DOS、Windows 3.x、Windows 9x、Windows NT 和 OS/2 等。这一文件系统在使用时遵循 8.3 命名规则(即文件主名最多为 8 个字符，扩展名为 3 个字符)。

FAT 文件系统最初用于小型磁盘和简单文件结构的文件系统。FAT 文件系统得名于它的组织方法：放置在卷起始位置的文件分配表。为了保护卷，使用了两份拷贝，确保即使损坏了一份也能正常工作。另外,为确保正确装卸启动系统所必需的文件,文件分配表和根文件夹必须存放在固定的位置。

采用 FAT 文件系统格式化的卷以簇的形式进行分配。默认的簇大小由卷的大小决定。对于 FAT 文件系统,簇数目必须可以用 16 位的二进制数字表示,并且是 2 的幂。由于额外开销的原因,在大于 511 MB 的卷中不推荐使用 FAT 文件系统,但如果用户的计算机上运行的是 Windows 95、Windows for Workgroups、MS-DOS、OS/2 或 Windows 95 以前的版本,那么 FAT 文件系统格式是最佳的选择。

3. FAT32

FAT32 文件系统提供了比 FAT 文件系统更为先进的文件管理特性,例如,支持超过 32 GB 的卷以及通过使用更小的簇来更有效率地使用磁盘空间。FAT32 作为 FAT 文件系统的增强版本,它可以在容量从 512 MB 到 2TB 的磁盘驱动器上使用。

在以前的操作系统中,只有 Windows 2000、Windows 98 和 Windows 95 OEM Release 2 版能够访问 FAT32 卷。MS-DOS、Windows 3.1 及较早的版本、Windows for Workgroups、Windows NT 4.0 及更早的版本都不能识别 FAT32 卷,同时也不能从 FAT32 上启动它们。

如果计算机系统设置了双重启动配置,很可能需要 FAT 或 FAT32 文件系统。但对于大于 32 GB 的分区,建议使用 NTFS 而不用 FAT32 文件系统。

4. NTFS

NTFS 文件系统的设计目标就是用来在很大的硬盘上能够很快地执行诸如"读""写"和"查找"这样的常用文件操作,甚至包括像文件系统恢复这样的高级操作。

像 FAT 文件系统一样,NTFS 文件系统使用簇作为磁盘分配的基本单元。在 NTFS 文件系统中,默认的簇大小取决于卷的大小但可以有一定的范围。在"磁盘管理器"中,用户可以在规定的范围内指定簇的大小。

NTFS 文件系统是使用 Windows 2000 及以后版本所推荐的文件系统。NTFS 具有 FAT 文件系统的所有基本功能,并且使文件操作更安全、具备更好的磁盘压缩性能,同时,支持最大达 2TB 的大硬盘(NTFS 可支持的最大磁盘容量比 FAT 的大得多,而且随着磁盘容量的增大,NTFS 的性能不像 FAT 那样随之降低)。

二、路径

1. 目录

一个文件通常是由文件控制块 FCB(File Control Block)和文件体组成的。FCB 中包括文件名、物理位置、逻辑结构、物理结构、存取权限以及文件建立和修改的时间等。文件体即为文件的内容。一个文件控制块也称为该文件的目录,存储介质上文件目录的有序集合称为目录文件,用户向系统提供文件名,系统根据文件名查找目录文件得到该文件的 FCB,从 FCB 中找到该文件的物理地址,从而实现"按名存取"。

2. 树型目录结构

在现代操作系统中,目录的管理通常采用树型结构。目录结构示意如图 3.10 所示。

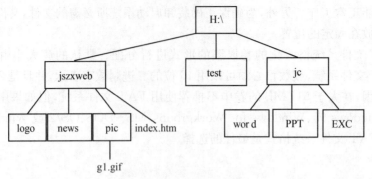

图 3.10　树型目录结构示意

3. 路径

一般地，文件的路径是指文件在存储介质上存储的位置，可以分为绝对路径和相对路径。

（1）绝对路径

绝对路径是以根目录为参考基础的目录路径。在图 3.10 中，"H：\"称为 H 盘的根目录；jszxweb、test、jc 为根目录下的子目录；而 logo、news、pic 为 jszxweb 子目录中的子目录。文件 index.htm 是子目录 jszxweb 中的普通文件。"H：\jszxweb\pic\g1.gif"是文件 g1.gif 的绝对路径；"H：\jszxweb\index.htm"是文件 index.htm 的绝对路径。

（2）相对路径

相对路径是相对于某个基准目录（也称当前目录或当前工作目录）的路径。例如，如果基准目录是 jszxweb，则 jszxweb\pic\g1.gif 则是文件 g1.gif 的一条相对路径。

3.3.3　文件的删除与恢复

文件的删除、更名、移动等是用户进行文件操作时常用的功能，因而也是操作系统文件管理的重要功能之一。

一、文件删除的原理

由于一个文件的 FCB 被保存在一个簇并映射在 FAT 表中，而真实的数据则保存在数据区中，因此，平常所做的删除，其实是修改该文件 FCB 存储区中的前 2 个代码，表示为文件作了删除标记，并将文件所占簇号在 FAT 表中登记项清零，表示释放这部分存储空间并被操作系统回收。而文件内容仍保存在数据区中，并未真正删除。往往要等到以后的数据写入，把此数据区覆盖掉才算是彻底把原来的数据删除。用 Fdisk 或 Format 格式化和文件的删除类似，前者只是改变了分区，后者只是修改了 FAT 表，其实都没有将数据从数据区直接删除。

由文件删除的原理可知，要彻底删除数据，只有把被删除文件所在的数据区完全覆盖。绝大部分彻底删除工具所采用的技术就是利用了这个原理，这种技术往往把无用的数据反复写入被删除文件的数据区，并进行多次地覆盖，从而达到完全删除文件的目的。通常所说的粉碎文件就是用 0 和 1 将原文件所在的存储区域重写一遍或者将数据全部改写成随机代码，达到将文件数据整体破坏的目的，从而防止机密文件被数据恢复，被人窃取。

二、文件恢复软件的原理

由于 NTFS、FAT 等文件系统在文件删除时并不是立即把文件所有内容从存储设备上删除，因此利用一些工具软件可以把这些文件恢复过来。文件恢复软件是指把从硬盘或 U 盘等存储设备上永久删除（即从回收站里永久删除或按 shift + del 永久删除）的文件恢复过来的软件。常见的文件恢复软件有 RecoveryDesk、数据恢复大师 DataExplore、超级急救盘 EasyRecovery、WinHex 等。

RecoveryDesk 是一款用于恢复硬盘分区文件的恢复软件，支持 Windows 下的 NTFS、FAT12、FAT16、FAT32 等格式硬盘分区。适用于清空回收站后的恢复操作。

EasyRecovery 适用于恢复丢失的数据以及重建文件系统。EasyRecovery 不会向原始驱动器中写入任何东西，它主要是在内存中重建文件分区表使数据能够安全地传输到其他驱动器中，因此往往可以从被病毒破坏或者是已经格式化的硬盘中恢复数据。该软件可以恢复大于 8.4 GB 的硬盘，支持长文件名。被破坏的硬盘中像丢失的引导记录、BIOS 参数数据块、分区表、FAT 表、引导区都可以由它来进行恢复。

 计算思维启迪

存储器是计算机系统中的记忆设备，用来存放程序和数据。构成存储器的存储介质，目前主要采用半导体、磁介质和光介质。存储器中最小的存储单位就是一个双稳态半导体电路或一个 CMOS 晶体管或磁性材料的存储元，它可存储一个二进制代码。由若干个存储元组成一个存储单元，然后再由许多存储单元组成一个存储器。

根据半导体存储介质的特性，可将半导体存储器分为易失性存储器（RAM）、非易失性存储器（ROM）和快闪存储器三类；一般地，磁介质存储器包括磁带、软盘和硬盘；光介质存储器可分为只读型、一次写入型和多次写入型等。

由于信息技术的不断发展，计算机除了计算以外，更多地用于处理图像、数据库、知识库、语音识别、多媒体等，这一切对存储系统的要求越来越高。经过几十年的发展，存储器的实现技术有了突飞猛进的发展，高速、大容量、低价格的存储器件以惊人的速度生产出来，网络存储、虚拟存储发展如火如荼。

为了不断适应人们对信息存储密度及响应速度的更高要求，实现电子器件从"吉时代"到"泰时代"的跨越，一些新型超高密度信息存储材料和器件被提出来，并已处于实验与研究阶段。例如采用三维全息存储介质的"固定式三维光子存储装置"，其存储容量可达到 10 Tbits/cm^2 以上，具有成本低、体积小、可重复读写的特点。目前，三维全息光存储是国际上用来解决海量存储器的首选方案。

用户使用计算机时处理的主要对象是文件，一个文件就是按文件名存储在外存中的一组相关信息。从用户的角度看，文件管理系统就是要实现"按名存取"的功能；从系统的角度看，文件系统是对文件存储器（即外存）的存储空间进行组织、分配和回收，负责文件的存储、检索、共享和保护。

随着信息技术以及计算机网络的发展，人们的需求越来越多样化、复杂化，程序的功能越来越强大，因此对存储空间的要求也会越来越高，为了不断适应人们对信息存储密度及响应速度的更高要求，有理由相信，新的存储技术会层出不穷。

思维导图

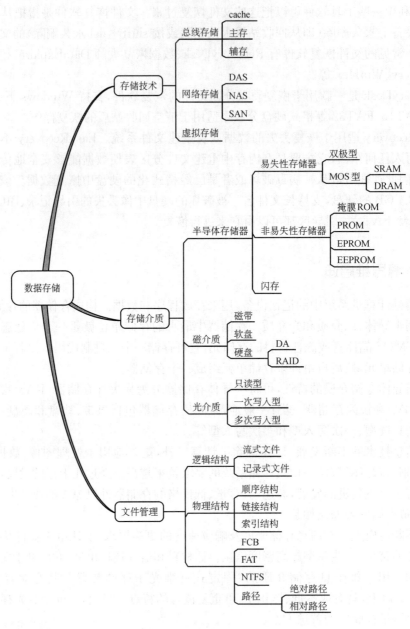

第4章

数据结构

数据是计算机加工处理的对象,程序设计的实质是数据表示和数据处理。但是,数据要能被计算机加工处理,首先必须能够存储在机器中,成为能被机器直接操作的对象。数据在计算机存储器中的存在形式称为数据的机内表示,这与现实生活和实际问题中的表现形式不同。因此,为了让计算机去加工处理数据,必须首先将实际问题中的数据转化为机内表示,转化的一般过程是:实际问题中的数据表示→逻辑结构→存储结构。

另外,一个实际问题通常不仅包括数据,还包括处理要求。因此,仅仅把数据转化为机内表示并不能完全解决问题,还要用适当的可执行语句编制程序,以便让计算机去执行对数据机内表示的各种操作,从而实现对数据的处理要求。数据处理的一般过程是:处理要求→基本操作和运算→算法。

4.1 数据结构的基本概念

4.1.1 数据结构的概念

计算机科学是一门研究数据表示和数据处理的科学,在利用计算机进行数据处理时,实际需要处理的数据量一般很大。要提高数据处理效率,节省存储空间,如何组织数据就成了关键问题。

一、基本概念

1. 数据

数据(Date)是外部世界信息的载体。它能够被计算机识别、存储和加工处理,是计算机程序的加工原料。计算机程序处理各种各样的数据,可以是数值数据,如整数、实数等,主要用于工程计算、科学计算和商务处理等;也可以是非数值数据,如字符、文字、图形、图像、声音等。

2. 数据元素和数据项

数据元素(Data Element)是数据的基本单位,在计算机程序中通常作为一个整体进行考虑和处理。数据元素有时也被称为元素、结点、顶点、记录等。

一个数据元素可由若干个数据项(Data Item)组成。数据项是不可分割、含有独立意义的最小数据单位。数据项有时也被称为字段(Field)或域(Domain)。如表4-1所示,学生的"班级""学号""姓名""平时测验"等就是数据项,而一个学生的相关信息(即一行)就称为一个数据元素或记录。

表 4-1 学生平时成绩记载表

班级	学号	姓名	平时测验		实验	平时总评
			测验 1	测验 2		
工管 1301	131604102	周亚晨	60	85	100	89
工管 1301	131604103	徐冬云	60	80	100	88
工管 1301	131604104	陈金凤	55	71	92	80
工管 1301	131604105	陈业飞	49	77	82	74
工管 1301	131604106	狄哲兴	45	78	75	70

数据项分为两种。一种叫作单一数据项,表4-1中学生的"学号""姓名"等,在处理时不能再进行分割;另一种叫作组合数据项,表4-1中的"平时测验",需要时还可以将它再分为"测验1""测验2"等更小的项。

3. 数据对象

数据对象(Data Object)是性质相同的数据元素的集合,它是数据的一个子集。例如,在表4-1中,每个数据元素都具有相同的性质,属于同一数据对象。再例如,整数数据对象是{0,1,2,3,……},字母数据对象是{'a','b','c','d',……}等等。一般地,用一组属性来定义的某个实体都可以被认为是数据对象。

4. 数据类型

数据类型(Data Type)是高级程序设计语言中的概念,是数据的取值范围和对数据进行操作的总和。例如在C语言中,如果把一个变量定义为整型,则其取值范围就被规定为某个区间上的整数(区间大小因计算机系统而异),定义在其上的操作常见的有加、减、乘、除和取模等算术运算。

数据类型规定了程序中对象的特性。程序中的每个变量、常量或表达式的结果都应该属于某种确定的数据类型。

5. 数据结构

简单地说,数据结构(Data Structure)是指数据与数据之间的关系。在任何问题中,数据元素之间都不是孤立的,而是存在着一定的关系,这种关系称为结构(Structure)。

如表4-1所示为一张"学生平时成绩记载表",这个表就是一个数据结构;记载表中记录了每个学生的班级、学号、姓名及各种平时成绩,每个学生的相关信息组成一条记录。其中的班级、学号、姓名等称为字段,每个记录就是一个结点(也称为数据元素);每个字段就是数据项。姓名字段取值范围为字符型,而各种成绩字段取值为整型。表中数据元素之间按照学号升序排列。

二、数据结构主要研究的内容

数据结构作为一门学科主要研究数据的各种逻辑结构和存储结构，以及对数据的各种操作。因此，数据结构主要研究 3 个方面的内容：

(1) 数据集合中各数据元素之间的逻辑关系，即数据的逻辑结构；

(2) 在对资料进行处理时，各数据元素在计算机中的存储关系，即数据的存储结构；

(3) 对各种数据结构在某种存储结构上进行的运算。

4.1.2　数据的逻辑结构和物理结构

在科学研究中，为了把握一个难以直接把握的复杂对象，往往采取以下两个步骤：① 将这个复杂对象分解成一些较简单的成分或要素；② 考虑这些成分或要素之间的关联方式。对于计算机工作者来说，数据是一种复杂对象。为了把握这种复杂对象，就要研究数据元素之间、同一数据元素中数据项之间的关联方式。

一、数据的逻辑结构

在任何问题中，数据元素之间可以存在多种关系。从数据结构的观点看，重要的是数据元素之间的逻辑关系。所谓逻辑关系是指数据元素之间的关联方式（或称"邻接关系"）。数据元素之间逻辑关系的整体称为逻辑结构。因此，数据的逻辑结构就是对数据元素之间的逻辑关系的描述。一般地，逻辑结构可以用一个数据元素的集合和定义在此集合中的若干"邻接关系"来表示。

数据的逻辑结构有两个要素：一是数据元素的集合，通常记为 D；二是 D 上的关系，它反映了数据元素之间的前后件关系，通常记为 R。所以一个数据结构 S 可简易地表示成 S＝(D,R)。例如，如果把一年四季看作一个数据结构，则可表示成：S＝(D,R)，其中 D＝{春季,夏季,秋季,冬季},R＝{(春季,夏季),(夏季,秋季),(秋季,冬季)}。

根据数据结构中各数据元素之间前后件关系的复杂程度，一般将数据结构分为两大类：线性结构和非线性结构。

1. 线性结构

如果一非空的数据结构满足：

(1) 集合中必存在唯一的一个第一个元素；

(2) 集合中必存在唯一的一个最后的元素；

(3) 除最后元素之外，其他数据元素均有唯一的后继（后件）；

(4) 除第一元素之外，其他数据元素均有唯一的前趋（前件）。

数据结构中线性结构指的是数据元素之间存在着"一对一"的线性关系的数据结构。例如，图 4.1 所示的 n 个元素$(a_1, a_2, \cdots, a_n)$之间的关系就是一种线性结构。

| a_1 | a_2 | a_3 | a_4 | … | a_n |

图 4.1　线性结构示意图

其中，a_1 为第一个元素，a_n 为最后一个元素。除 a_1 以外，每个元素都有一个唯一的前趋；

除 a_n 外每个元素都有一个唯一的后继，此集合即为一个线性结构的集合。

2. 非线性结构

相对于线性结构，如果一个数据结构不满足线性结构条件中的一个或多个，则称这样的结构为非线性结构。如图 4.2 所示的 6 个元素（a_1，a_2，$\cdots$，a_6）之间的关系就是一种非线性结构。

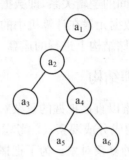

图 4.2　非线性结构示意图

其中，a_1 为第一个元素，但 a_2 有后继 a_3 和 a_4，不符合线性结构的要求，因此，此结构为一个非线性结构。

二、数据的物理结构

数据的逻辑结构在计算机存储空间中的存放形式称为数据的物理结构，数据的物理结构也称为数据的存储结构。

数据元素在计算机存储空间中的位置关系可能与逻辑结构中的位置关系不同，一种数据的逻辑结构可以根据需要表示成多种存储结构。数据元素之间的关系在存储结构中有 4 种基本存储方式。

1. 顺序方式

顺序存储方式主要用于线性的数据结构，它把逻辑上相邻的数据元素存储在物理上相邻的存储单元里，结点之间的关系由存储单元的邻接关系来体现。

2. 链接方式

链接方式中的数据元素通常被称为结点。结点之间的逻辑关系通过指针来表示。因此，结点所占的存储单元通常分为两部分：一部分存放结点的数据信息，称为数据域；另一部分存放其后继结点的地址，称为指针域。结点通过指针链接起来，指针域可以包含一个或多个指针，这由数据的逻辑结构决定。

3. 索引方式

索引方式通常是以数据元素（记录）的序号建立索引表，索引表中第 i 项的值就是第 i 个元素在存储空间中的存储地址。

4. 散列方式

散列方式是根据数据元素（记录）或它的某个数据项的值（或转换值），利用一个被称为散列函数的函数来计算函数值，根据该函数值确定元素的存储地址。

同一逻辑结构采用不同的存储方式，可以得到不同的存储结构。选择何种存储结构来表示相应的逻辑结构,视具体要求而定,主要考虑运算方便及算法的时间、空间要求。

4.1.3 数据的运算

任何数据结构都有相应的一组运算,用来对结构中的数据进行加工处理,这些加工处理也称为操作。运算的种类很多,可以根据需要进行定义。基本运算有:

(1)插入

在数据结构中的指定位置上增添新的数据元素。

(2)删除

删去数据结构中某个指定的数据元素。

(3)更新

改变数据结构中某个数据元素的值。

(4)查找

在数据结构中寻找满足某个特定要求的数据元素。

(5)排序

在线性结构中重新安排数据元素之间的逻辑关系,使之按某个或某几个数据项的值由小到大或由大到小排列。

从操作的特性来分,所有的操作可以归结为两类:一类是加工型操作,这类操作改变了结构的值;另一类是引用型操作,这类操作不改变结构的值,只是查询或求得结构的值。不难看出,上述五种基本操作中除了"查找"为引用型操作外,其余的都为加工型操作。

4.2 线性表

4.2.1 线性表的逻辑结构

线性表是由 n 个具有相同特性的数据元素组成的线性序列。设线性表 L 中的第 i 个元素为 $a_i(1 \leqslant i \leqslant n)$,则线性表 L 可表示为:

$$L = (a_1, a_2, \cdots, a_{i-1}, a_i, a_{i+1}, \cdots, a_n)$$

线性表中的数据元素可以是各种各样的,它们可以是数、字符、字符串等,也可以是若干个数据项组成的较为复杂的信息。但同一线性表中的元素必定具有相同的特性。例如:

$$LA = (11,22,33,44,55,66,77)$$
$$LB = (m, cm, mm, nm)$$

线性表中数据元素的个数 $n(n \geqslant 0)$ 称为线性表的长度,简称表长。当 $n = 0$ 时,称为空表。

线性表的逻辑结构是线性结构,也就是说,表中数据元素之间的关系是线性关系。

4.2.2 线性表的存储结构

一、线性表的顺序存储结构

1. 顺序表

顺序表是线性表的顺序存储结构，即采用一组地址连续的存储单元来依次存储线性表中的各个数据元素。由此也决定了顺序表的特点：逻辑结构中相邻的数据元素在存储结构中仍相邻。

假设线性表的每个数据元素需占用 L 个存储单元，并以每个数据元素的第一个存储单元的地址作为该数据元素的存储位置，则线性表的第 i 个元素 a_i 的存储位置 $LOC(a_i)$ 可表示为：

$$LOC(a_i) = LOC(a_1) + (i-1) \times L$$

式中 $LOC(a_1)$ 是线性表的第一个数据元素 a_1 的存储地址，称为线性表的起始位置或基地址。例如，设线性表的顺序存储结构中，每个元素占用 2 个存储单元，表的第一个元素的存储地址为 100，则第 5 个元素（如果存在的话）存储地址为 108。

2. 顺序表的运算

顺序表是一种常用而又相当灵活的数据结构，可以进行的运算较多，主要包括取表长、取某个数据元素、数据元素的定位、插入、删除等基本运算，还有线性表的置换、合并、分拆、复制、查找、排序等较为复杂的运算。插入和删除是两种最基本的运算。

（1）插入

插入运算是指在线性表的第 i 个数据元素之前插入一个新元素。设有线性表（a_1，a_2，…，a_{i-1}，a_i，a_{i+1}，…，a_n），要求在 a_i 之前插入数据元素 x，形成新的线性表（a_1，a_2，…，a_{i-1}，x，a_i，a_{i+1}，…，a_n），这使数据元素 a_{i-1} 和 a_i 之间的逻辑关系发生了变化。在线性表的顺序存储结构中要形成这种新的逻辑关系，必须将数据元素 a_n 至 a_i 依次往后移动一个元素的位置，这样，在数据元素 a_i 之前空出一个元素的位置，并插入新元素 x。显然，在线性表中插入元素 x 后，表长应该加 1。在线性表的数据元素 a_i 前插入 x 的过程如图 4.3 所示。

图 4.3 顺序表中在元素 a_i 之前插入 x 示意图

（2）删除

删除运算是指将线性表中的某个数据元素删除。设有线性表（a_1，a_2，…，a_{i-1}，a_i，

$a_{i+1},\cdots,a_n$），要求删除元素 a_i，形成新的线性表（$a_1,a_2,\cdots,a_{i-1},a_{i+1},\cdots,a_n$），这使数据元素 a_{i-1} 和 a_{i+1} 之间的逻辑关系发生了变化。在线性表的顺序存储结构中要形成这种新的逻辑关系，必须将数据元素 a_{i+1} 至 a_n 依次往前移动一个元素的位置。显然，在线性表中删除元素 a_i 之后，表长应该减 1。在线性表中删除元素 a_i 的过程如图 4.4 所示。

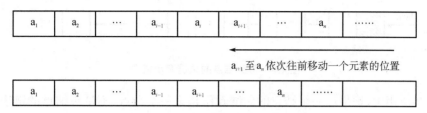

图 4.4 顺序表中删除元素 a_i 示意图

二、线性表的链接存储结构

顺序表形式简单，元素的存储位置可以通过公式计算得到，应用很广。其优点是：
① 无须为表示结点间的逻辑关系而增加额外的存储空间；
② 可以方便地随机存取表中的任一结点。

但顺序表要求连续的存储空间，当使用长度变化较大的线性结构时，必须按所需的最大空间定义，因而存储空间不能得到充分利用，表的长度也不易扩充。除此之外，对顺序表进行插入、删除等运算时需要移动其他元素，当元素的数据量较大时，这种移动要花费较多的时间。

为了克服顺序表的缺点，线性结构常采用另一种存储方式——链接存储方式，这种存储方式用指针表示结点之间的逻辑关系，也不再要求逻辑上相邻的两个结点在存储位置上也必须相邻。这种存储方式的特点是：
① 存储空间可以连续也可以不连续，存储空间根据需求灵活分配，用完可由系统负责回收；
② 进行插入、删除等运算时，不需要移动其他结点，只需通过指针修改邻接关系。

1. 线性链表

线性表的链式存储结构称为线性链表。线性链表中的数据元素也称为结点。链表中的结点为了表示与其后继结点之间的逻辑关系，除了存储其本身的数据信息外，还需存储一个指向其后继结点存储位置的信息，这个位置信息称为指针或链。因此，一个结点需包含两个部分：一部分用于存放数据元素值，称为值域；另一部分用于存放指向该结点的前一个或后一个结点的指针，称为指针域。

在线性单链表中，通常要设置一个头指针来表示起始位置，一般用 head 来表示，当头指针为空，即 head＝NULL（或 0）时称为空表。如图 4.5 所示为非空线性单链表的直观示意。其中，链表结点中的 data 和 next 分别表示值域和指针域。

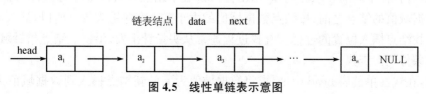

图 4.5 线性单链表示意图

有时为了处理方便,在单链表的第一个结点之前附设一个结点,称之为头结点。头结点的数据域可以不存储任何信息,也可以存储如线性表的长度等类的附加信息。头结点的指针域存储指向第一个结点的指针(即第一个结点的存储位置)。如图 4.6 所示为带头结点的单链表。

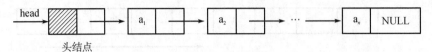

图 4.6　带头结点的单链表示意图

在某些应用中,把最后一个结点的后继看作是第一个结点(不带头结点的链表)或头结点(带头结点的链表),则称这种首尾相连的链表为循环链表。带头结点的循环单链表如图 4.7 所示。

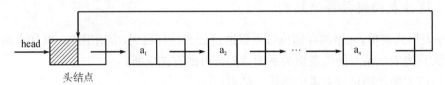

图 4.7　带头结点的循环单链表示意图

如果对线性链表中的每个结点设置两个指针,一个称为左指针(Llink),用于指向其前趋结点;另一个称为右指针(Rlink),用于指向其后继结点,这样的链表称为双向链表。双向链表如图 4.8 所示。

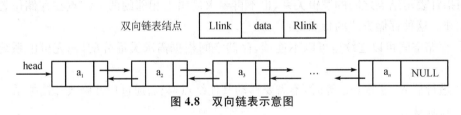

图 4.8　双向链表示意图

在线性链表中,各数据元素结点的存储空间可以是不连续的,且各数据元素的存储顺序与逻辑顺序可以不一致。在线性链表中进行插入与删除操作时,不需要移动链表中的元素,仅需修改指针。

2. 线性链表的运算

线性链表的基本运算有查找、插入、删除等。

(1) 线性链表的插入

在线性链表中插入一个结点,这个新插入的结点的存储空间需要分配。将结点插入线性链表,常有各种不同的要求。例如,给出插入链表中结点位置的顺序号按序号插入;插入到给定数据域值的结点之前;按结点数据域值的大小插入有序链表等。所以,插入运算中一般要有查找结点插入位置的过程。查找过程通常从头指针出发,沿链表结点指针域的方向,按给定的条件依次查找。

例如,在线性单链表 head 中,要求将数据域值为 x 的新结点插入到数据域值为 a_i 的结点之前的算法说明如下：

① 生成数据域值为 x 的新结点，用指针 t 指向；

② 如果 head 为空或找不到 a_i，则调用出错处理，否则转③；

③ 如果 a_i 即为 a_1（即 x 需作为第一个结点插入链表），则将 x 结点插入链首（t→next＝head，head＝t）后算法结束，否则转④；

④ 修改指针（p→next＝t，t→next＝q），将 x 结点插入到 a_i 之前（假设 a_i 由指针 q 指向，其前趋结点 a_{i-1} 由指针 p 指向）。插入过程如图 4.9 所示。

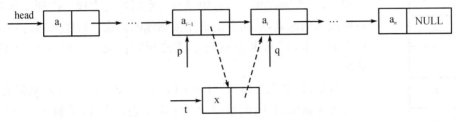

图 4.9　在结点 a_i 前插入 x 结点示意图

（2）线性链表的删除

类似于插入运算，删除链表中的结点也有各种要求。例如，给出链表中结点位置的顺序号按序号删除结点；按给定数据域值删除结点或有序链表中删除结点等。删除结点时由系统回收被删除结点的存储空间。

在线性单链表中，要求删除数据域值为 x 的结点的算法说明如下：

① 如果 head 为空或找不到被删除结点，则调用出错处理，否则转②；

② 如果 a_1 即为 x（即被删除结点为第一个结点），则删除第一个结点（head＝head→next），系统回收该结点后算法结束，否则转③；

③ 若 a_i 即为被删除结点的数据域的值（假设由 q 指针指向，a_i 的前趋结点由 p 指向），则修改指针（p→next＝q→next），将 a_i 结点从链表中删除，并由系统回收结点 a_i 所占用的存储空间。删除过程如图 4.10 所示。

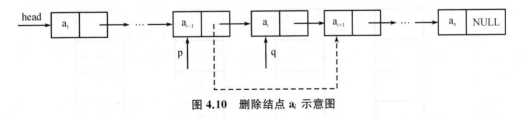

图 4.10　删除结点 a_i 示意图

4.3　栈和队列

栈和队列是两种重要的线性结构。从逻辑结构角度看，栈和队列也是线性表，其特殊性在于栈和队列的基本操作是线性表操作的子集，它们是操作受限的线性表。栈和队列被广泛地应用在各种软件系统中。

4.3.1 栈

一、栈的基本概念

栈(Stack)是一种特殊的线性表，是限定只在一端进行插入与删除的线性表。

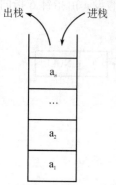

图 4.11 栈的示意图

在栈中，一端是封闭的，既不允许插入元素，也不允许删除元素；另一端是开口的，允许插入和删除元素。通常称插入、删除的一端为栈顶，另一端为栈底。当表中没有元素时称为空栈。栈顶元素总是最后被插入的元素，从而也是最先被删除的元素。栈底元素总是最先被插入的元素，因而也是最后才能被删除的元素。图 4.11 为栈的示意图。

栈是按照"先进后出"(First In Last Out，FILO)或"后进先出"的原则组织数据的，因此栈也称为 FILO 表。例如，枪械的子弹匣就可以用来形象地表示栈结构。子弹匣的一端是完全封闭的，最后被压入弹匣的子弹总是最先被射出，而最先被压入的子弹最后才能被弹出。

二、栈的存储结构

1. 栈的顺序存储结构

（1）顺序栈

栈的顺序存储结构简称顺序栈，它是运算受限的顺序表。顺序栈的存储结构是：利用一组地址连续的存储单元依次存放自栈底到栈顶的数据元素，同时附设指针 top 指示栈顶元素在顺序栈中的位置。空栈的栈顶指针值为 0。假设用大小为 arrmax 的一维数组 s（下标从 1 到 arrmax）表示栈，则对非空栈，s[1] 为最早进入栈的元素，s[top] 为最迟进入栈的元素，即栈顶元素。当 top＝arrmax 时意为栈满；当 top＝0 时为栈空。图 4.12 展示了顺序栈中数据元素和栈顶指针之间的对应关系。

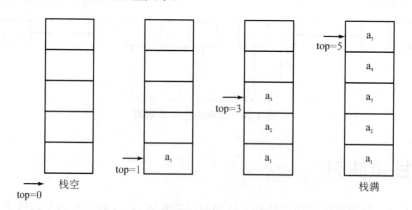

图 4.12 栈顶指针和栈中元素之间的关系

（2）顺序栈的基本运算

顺序栈的基本运算有 3 种：入栈、退栈与读栈顶元素。

① 入栈运算：在栈顶位置插入一个新元素；

② 退栈运算：取出栈顶元素并赋给一个指定的变量；

③ 读栈顶元素：将栈顶元素赋给一个指定的变量。

除此之外，顺序栈还有置空栈、判断栈空或栈满等运算。

2. 栈的链接存储结构

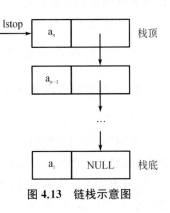

图 4.13　链栈示意图

(1) 链栈

栈的链接存储结构简称链栈。如图 4.13 所示。

一个链栈由其栈顶指针唯一确定。假设 lstop 是指向栈顶元素的指针，则 lstop＝NULL（或 0）是栈空的判定条件。链栈可以用来收集计算机存储空间中所有空闲的存储结点。

(2) 链栈的基本运算

链栈也有入栈、退栈与读栈顶元素等基本运算。分别同线性链表的插入、删除等相仿，只是在这样的数据结构上进行插入（相当于入栈）时，被插结点只能作为首结点插入，而删除（相当于退栈）时，只能删除首结点（即链栈的栈顶元素）。

三、栈的应用

栈的应用非常广泛，有两类问题比较典型。一类问题是程序执行过程中可能由于某种原因需要暂时中止当前执行部分，转到其他部分去执行或发生自身调用，然后再返回原程序，这时可以用栈来记录转出点（或称断点）的有关信息（如地址、数据等），以便返回时延续执行下去。另一类是用"回溯"方法求解的问题，求解过程中要进行试探，这时可用栈记录已试探过的数据，栈顶便是回退的第一个数据。

4.3.2　队列

一、队列的基本概念

队列（Queue）也可以看成是一种运算受限的线性表，在这种线性表上，只允许在一端进行删除，在另一端进行插入。通常将允许删除的一端称为队头，允许插入的一端称为队尾。当表中没有元素时称为空队列。队列的直观示意如图 4.14 所示。

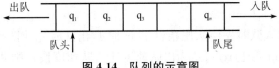

图 4.14　队列的示意图

队列是按照"先进先出"的原则来组织数据的，与栈相反，队列又称为"先进先出"（First In First Out，FIFO）或"后进后出"（Last In Last Out，LILO）的线性表。

例如，火车进隧道，最先进隧道的是火车头，最后是火车尾。而火车出隧道的时候也是火车头先出，最后出的是火车尾。一般地，若有队列：

$$Q = (q_1, q_2, \cdots, q_n)$$

那么，q_1 为队头元素，q_n 是队尾元素。队列中的元素是按照 $q_1, q_2, \cdots, q_n$ 的顺序依次进入的，退出队列时也只能按照这个次序依次退出，即只有在 $q_1, q_2, \cdots, q_{n-1}$ 都出队之后，q_n 才能出队。队列体现了一种"先来先服务"的原则。

二、队列的存储结构

1. 队列的顺序存储结构

（1）顺序队列

队列的顺序存储结构称为顺序队列，顺序队列实际上是运算受限的顺序表。顺序队列的存储结构是：利用一组地址连续的存储单元依次存储队列中的数据元素，同时附设两个指针 front 和 rear 分别指向队头和队尾元素的位置。为运算方便，front 的值总是指示队头元素的前一个位置（出队时先移动指针至后继元素位置，再出队），rear 的值总是指示队尾元素的实际位置（入队时先移动指针至后继位置，再入队）。

入队（往队列的队尾插入一个数据元素）和出队（从队列的队头删除一个数据元素）是队列的两种最基本的运算。在表长为 4 的顺序队列中入队、出队的过程如图 4.15 所示。

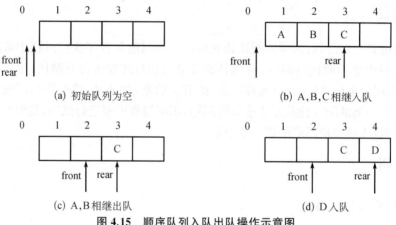

图 4.15   顺序队列入队出队操作示意图

（a）空队列，rear＝0，front＝0；

（b）A,B,C 依次入队，rear＝3，front＝0；

（c）A,B 相继出队，rear＝3，front＝2；

（d）D 入队，rear＝4，front＝2。

队列运算中，元素入队时先使队尾指针 rear 加 1，出队时先使队头指针 front 加 1。如果 front 等于 rear（front 追上 rear，意为出队速度比入队速度快），则队列为空；如果 rear 等于队列可以达到的最大表长值（如图 4.15（d）中 rear＝4），则队列为满。事实上，如果队列满，但 front 不等于 0 时，队列空间还没有真的满，这种现象称为"假溢出"。只有当 rear 达到表长值并且 front 等于 0 时，队列才真正满。

由于存在"假溢出"现象，队列的顺序存储结构一般采用循环队列的形式。

（2）循环队列

如果把存放队列元素的存储单元视为头尾相接的环形空间，当队尾或队头指针值达到最大值位置的下一个位置时，应从队列最大表长值转跳到队列的初始位置，使队列形成环形连接，只要队列中还有空位，就可以继续入队，直到队列真正满为止。这样的队列称为循环队列。例如，假设用一个长度为 max 的数组 sq 来存储一个队列，下标从 $0 \sim \max-1$，那么循环队列就是想象 sq[0] 是接在 sq[max−1] 的后面的。循环队列如图 4.16 所示。在循环队列中进行入队、出队运算时，如果 rear 或 front 指针加 1 后的值达到 max，则应将其修改为 0。

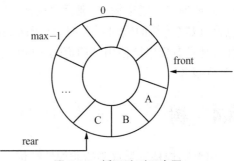

图 4.16　循环队列示意图

计算循环队列中的元素个数的方法是："尾指针减头指针"，若为负数，再加其容量。例如，设某循环队列的容量为 40（假设序号为 $0 \sim 39$），经过一系列的入队和出队运算后，如果 front=11，rear=19，则该循环队列中元素的个数有 8（19−11=8）个；如果 front=19，rear=11，则该循环队列中元素的个数有 32（11−19+40=32）个。

2. 队列的链式存储结构

（1）链队列

队列采用链式存储结构时称为链队列。链队列需要队头、队尾两个指针。有时为了运算方便，给链队列添加一个表头结点。带表头结点的链队列如图 4.17 所示。

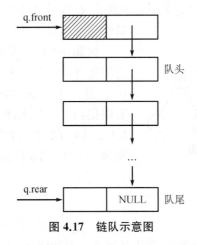

图 4.17　链队示意图

（2）链队列的运算

链队列的入队、出队运算分别通过队尾指针和队头指针进行。入队相当于在链表的尾部插入一个结点；而出队相当于删除链表的首结点。带表头结点的链队列为空的判定条件是队头指针和队尾指针都指向表头结点。

三、队列的应用

同栈一样，队列在程序设计中也经常出现。一个最典型的例子就是操作系统中的作业队列。在允许多道程序运行的计算机系统中，一般同时有多个作业在运行。如果运行的结果都需要通过某通道输出，那就要按请求输出的先后次序排队。每当通道传输完毕一个作业后可以接受新的输出任务时，处于队头的作业总是优先从队列中出队去执行输出操作。同时，凡是有新申请使用某通道输出的作业，都必须到等待使用该通道的队列的队尾入队后再等待服务。

4.4　树

树型结构是一类重要的非线性结构。直观看来，树是以分支关系定义的层次结构。树结构在客观世界中广泛存在，如人类社会的族谱和各种社会组织机构都可用树来形象表示。树在计算机领域中也得到广泛应用，如在编译程序中，可用树来表示源程序的语法结构；又如在操作系统中，文件目录是用树型结构来组织的。

4.4.1　树的基本概念

一、树的定义

树是具有相同特性的 $n(n \geqslant 0)$ 个结点的有限集。在非空树中，有且仅有一个称为根的结点，其余结点分为 $m(m \geqslant 0)$ 个互不相交的有限集，其中每一个集合本身又是一棵树，这些树称为根的子树。因为在树的定义中又用到了树，所以，树的定义给出了树的一个很重要的特性——递归。

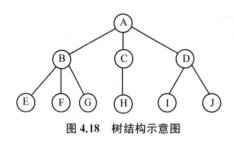

图4.18　树结构示意图

例如，图 4.18 所示的树是由 10 个结点组成的有限集 T，即 T＝{A,B,C,D,E,F,G,H,I,J}。其中 A 是树 T 的根，其余结点分为 3 个互不相交的有限集：T1={B,E,F,G}，T2={C,H}，T3={D, I,J}。T1、T2、T3 都是 T 的子集，且本身又都是一棵树，T1、T2、T3 称为根 A 的子树。

二、树的基本术语

1. 结点的度

一个结点拥有的子树个数称为该结点的度。例如图 4.18 中，结点 A 的度为 3，D 的度为 2，G 的度为 0。

2. 树的度

树中所有结点的度的最大值称为该树的度。例如图 4.18 所示的树的度为 3。

3. 叶子与分支结点

度为 0 的结点称为叶子或终端结点。例如图 4.18 中，结点 E、F、G、H、I、J 均为树的叶子。度不为 0 的结点称为分支结点或非终端结点。例如图 4.18 中,B、C、D 均为分支结点。

4. 父结点与子结点

某结点子树的根称为该结点的子结点,该结点称为其子结点的父结点。例如图 4.18 中,A 为 B、C、D 的父结点;B、C、D 为 A 的子结点。

5. 祖先及子孙

结点的祖先是从根到该结点所经分支上的所有结点。例如图 4.18 中,I 的祖先是 A、D;反过来看,以某结点为根的子树中的任一结点都为该结点的子孙,例如图 4.18 中,B 的子孙为 E、F、G。

6. 兄弟结点

同一个父结点的子结点之间互称兄弟,双亲在同一层的结点互称堂兄弟。例如图 4.18 中,结点 E、F、G 互为兄弟;结点 E、H、I 互为堂兄弟。

7. 结点的层次

从根结点算起,根结点为第 1 层,根的子结点为第 2 层,其余结点依次逐层加 1。例如图 4.18 中,A 的层数为 1,J 的层数为 3。

8. 树的深度

树中结点的最大层数称为该树的深度或高度。例如图 4.18 所示的树,其深度为 3。

4.4.2　二叉树

一、二叉树的基本概念

二叉树是具有相同特性的 $n(n \geqslant 0)$ 个结点的有限集合,它或者是空集,或者同时满足下述两个条件:

① 非空二叉树只有一个根结点;

② 每一个结点最多有两棵子树,且分别称为该结点的左子树和右子树。

在二叉树中,每一个结点的度最大为 2,且所有子树(左子树或右子树)也均为二叉树。如果二叉树中某个结点的子树只有一棵(即该结点的度为 1),则必须要明确这棵子树是该结点的左子树还是右子树;如果二叉树中的一个结点既没有左子树也没有右子树(即度为 0)时,该结点称为叶子结点。

一般地,二叉树可以有五种基本形态,如图 4.19 所示。由此可见,二叉树的形态比较规整,这决定了二叉树的操作及存储比较容易实现。

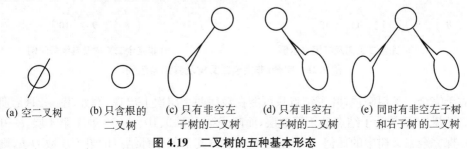

(a) 空二叉树　　(b) 只含根的　　(c) 只有非空左　　(d) 只有非空右　　(e) 同时有非空左子树
　　　　　　　　　二叉树　　　　　子树的二叉树　　　子树的二叉树　　　和右子树的二叉树

图 4.19　二叉树的五种基本形态

二、二叉树的基本性质

二叉树是一种非常有用的非线性结构，是最为常用的树，具有以下几个重要性质：

性质 1：在二叉树的第 k 层上，最多有 $2^{k-1}(k \geq 1)$ 个结点；

性质 2：深度为 m 的二叉树最多有 $2^m - 1$ 个结点；

性质 3：在任意一棵二叉树中，度为 0 的结点（即叶子结点）总是比度为 2 的结点多一个，即 $n_0 = n_2 + 1$。

性质 4：具有 n 个结点的二叉树，其深度至少为 $[\log_2 n] + 1$，其中 $[\log_2 n]$ 表示取不大于 $\log_2 n$ 的整数。

二叉树有两种特殊的形态，分别称为满二叉树与完全二叉树。

1. 满二叉树

满二叉树是指这样的一种二叉树：除最后一层外，每一层上的所有结点都有两个子结点。在满二叉树中，每一层上的结点数都达到最大值，即在满二叉树的第 k 层上有 2^{k-1} 个结点，因此，深度为 m 的满二叉树中结点数必定达到最大数目 $2^m - 1$ 个。如图 4.20 所示是一棵深度为 4 的满二叉树。

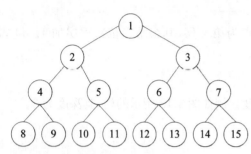

图 4.20　满二叉树示意图

2. 完全二叉树

如果在一棵深度为 $k(k \geq 1)$ 的满二叉树中删去第 k 层最右边的连续 $j(0 \leq j < 2^{k-1})$ 个结点，就得到一棵深度为 k 的完全二叉树。因此，完全二叉树具有如下两个特点：

(1) 除了最后一层外，每一层上的结点数均达到最大值；

(2) 在最后一层上只缺少右边的若干个结点。

如图 4.21 中，(a)是一棵完全二叉树，而(b)所示则为一棵非完全二叉树。显然，满二叉树是一棵特殊的完全二叉树，但反之不然。

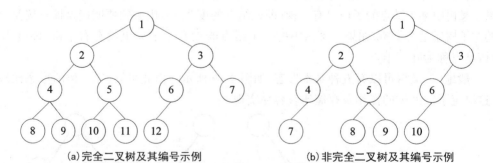

(a) 完全二叉树及其编号示例　　　　　(b) 非完全二叉树及其编号示例

图 4.21　完全、非完全二叉树及其编号示例

对于完全二叉树来说，叶子结点只可能在最后两个层次上出现，例如，图 4.21(a)所示的完全二叉树中，7 是叶子结点处于第 3 层，而叶子结点 8、9、10、11、12 处于第 4 层。一般地，对于一棵完全二叉树中的任何一个结点，若其右分支下的子孙结点的最大层数为 p，则其左

分支下的子孙结点的最大层数或为 p，或为 $p+1$。

完全二叉树具有以下重要性质（其中 $[x]$ 表示"取不大于 x 的最大整数"）：

性质 5：具有 n 个结点的完全二叉树的深度为 $[\log_2 n]+1$。

性质 6：设完全二叉树共有 n 个结点。如果从根结点开始，按层次（每一层从左到右）用自然数 $1,2,\cdots,n$ 给结点进行编号[如图 4.21(a)所示]，则对于编号为 $k(k=1, 2, \cdots, n)$ 的结点有以下结论：

① 若 $k=1$，则该结点为根结点，它没有父结点；若 $k>1$，则该结点的父结点编号为 $[k/2]$。

② 若 $2k\leqslant n$，则编号为 k 的结点的左子结点编号为 $2k$；否则该结点无左子结点（显然也没有右子结点）。

③ 若 $2k+1\leqslant n$，则编号为 k 的结点的右子结点编号为 $2k+1$；否则该结点无右子结点。

4.4.3　二叉树的遍历

二叉树的一种较为复杂且重要的运算称为遍历。遍历一棵二叉树就是按某种次序系统地"访问"二叉树上的所有结点，使每个结点恰好被"访问"一次。所谓"访问"一个结点，是指对该结点的数据域进行某种处理，处理的内容依具体问题而定。遍历运算的关键在于访问结点的"次序"，这种次序应保证二叉树上的每个结点均被访问一次且仅被访问一次。

由定义可知，一棵二叉树由三部分组成：根、左子树和右子树。因此对二叉树的遍历也可相应地分解成三项"子任务"：

（1）访问根结点；

（2）遍历左子树（即依次访问左子树上的全部结点）；

（3）遍历右子树（即依次访问右子树上的全部结点）。

因为左、右子树都是二叉树（可以是空二叉树），因此，对它们的遍历可以按上述方法继续分解，直到每棵子树均为空二叉树为止。由此可见，上述三项子任务之间的次序决定了遍历的次序。若以 D、L、R 分别表示（1）（2）（3）三项子任务，则共有六种可能的次序：DLR、LDR、LRD、DRL、RDL 和 RLD。通常限定"先左后右"，这样就只剩下前三个次序，按这三种次序进行的遍历分别称为先根（或前序）遍历、中根（或中序）遍历、后根（或后序）遍历。

一、前序遍历

前序遍历的次序：若需遍历的二叉树为空，则执行空操作；否则，依次执行下列操作。

（1）访问根结点；

（2）前序遍历左子树；

（3）前序遍历右子树。

二、中序遍历

中序遍历的次序：若需遍历的二叉树为空，则执行空操作；否则，依次执行下列操作。

（1）中序遍历左子树；

（2）访问根结点；

（3）中序遍历右子树。

三、后序遍历

后序遍历的次序:若需遍历的二叉树为空,则执行空操作;否则,依次执行下列操作。
(1) 后序遍历左子树;
(2) 后序遍历右子树;
(3) 访问根结点。

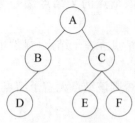

图 4.22　二叉树

显然,以上三种遍历方法的区别在于执行子任务"访问根结点"的"时机"不同。按某种遍历方法遍历一棵二叉树,将得到该二叉树上所有结点的访问序列。例如,对图 4.22 所示的二叉树进行遍历,得到的前序序列(也称先根序列)为 A、B、D、C、E、F,中序序列(也称中根序列)为 D、B、A、E、C、F,后序序列(也称后根序列)为 D、B、E、F、C、A。

二叉树的遍历是其他运算的基础,在二叉树遍历过程中可以对结点及其子树进行有关处理,形成各种算法。例如,用遍历方式生成结点,建立二叉树的存储结构。又如,对给定的二叉树,输出二叉树中结点的数据值、寻找结点的双亲或孩子结点、统计叶结点的个数、判别结点所在的层次、求二叉树的深度等,这些运算都可引用遍历实现。

 计算思维启迪

数据结构是计算机专业培养学生计算思维、增强学生计算能力的一门重要的专业基础课,是计算机科学的核心课程和计算机理论与技术的重要基石,目前很多非计算机专业也已经将该课程作为必修基础课。学习数据结构可以培养学生的抽象思维以及分析问题、解决问题的能力,加强其针对特定问题的算法设计能力,提高运用计算思维的能力。

所谓数据结构是指相互之间存在一种或多种特定关系的数据元素的集合。数据结构的主要研究内容是数据之间的逻辑结构、存储结构以及对数据的各种基本操作。通常情况下,选择合适的数据结构可以提高算法的运行效率。

数据结构研究的主要任务之一是数据元素之间的关系。根据数据结构中各数据元素之间前后件关系的复杂程度,一般将数据结构分为两大类:线性结构和非线性结构。栈、队列和串都是线性结构;树、图和广义表均为非线性结构。

栈和队列均为受限的线性表,均可顺序存储或链接存储,栈的基本运算有入栈、出栈等;队列的基本运算有入队、出队等。

二叉树是应用广泛的一种非线性结构,二叉树最基本的运算是遍历。

在数据结构的教学中,计算能力的培养已经蕴含其中。事实上,计算机基础教学中一直在无意识、潜移默化中灌输着计算思维,这是由课程内容的特点所决定的。计算思维的培养要在计算能力培养的基础上对其进行强化,针对一个具体问题的计算思维的形成,必须在获得计算能力的同时自己去领悟从而达到思维的形成。

思维导图

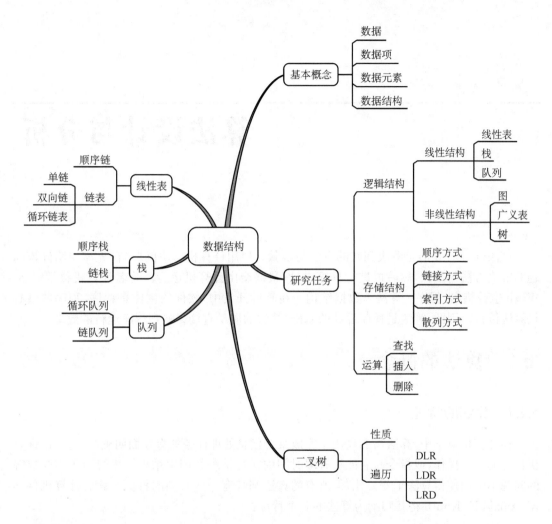

 阅读资料

【微信扫码】
相关资源 & 拓展阅读

第5章

算法设计与分析

算法(algorithm)是解决问题的方法与步骤。使用计算机解决问题,首先需要明确该问题的解决方法与步骤,然后再进行程序设计,最终交由计算机运行。著名计算机科学家 N. Wirth 也曾指出:程序＝算法＋数据结构。在软件开发中,软件的主体是程序,程序的核心是算法设计。因此,算法是程序设计的基础,算法的质量直接影响到程序运行的效率。

5.1 算法的概念

5.1.1 算法的特征

在计算机科学中,算法指的是用于完成某个信息处理任务的有序而明确的、可以由计算机执行的一组操作(或指令),它能在有限时间内执行结束并产生结果。尽管由于需要求解的问题不同而使得算法千变万化,但所有的算法都具有一些共同的特征。著名计算机科学家 Donald E. Knuth 将其归纳为算法的 5 个特性:

1. 确定性

算法的每一个步骤都具有确切的含义,不能有歧义。

2. 有穷性

一个算法由有限个步骤组成,而且每一个步骤必须在有限的时间内完成。

3. 可行性

算法中的每一个步骤都能被有效地执行。

4. 输入

一个算法有 0 个或多个输入。

5. 输出

一个算法有一个或多个输出,也即至少有一个输出,没有输出的算法是无意义的。

算法和程序是两个不同的概念。算法解决的是一类问题,而不是一个特定的问题。计算机程序是对某个算法使用某种程序设计语言的具体实现。算法必须具备有穷性,但并不是所有的计算机程序都满足有穷性,例如操作系统。

5.1.2　算法描述

算法的描述有多种形式,常用的有自然语言、流程图和伪代码等。

一、自然语言

自然语言就是人们日常生活中使用的语言。如菜谱书籍中某道菜的做法,就是使用自然语言描述的该道菜的"算法"。用自然语言描述算法简单直接,无语法和语义上的障碍,通俗易懂,但文字冗长,且容易出现歧义。

例 5-1　求任意两个正整数的最大公约数。

古希腊数学家欧几里得给出了求解两个整数的最大公约数的辗转相除算法。设两个整数分别为 m 和 n,算法描述如下:

步骤 1:如果 $m<n$,那么 m 和 n 对换;

步骤 2:求出 m 除 n 的余数 r;

步骤 3:如果 $r\neq0$,那么令 $m=n,n=r$,转步骤 2;

　　　　如果 $r=0$,那么 n 就是最大公约数。输出 n 的值,算法结束。

二、流程图

流程图是一种传统的、广泛使用的算法工具,它采用几何图形、线条和文字来表示不同的操作步骤。用流程图描述算法形象直观,简明清晰。美国国家标准协会(American National Standard Institute,ANSI)规定的常用流程图符号如图 5.1 所示。

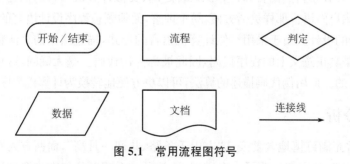

图 5.1　常用流程图符号

例 5-2　找出 10 个数中的最大值。

找出 10 个数中的最大值的流程图如图 5.2 所示。

用传统的流程图描述算法时,如果算法中存在较多的跳转,那么流程图的结构看起来就有点紊乱。1973 年美国人 Nassi 和 Shneiderman 建议采用矩形图来描述算法,这种描述算法的方法也就相应地被称为 N-S 图。N-S 图也称为盒图,比较适合结构化程序设计。

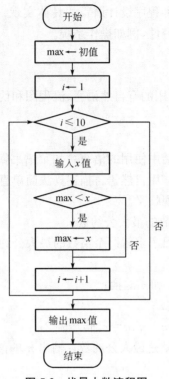

图 5.2　找最大数流程图

三、伪代码

伪代码是一种介于自然语言和计算机语言之间、类似计算机语言的描述形式。用伪代码描述算法，可以像自然语言那样灵活方便、易于理解，无须顾忌程序设计语言的语法，让人更加专注于算法本身的设计。由于采用类似计算机语言的形式，描述出来的算法粗略地看很像程序代码，但又不是真正意义上的程序代码，因此被称为伪代码。毫无疑问，这种代码是不能被计算机直接执行的。但用伪代码描述的算法，可以更方便地转换为计算机程序代码。

5.1.3　算法分析

中国人常常充满诗情地含蓄表达"上山千条路，共仰一月高"，而西方人则直截了当地说"条条大路通罗马"，其实都说明了一个道理，那就是一个问题往往有许多种解决办法。同一个问题的不同算法，自然有其各自的特点。分析评价一个算法，主要从时间复杂度和空间复杂度两个方面来考虑。

1. 时间复杂度

人们无须精确地测定每个算法所耗费的时间，只要对其作定性分析即可。

对于一个算法，首先找出该算法中的关键语句，也即重复执行次数最多的语句，计算其被重复执行的次数，得到一个关于 n（问题的规模）的多项式，再使用 $O(\ )$ 函数去掉常数项、低次项以及常数系数，便得到该算法的时间复杂度。几种常见的时间复杂度按从小到大的顺序排列如下：

$$O(1) \quad O(\log n) \quad O(n) \quad O(n \log n) \quad O(n^2) \quad O(n^3) \quad O(2^n)$$

2. 空间复杂度

空间复杂度主要考察算法在计算机中执行时所需要的辅助空间大小。几种常见的空间复杂度按从小到大的顺序排列如下：

$$O(1) \quad O(\log n) \quad O(n) \quad O(n \log n) \quad O(n^2)$$

评价一个算法的优劣有以下几个标准：

① 正确性　算法应满足具体问题的需求。

② 可读性　算法应容易供人阅读和交流。可读性好的算法有助于对算法的理解和修改。

③ 健壮性　算法应具有容错处理。当输入非法或错误数据时，算法应能适当地做出反应或进行处理，而不会产生莫名其妙的输出结果。

④ 通用性　算法应具有一般性，即算法的处理结果对于一般的数据集合都成立。

⑤ 效率与存储量需求　效率指的是算法执行的时间；存储量需求指算法执行过程中所需要的最大存储空间。通常情况下，这两者与问题的规模有关。

5.2　算法设计的基本思想

算法设计是一件非常困难的工作，经常采用的算法设计技术主要有迭代法、枚举法、递推法、递归法、回溯法、贪心法、分治法和动态规划法等。

5.2.1　迭代法

迭代法也称辗转法，是一种从一个初始估计值出发，不断用变量的旧值递推新值的过程。迭代法又分为精确迭代和近似迭代。"二分法"和"牛顿迭代法"属于近似迭代法。迭代算法是用计算机解决问题的一种基本方法，常用于求解方程或方程组的近似根。

设方程为 $f(x)=0$，用某种数学方法导出等价的形式 $x=g(x)$，然后按以下步骤执行：

① 选一个方程的近似根，赋给变量 x_0；

② 将 x_0 的值保存于变量 x_1，然后计算 $g(x_1)$，并将结果存于变量 x_0；

③ 当 x_0 与 x_1 的差的绝对值还大于指定的精度要求 epsilon 时，重复步骤②的计算。

当 x_0 与 x_1 的差的绝对值小于指定的精度要求 epsilon 时，x_0 就是方程的根。

【算法 5.1】　迭代法求方程的根

```
void root(float x0)    /* x0 为初始近似根 */
{
   do {
      x1 = x0;
      x0 = g(x1);/* 按特定的方程 g(x)计算新的近似根 */
      } while ( fabs(x0 - x1)> epsilon);
   printf("方程的近似根是 %f\n",x0);
}
```

具体使用迭代法求根时应注意以下两种可能发生的情况：

① 如果方程无解，算法求出的近似根序列就不会收敛，迭代过程会变成死循环。因此在程序中应对迭代的次数给予限制；

② 方程虽然有解，但迭代公式选择不当，或迭代的初始近似根选择不合理，也会导致迭代失败。

5.2.2　枚举法

枚举法，又称穷举法，是将问题存在的可能答案一一列举出来，逐个检验，从中找出符合要求的解。

例 5-3　百钱买百鸡问题。

我国古代数学著作《算经》中有一个著名的百钱买百鸡的问题：鸡翁一，值钱五；鸡母一，值钱三；鸡雏三，值钱一；百钱买百鸡，各几何？

根据数学经验，该问题可用三元一次方程组来解答。设将要买的公鸡、母鸡和小鸡的数目分别为 x、y 和 z，根据题意可得方程组如下：

$$\begin{cases} x+y+z=100 \\ 5x+3y+z/3=100 \end{cases}$$

3 个未知数，如果能列出 3 个方程，就可得到一组唯一解。但本问题只能列出 2 个方程，属于不定方程组，应该有若干组解。因此只能采用枚举法来找出符合条件的答案。

从题意中，可以进一步得出以下信息：x 的取值范围为 1～20，y 的取值范围为 1～33，z 的取值范围为 3～99。

问题求解的一般步骤为，分别假设公鸡买 1 只、2 只、……、20 只，当公鸡买 1 只时，再分别假设母鸡买 1 只、2 只、……、33 只，而当公鸡买 1 只、母鸡买 1 只时，再分别假设小鸡买 3 只、4 只、……、99 只。将假设的公鸡、母鸡和小鸡的购买只数代入前面的方程进行检验，如果满足条件，则是问题的一组解。如此循环往复，直到所有的可能都被一一列举完毕。

由于公鸡、母鸡和小鸡的只数之和等于 100，即 $x+y+z=100$，那么公鸡、母鸡或小鸡的购买只数可以根据另外两种的购买只数直接计算出来（如 $z=100-x-y$），因此上述枚举过程可由 3 重循环进一步简化成 2 重循环。考虑到小鸡的可能取值有 97 个之多，故枚举对象应选择公鸡和母鸡。简化后的枚举思路可用表 5-1 描述如下：

表 5-1　百钱买百鸡问题枚举思路

x＼y	1	2	3	…	18	…	33
1	F	F	F	…	F	…	F
2	F	F	F	…	F	…	F
3	F	F	F	…	F	…	F
4	F	F	F	…	…	…	F
…	…	…	…	…	…	…	F
20	F	F	F	…	F	…	F

【算法 5.2】　枚举法求解百钱买百鸡问题

```
void   chicken_question()
{
       int   a,b,c;
       for(a=1; a<=20; a++)
         for(b=1; b<=33; b++)
           {
                 c = 100-a-b;
                 if(! (c%3) && 5*a+3*b+c/3==100)
                 {
                   printf("cock\then\tchick\n%d\t%d\t%d\n",a,b,c);
                 }
           }
}
```

在使用枚举法求解问题时,首先要确定枚举对象、枚举范围和判定条件,然后逐一列举可能的解,并加以判定。枚举过程中务必做到不遗漏、不重复。由本例可以看到,枚举对象的选择也很重要,它直接影响到算法的执行效率。

5.2.3 递推法

递推法是利用问题本身所具有的一种递推关系求解问题的一种方法,是计算机中一种常用的算法。其基本思想是把一个复杂的计算过程转化为简单过程的多次重复。设求解问题的规模为 n,当 $n=1$ 时,解为已知或能非常方便地求得。当得到问题规模为 $i-1$ 的解后,由问题的递推性质,可从已求得的规模为 $1,2,\cdots,i-1$ 的一系列解,构造出问题规模为 i 的解。这样,程序可从 $i=0$ 或 $i=1$ 出发,重复地,由已知至 $i-1$ 规模的解,通过递推获得规模为 i 的解,直至得到规模为 n 的解。

递推法求解问题的核心是如何建立递推关系。递推有顺推和倒推两种形式。

例 5-4 Fibonacci 数列。

Fibonacci 数列就是一个典型的顺推案例。1202 年,意大利数学家 Fibonacci 提出了一个关于兔子繁殖的问题:如果一对兔子每月能生一对小兔(一雄一雌),而每对小兔在它出生后的第三个月里,又能开始生一对小兔,假定在不发生死亡的情况下,由一对出生的小兔开始,50 个月后会有多少对兔子?

该问题有 2 个初始项 $F(1)$ 和 $F(2)$ 都等于 1,从第 3 项开始,就可由递推关系 $F(i)=F(i-1)+F(i-2)$ 去顺推出后续各项。$F(n)(n=1,2,\cdots)$ 可用如下函数表示:

$$F(n)=\begin{cases} 1 & n=1\text{或}2 \\ F(n-1)+F(n-2) & n>2 \end{cases}$$

【算法 5.3】 Fibonacci 数列

```
int   Fibonacci(int n)
{
       int i;
```

```
long int f1, f2, tmp;
if (( n = = 1) || (n = = 2))
    return 1;
f1 = 1; f2 = 1;
for (i = 3; i < = n; i + +)
{
    tmp = f2 + f1;
    f1 = f2;
    f2 = tmp;
}
return f2;
}
```

其他典型的递推问题有杨辉三角形、约瑟夫问题、猴子吃桃子问题等等。动态规划法求解问题其实也是在建立递推关系。

5.2.4 递归法

所谓递归，简单地说就是自己调用自己。我们小时候经常听到一个民间故事：从前有座山，山上有个庙，庙里有个老和尚在给小和尚讲故事。讲的什么故事呢？从前有座山……这个故事就是一个典型的递归问题。

再如数学中阶乘的定义 $n!=1 \times 2 \times 3 \times \cdots \times n$，这个定义不是递归问题。但阶乘的下列定义方法就是递归问题。

$$n! = \begin{cases} 1 & n = 0 \\ n \times (n-1)! & n > 1 \end{cases}$$

并不是所有的递归问题都适合使用计算机来求解。上面讲故事的例子，无论重复讲多少遍，故事本身没有发生任何变化。这类递归问题就不能使用计算机来解决。而求阶乘的例子中，每调用一次，问题的规模 n 就减小 1，直到 n 的值为 0 时，就不再需要继续往下递归调用了，因为根据定义 $0!=1$。$n=0$ 就是递归的出口，有递归出口的递归问题才能使用计算机求解。

递归问题的求解过程通常是将一个貌似不能直接求解的"大问题"逐步转化成一个或几个"小问题"。如果该"小问题"还不能直接求解，就再次将"小问题"转化成更小的"小问题"，直到某个"小问题"可以直接求解为止。然后再反过来，由已解决的"小问题"逐步求解出上一级的"大问题"。这里，"大问题""小问题"、更小的"小问题"的性质是一样的，求解方法也是一样的，只是问题的规模不同而已。

例 5-5 汉诺塔问题。

汉诺塔，又称河内塔，它源自印度的一个古老传说：在位于印度北部的世界中心贝拿勒斯的圣庙里，有一块黄铜板上插着三根金刚石柱子。印度教的主神梵天在创造世界的时候，在其中一根柱子上从下到上按由大到小的顺序叠放着 64 个金盘子，这就是所谓的汉诺塔。梵天命令僧侣们将这 64 个金盘子搬动到另外一根柱子上（可借助第 3 根柱子），并要求一次只能移动一个盘子，而且不管在哪根柱子上，小盘子必须在大盘子上面。僧侣们夜以继日地搬动这些盘子,可怎么也搬不完,因此他们预言,当 64 个金盘子搬动到位时,世界末日就会在一声霹雳中到来,汉诺塔、庙宇和众生也都将同归于尽。汉诺塔如图 5.3 所示。

　　其实根据分析,完成这项任务共需搬动 $2^{64}-1$ 次。如果按每秒钟搬动 1 个盘子、1 天 24 小时计算,至少需要 5 800 多亿年。这个世界末日的神话似乎也有其一定的道理。

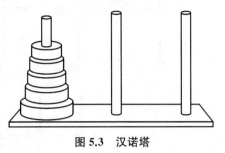

　　汉诺塔是一个典型的递归问题。如果按搬动这 64 个盘子的步骤去考虑,问题肯定无解了。我们不妨换个角度去思考这个问题。64 个盘子目前我们不会搬,但如果我们能搬动 63 个盘子,那么我们将按照规则先将 63 个盘子从 A 柱搬到 B 柱上,然后将最底下的那个大盘子从 A 柱搬到 C 柱上,最后再将 63 个盘子按照规则从 B 柱搬动 C 柱上,问题就迎

图 5.3　汉诺塔

刃而解了。当然 63 个盘子我们同样不会搬,没关系,可以将其简化成 62 个盘子。如此逐步缩减,直到简化成搬动 1 个盘子。毫无疑问,1 个盘子谁都会搬。那么按照上面的思路,我们会搬动 1 个盘子,就能搬动 2 个盘子。会搬动 2 个盘子,就能搬动 3 个盘子……

【算法 5.4】　汉诺塔

```
void Hanoi(int n,char A,char B,char C)
{
    if(n= =1)
    {
        printf("%c→%c\n",A,C);
    }
    else
    {
        Hanoi(n-1,A,C,B);
        printf("%c→%c\n",A,C);
        Hanoi(n-1,B,A,C);
    }
}
```

设 $n=3$,算法的递归调用过程用如图 5.4 所示的树形结构描述如下。

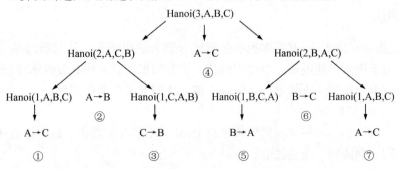

图 5.4　3 个盘子汉诺塔的递归调用过程

递归的逐层返回次序为①②③④⑤⑥⑦，这就是搬动 3 个盘子的求解步骤。

3 个盘子的汉诺塔实际搬动过程如图 5.5 所示。

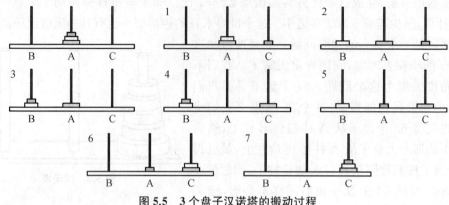

图 5.5　3 个盘子汉诺塔的搬动过程

递归算法的一个重要应用就是图形处理中的分形。分形是将图形的每个元素按某种规则进行变换，得到一个新的图形。由此类推，经过若干次变形后得到的图形就是分形图形。分形绘画是计算机绘画的一种。它充分利用了数学公式，通过数学计算来求得每一个像素的数值，然后把众多像素组合起来构成奇妙的图形。分形绘画这种特殊的绘画艺术展现了数学世界的瑰丽景象。计算机分形绘画常用来描绘闪电、树枝、雪花、浮云、流水等自然现象，也可用来制作抽象风格的对称或者不对称的图案。图 5.6 所示为著名的谢尔宾斯基三角形分形。图 5.7 所示为由若干条 Von Koch 曲线组成的 Koch 雪花分形。

图 5.6　分形-谢尔宾斯基三角形

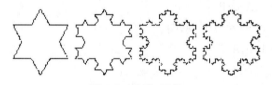

图 5.7　分形-雪花

5.2.5　回溯法

回溯法也称穷尽搜索法，其基本思想是尝试分步去解决问题。从问题的某一种可能情况出发，逐步向下搜索可能的解。当搜索到某一步发现得不到正确有效的解时，退回到上一步甚至上几步，继续逐步向下搜索可能的解。该方法通常采用递归实现。

例 5-6　八皇后问题。

将 8 个皇后放到 8×8 格的国际象棋棋盘上，使其不能互相攻击。也即任意两个皇后不能在同一行、同一列或同一条斜线上。

此问题可以扩展成在 $n \times n$ 的棋盘上，放置 n 个不能互相攻击的皇后。本例假设 $n = 4$。

如图 5.8 所示。

设 4 个皇后分别为 Q1～Q4,每个皇后放在一行上,关键的
问题是考虑如何将其放置在某个列上。具体步骤如下:

(1) 先将 Q1 放置在第 1 行第 1 列,用(1,1)表示放置位置,
下同。

(2) Q2 放置在(2,1)、(2,2)位置失败,放置在(2,3)位置
成功。

(3) Q3 放置在(3,1)、(3,2)、(3,3)和(3,4)位置均失败。

(4) 回溯到第②步,将 Q2 改放在(2,4)位置。

(5) Q3 放置在(3,1)位置失败,放置在(3,2)位置成功。

图 5.8　4 皇后问题

(6) Q4 放置在(4,1)、(4,2)、(4,3)和(4,4)位置均失败。

(7) 回溯到第⑤步,Q3 已尝试过(3,1)和(3,2)位置,无须重复。继续尝试(3,3)和(3,
4)位置也失败。

(8) 回溯到第④步,Q2 已尝试过所有位置,失败。

(9) 回溯到第①步,将 Q1 改放在(1,2)位置。

(10) Q2 放置在(2,1)、(2,2)和(2,3)位置均失败,放置在(2,4)位置成功。

(11) Q3 放置在(3,1)位置成功。

(12) Q4 放置在(4,1)和(4,2)位置失败,放置在(4,3)位置成功。

经过上述求解步骤,得到 4 皇后问题的一个解如图 5.8 所示。该 4 皇后问题另有一解,
读者可尝试找出。8 皇后问题共有 92 种解。

大家熟悉的文件管理的目录结构是树状的。当使用搜索功能查找外存储器上某个指定
文件时,采用的就是回溯法的思想。

5.2.6　贪心法

贪心法(又称贪婪法)是指在对问题求解时,总是做出在当前看来是最好的选择。也就是
说,不从整体上去追求最优解,它所做出的仅是在某种意义上的局部最优解。贪心法一般可以
快速得到满意的解,因为它省去了为寻找最优解而要穷尽所有可能须耗费的大量时间。贪心
法常以当前情况为基础作最优选择,而不考虑各种可能的整体情况,所以贪心法不需要回溯。

有一个找硬币的问题很好地体现了贪心法的思想。一个小孩在商店买了 68 美分的糖,他
将 1 美元交给了售货员。售货员希望用数目最少的硬币找给小孩 32 美分。假设硬币的面值
为 25 美分、10 美分和 1 美分。售货员先找给小孩 1 枚 25 美分的硬币,再找给小孩 7 枚 1 美分
的硬币。售货员在这里就使用了贪心算法。我们很难想象售货员会找给小孩 32 枚 1 美分的
硬币。当然该问题的最佳方案应该是找给小孩 3 枚 10 美分的硬币和 2 枚 1 美分的硬币。

例 5-7　背包问题。

给定 n 种物品和一个背包。物品 i 的重量为 W_i,其价值为 V_i,背包能装载的重量为 C。
应如何选择装入背包的物品,使得装入背包中物品的总价值最大?

要求:在选择装入背包的物品时,对每种物品 i 只有 2 种选择,即装入背包或不装入背
包。不能将物品 i 装入背包多次,但可以选择物品 i 的一部分,而不一定要将物品 i 全部装
入背包,$1 \leqslant i \leqslant n$。

装载的策略是：首先计算每种物品单位重量的价值 V_i/W_i，然后按照贪心法将尽可能多的单位重量价值最高的物品装入背包。若将这种物品全部装入背包后，背包内的物品总重量未超过 C，则选择单位重量价值次高的物品并尽可能多地装入背包。依此策略一直地进行下去，直到背包装满为止。

【算法 5.5】 背包问题

```
void   Knapsack(int n,float C,float w[],float v[],float x[])
/* n 为物品数,C 为背包容量,W[]、V[]按物品单位重量的价值 Vi/Wi 降序存放物品
的重量和价值,X[]存放问题的解 */
{
    int i;
    float rc = C;                  /* rc 为背包剩余的容量 */
    for(i=1;i<=n;i++)  x[i]=0;
    for(i=1;i<=n;i++)
    {
        if(w[i]>rc)  break;
        x[i]=1;
        rc=rc-w[i];
    }
    if(i<=n)  x[i]=rc/w[i];
}
```

背包问题还可演化成 0−1 背包问题。0−1 背包问题和背包问题差不多，只是在装载物品时要求不仅不能将物品 i 装入背包多次，而且不能只装入部分的物品 i。

贪心法能解决背包问题，但却不适用于 0−1 背包问题。贪心法之所以不能得到 0−1 背包问题的最优解，是因为在这种情况下它不能保证最终将背包装满。动态规划法是 0−1 背包问题的理想选择。

贪心法还可用于解决最小生成树、哈夫曼编码、磁盘文件的存储和生产调度等问题。

5.2.7　分治法

分治法的基本思想就是将难以直接解决的一个较大规模的问题分解成若干个较小规模的相同子问题，然后将各个子问题的解合并成整个问题的解。

分治法的分就是分解，是将较大的问题分解成若干个子问题，然后用递归来求解子问题。因此分治法的核心是递归算法。

将一个问题分解成几个问题才合适，没有固定的答案。但从大量实践得出的经验是最好使子问题的规模大致相同。在许多问题的分治求解中，通常将一个问题分解成 2 个子问题。

分治法的治就是合并，是用子问题的解构建大问题的解。一个问题的求解能否采用分治法，关键就在于是否存在一个较好的合并方案来构建出大问题的解。

分治法所能解决的问题一般具有以下几个特征：

① 该问题的规模缩小到一定的程度就可以容易地解决；

② 该问题可以分解为若干个规模较小的相同问题，即该问题具有最优子结构性质；

③ 利用该问题分解出的子问题的解可以合并为该问题的解；

④ 该问题所分解出的各个子问题是相互独立的，即子问题之间不包含公共的子问题。

上述的第①条特征是绝大多数问题都可以满足的，因为问题的计算复杂性一般是随着问题规模的减小而减小；第②条特征是应用分治法的前提，它也是大多数问题可以满足的，此特征反映了递归思想的应用；第③条特征是关键，能否利用分治法完全取决于问题是否具有第③条特征。如果具备了第①条和第②条特征，而不具备第③条特征，则可以考虑贪心法或动态规划法。第④条特征涉及分治法的效率，如果各子问题是不独立的，则分治法要做许多不必要的工作，重复地解公共的子问题，此时虽然可用分治法，但一般用动态规划法较好。

排序算法中的快速排序就充分体现了分治法的思想。

5.2.8　动态规划法

动态规划法的基本思想是如果一个较大的问题可以被分解为若干个子问题，且子问题有重叠，可以将每个子问题的解存放到一个表中，这样就可以通过查表来解决问题，不必重复求解子问题。动态规划的实质就是分治和解决冗余。

由此可知，动态规划法与分治法和贪心法类似，它们都是将问题实例分解成更小的、相似的子问题。其中贪心法的当前选择可以依赖于过往所做的选择，但决不依赖于将来所做的选择，也不依赖于子问题的解。因此贪心法采用自顶向下的方式一步一步地做出贪心选择。而分治法中的各个子问题是独立的（即不包含公共的子问题），因此一旦求出各子问题的解后，便可采用自底向上的方式将子问题的解合并成问题的解。如果各子问题是不独立的，则分治法要做许多不必要的工作，重复地解公共的子问题。

动态规划法采用自底向上的方式求解各子问题，每步所做的选择往往依赖于相关子问题的解。只有在解出相关子问题后，才能做出选择。该方法主要应用于最优化问题，这类问题会有多种可能的解，动态规划法可以找出其中最优的解。若存在若干个最优的解，只取其中一个。在求解过程中，该方法也是通过求解局部子问题的解达到全局最优解，但与分治法和贪心法不同的是，动态规划允许这些子问题不独立（亦即各子问题可包含公共的子问题），也允许其通过自身子问题的解做出选择。该方法对每一个子问题只解一次，并将结果保存起来，避免每次碰到时都要重复计算。

动态规划法所针对的问题有一个显著的特征，即它所对应的子问题中的子问题呈现大量的重复。

例如 Fibonacci 数列中，若要计算第 n 项的 Fibonacci 级数，则必须重复计算第 3 项到第 $n-2$ 项。随着 n 的增大，计算次数呈几何级数增长，因此使用分治法求解 Fibonacci 数列的执行效率是极其低下的。要消除重复计算，动态规划是一个很好的选择。

5.3　查找算法

查找是根据给定的某个值，在数据集合中找出一个其关键字等于给定值的数据元素。若数据集合中存在这样的数据元素，则返回该数据元素在集合中的位置，查找成功。若数据集合中不存在这样的数据元素，则返回一个空值，表示查找失败。

采用什么样的查找方法，与数据集合在计算机中的存储结构有着很大的关系。这里仅介绍两种最常见的查找方法：顺序查找和二分查找。

5.3.1 顺序查找

顺序查找又称为线性查找，其基本思想是从给定的数据集合的一端开始，逐个检验数据集合中的数据是否与待查找的数据相等。若相等，则查找成功。若一直找到另一端都未找到相等的数据，则查找失败。

例如，从 7 个数据的集合(42,36,63,16,78,85,24)中查找 78 和 21。

查找 78：

	0	1	2	3	4	5	6	7
A	78	42	36	63	16	78	85	24

首先令 A[0]=78。然后从位置 7 开始，将 78 依次与数据集合的第 7、第 6 和第 5 个数据进行比较，比较 3 次，找到与 78 相等的数据在第 5 个位置，查找成功，返回 78 所在的位置值 5。

查找 21：

	0	1	2	3	4	5	6	7
A	21	42	36	63	16	78	85	24

首先令 A[0]=21。然后从位置 7 开始从右向左，将 21 依次与数据集合中的数据比较，找到与 21 相等的数据在第 0 个位置，查找失败，返回位置值 0。

不难看出，在拥有 n 个数据的集合中查找任一数据，若查找成功，平均需比较$(n+1)/2$次；若查找失败，需比较 $n+1$ 次。

顺序查找对给定的数据集合中的数据无排序要求，有序、无序均可。

【算法 5.6】 顺序查找

```
int   Seq_Search(int * a, int n, int key)
{ int i;
  a[0] = key ;     /*  设置监视哨兵,失败返回 0  */
    for (i = n; a[i] != key; i - - );
  return(i) ;
}
```

在具体的算法实现时，为避免查找过程中每一步都要检测整个数据集合是否查找完毕，通常会在查找之前将关键字值 key 赋予 a[0]，然后从高位向低位逐个查找。当返回值为 0 时，表示查找失败。这里，a[0]起到了哨兵的作用。

5.3.2 二分查找

二分查找又称为折半查找，它要求给定的数据集合必须是有序的。其基本思想是将待查找的数据与给定的有序集合(假设为升序)的中间位置的数据进行比较，若相等则查找成功；若比中间数据小，则在前半段继续二分查找；若比中间数据大，则在后半段继续二分查找。

例如,在升序的数据集合(16,24,36,42,63,78,85)中查找数据 36。

	1	2	3	4	5	6	7
A	16	24	36	42	63	78	85

① 先取中间位置 4,将 36 与第 4 个数据比较,36<42,则在前半段(1～3)继续二分查找。

② 取位置 1～3 的中间值 2,将 36 与第 2 个数据比较,36>24,则在后半段(3～3)之间继续二分查找。

③ 取位置 3～3 的中间值 3,将 36 与第 3 个数据比较,36=36,查找成功,返回位置值 3。

由于每比较一次,查找的范围缩小了一半,因此在拥有 n 个数据的集合中查找任意一个元素,查找成功或失败的平均比较次数约为 $\log_2 n$。由此可见,二分查找是一种查找效率很高的查找算法,但它要求给定的数据集合必须是有序的,否则不能采用二分查找。

【算法 5.7】 二分查找

```
int   Bin_Search(int *a, int n, int key)
/* 在 a 指向的长度为 n 的升序数组中,用二分查找法查找 key */
{ int   Low = 1,High = n, Mid;
  while (Low < High)
    {   Mid = (Low + High)/2 ;
        if(a[Mid] = = key)
            return(Mid);
        else if (a[Mid]< key)
             Low = Mid + 1;
        else   High = Mid - 1;
    }
  return(0); /* 0 表示查找失败   */
}
```

有一种猜商品价格的游戏,在一个已知的价格范围内,竞猜人报出价格,主持人会告知该价格比实际价格高还是低,直到猜中为止。这样的游戏如果采用二分查找的思想,猜中的速度将会极大地提高。

5.4 排序算法

排序是日常生活、工作中普遍存在的一项工作,如英文字典中的单词按字母顺序排列,电话号码簿中的电话号码按姓名顺序排列等。

排序就是将一组数据按照某个或 n 个关键字段以非递增或非递减的次序重新排列。

排序算法有许多,这里仅介绍 4 种常见的排序算法:简单选择排序、冒泡排序、直接插入排序和快速排序。

5.4.1　简单选择排序

简单选择排序的基本思想是在 n 个待排序的数据元素中,做 $n-1$ 趟选择操作,每次找出一个当前最小/大值。第 i 趟选择是将第 i 个元素与其后的第 $i+1$ 到第 n 个元素逐个进行比较，一旦发现比其小/大的元素，则记下该元素的位置 k，此后将第 k 个元素继续与剩下的元素比较。全部比较结束后，将第 k 个元素与第 i 个元素交换位置（当 $k \neq i$ 时）。

例如，将数据集合 $(42,36,63,16,78,85,24)$ 用简单选择排序法从小到大排序。

第 1 趟排序

	1	2	3	4	5	6	7
A	42	36	63	16	78	85	24

① 令 $k=1$，将 A[1]与 A[2]比较，A[1]>A[2]，令 $k=2$。

	1	2	3	4	5	6	7
A	42	36	63	16	78	85	24

↑k (位置2)

② 将 A[2]与 A[3]比较，A[2]<A[3]，继续将 A[2]与 A[4]比较，A[2]>A[4]，令 $k=4$。

	1	2	3	4	5	6	7
A	42	36	63	16	78	85	24

↑k (位置4)

③ 将 A[4]与 A[5]、A[6]、A[7]比较，均未发现比 A[4]小的元素，本趟比较结束。将 A[1]与 A[4]交换位置。1 趟排序后的结果如下。

	1	2	3	4	5	6	7
A	16	36	63	42	78	85	24

第 2 趟排序

令 $k=2$，将 A[2]分别与 A[3]~A[6]比较，均未发现比 A[2]小的元素。当将 A[2]与 A[7]比较时，A[2]>A[7]，令 $k=7$。本趟比较结束。

	1	2	3	4	5	6	7
A	16	36	63	42	78	85	24

↑k (位置7)

将 A[2]与 A[7]交换位置。第 2 趟排序后的结果如下。

	1	2	3	4	5	6	7
A	16	24	63	42	78	85	36

【算法 5.8】 简单选择排序

```
void simple_selection_sort(int * a,int n)
/* 对 a 指向的长度为 n 的数组利用简单选择法进行升序排序 */
{   int i,j,k,temp;
    for (i=1; i<=n-1; i++)
    {   k=i;
```

```
  for (j = i + 1; j < = n; j + +)
    if (a[j]< a[k]) k = j;
  if (k! = i)
  { temp = a[i];
    a[i] = a[k];
    a[k] = temp;
  }
}
}
```

算法分析:

整个算法是二重循环,外循环控制排序的趟数,对 n 个记录进行排序的趟数为 $n-1$ 趟;内循环控制每一趟排序中所要做的工作。进行第 i 趟排序时,关键字的比较次数为 $n-i$。整个排序的关键字比较次数为 $n(n-1)/2$。该算法的时间复杂度为 $O(n^2)$,空间复杂度为 $O(1)$。

5.4.2 冒泡排序法

冒泡排序的基本思想是从第 1 个元素开始依次比较相邻两个元素值的大小,当发现两个元素值与所要排列的次序相反时,交换该两元素的位置。用这种方法对问题规模为 n 的数据集合进行排序时,需进行 $n-1$ 趟。

例如,将数据集合(42,36,63,16,78,85,24)用冒泡排序法从小到大排序。

第 1 趟冒泡排序过程

从左向右,依次比较相邻的两个元素。

	1	2	3	4	5	6	7
A	42	36	63	16	78	85	24

首先将 A[1] 与 A[2]比较,A[1]>A[2],将 A[1] 与 A[2] 交换位置。

	1	2	3	4	5	6	7
A	42	36	63	16	78	85	24

将 A[2]与 A[3]比较,A[2]<A[3],不交换位置。继续将 A[3]与 A[4]比较,A[3]>A[4],交换 A[3]与 A[4]的位置。

	1	2	3	4	5	6	7
A	42	36	16	63	78	85	24

将 A[4]与 A[5]比较,A[4]< A[5],不交换。将 A[5]与 A[6]比较,A[5]< A[6],不交换。将 A[6]与 A[7]比较,A[6]> A[7],交换 A[6]与 A[7]的位置。

	1	2	3	4	5	6	7
A	36	42	16	63	78	24	85

至此，一趟冒泡排序完成，一个最大数 85 已冒泡至最右侧（用阴影标注）。

第 2 趟冒泡排序的结果为

	1	2	3	4	5	6	7
A	36	16	42	63	24	78	85

冒泡排序特别适合于有序或基本有序的待排序数据。

【算法 5.9】 冒泡排序

```
void Bubble_Sort(int *a,int n)
/* 对 a 指向的长度为 n 的数组利用冒泡法进行升序排序 */
{  int i,j,t,flag=1; /* flag=1 表示在一趟排序中有交换,flag=0 表示无交换*/
    for(i=1;(i<=n-1)&&flag==1;i++)
   {  flag=0;
      for(j=1;j<n-i;j++)
          if(a[j]>a[j+1])
              {t=a[j]; a[j]=a[j+1]; a[j+1]=t; flag=1;}
   }
}
```

算法分析：

最好情况：若待排序记录按关键字从小到大排列（正序），整个排序的关键字比较次数和记录移动次数分别为 $(n-1)$ 和 0。此时该算法的时间复杂度为 $O(n)$。

最坏情况：若待排序记录按关键字从大到小排列（逆序），整个排序的关键字比较次数为 $n(n-1)/2$。此时该算法的时间复杂度为 $O(n^2)$。

一般情况下，该算法的时间复杂度为 $O(n^2)$，空间复杂度为 $O(1)$。

5.4.3 直接插入排序

直接插入排序的基本思想是在 n 个元素的待排序数据中，将其分为有序（起始为空或只有第 1 个元素）和无序的两个部分，每趟排序时将无序序列的第 1 个元素与有序序列的元素从后向前逐个比较，找出插入位置，然后将该元素插入有序序列中，形成元素增加 1 个的新的有序序列，相应地无序序列中的元素就减少 1 个。重复这样的插入操作直到无序序列为空为止。

在 n 个元素的待排序数据中，起始时，通常将第 1 个元素划入有序序列，第 2~n 个元素划入无序序列。

例如，将数据集合（42,36,63,16,78,85,24）用直接插入排序法从小到大排序。

	1	2	3	4	5	6	7
A	42	36	43	16	78	85	24

第 1 趟，将无序序列中的第 1 个元素 A[2]插入到有序序列中。令 t=A[2]，将 t 与 A[1]比较，A[1]>t，将 A[1]后移到 A[2]中。插入点为 A[1]位置，将 t 的值插入 A[1]位置。

	1	2	3	4	5	6	7
A	36	42	63	16	78	85	24

第 2 趟,将 63 插入有序序列(36,42)中。

令 t＝A[3],将 t 与 A[2]比较,A[2]＜t,无须移动数据,插入点即为 A[3]。

	1	2	3	4	5	6	7
A	36	42	63	16	78	85	24

第 3 趟,将 16 插入有序序列(36,42,63)中。

令 t＝A[4],将 t 与 A[3]比较,A[3]＞t,后移 A[3],即 A[4]＝A[3];将 t 与 A[2]比较,A[2]＞t,后移 A[2],即 A[3]＝A[2];将 t 与 A[1]比较,A[1]＞t,后移 A[1],即 A[2]＝A[1];插入点为 A[1]位置,将 t 的值插入 A[1]位置。

	1	2	3	4	5	6	7
A	16	36	42	63	78	85	24

【算法 5.10】　直接插入排序

```
void straight_insert_sort(int * a,int n)
/* 对 a 指向的长度为 n 的数组利用直接插入法进行升序排序 */
{
    int  i,j,t;
    for(i=2; i<=n; i++)
        { t=a[i];
          j=i-1;
          while((j>0)&&(t<a[j]))
              { a[j+1]=a[j];
                j--;
              }
          a[j+1]=t;
        }
}
```

算法分析:

一般情况下,该算法的时间复杂度为 $O(n^2)$,空间复杂度为 $O(1)$。

打扑克牌时,人们将一手杂乱无章的牌按牌面大小整理,采用的往往是插入排序的思想。

5.4.4　快速排序

快速排序的基本思想是在一组待排序的数据中,设定一个基数,将待排序的数据分为比基数大和比基数小的两组,分别对这两组数据再进行快速排序。然后将排序后的两组数据和设定的基数一起合并成排序结果。

在选择基数时,最好选择待排序数据的中间值,以便使分解成的两个子问题的规模尽可能一致。算法具体实现时,为简化操作也可选择第一个数据作为基数。

例如,将数据集合(42,36,63,16,78,85,24)用快速排序法从小到大排序。

待排序数据　　　　　42　36　63　16　78　85　24
1 趟快速排序结果　　　[24　36　16]　42　[78　85　63]
2 趟快速排序结果　　　[16]　24　[36]　42　[63]　78　[85]
3 趟快速排序结果　　　16　24　36　42　63　78　85

【算法 5.11】 快速排序

```
void  quick_Sort(int  * L , int low, int high)
{   int k ;
    if  (low < high)
      {  k = middle_value(L,low,high);  /*  选取 low 到 high 之间的中间值 */
         quick_Sort(L,low,k - 1);
         quick_Sort(L,k + 1,high);
      }   /*  序列分为两部分后分别对每个子序列排序   */
}
```

算法分析:

最好情况:每次划分得到的子序列大致相等,该算法的时间复杂度为 $O(n \times \log_2 n)$。

最坏情况:每次划分得到的子序列中有一个为空,另一个子序列的长度为 $n-1$。即每次划分所选择的基准是当前待排序序列中的最小(或最大)关键字,此时,该算法的时间复杂度为 $O(n^2)$。

快速排序算法需要一个栈空间来实现递归。最好情况下,栈的最大深度为 $[\log_2 n] + 1$,此时的空间复杂度为 $O(\log_2 n)$。最坏情况下,栈的最大深度为 n ,此时的空间复杂度为 $O(n)$。

一般情况下,快速排序所花费的平均时间最少,被公认为是一种最快、最好的排序算法。

 计算思维启迪

用计算机求解问题通常包括如下几个步骤:① 理解和确定问题;② 寻找解决问题的方法与规则并将其表示成算法;③ 使用某种程序设计语言描述算法,也即编程;④ 运行程序,得到问题的解。算法设计是计算机求解问题的一个关键步骤。

算法具有确定性、有穷性、能行性及输入输出等 5 个特性。常用的算法描述方法有自然语言、流程图和伪代码等。

评价一个算法的优劣可从正确性、可读性、健壮性、通用性和效率与存储量需求等 5 个方面来评价。效率与存储量需求用算法的时间复杂度和空间复杂度衡量。

人们在长期的探索实践中,总结出了许多基本的算法设计思想,常见的有迭代法、枚举法、递推法、递归法、回溯法、贪心法、分治法和动态规划法等。

查找是人们日常工作和计算机数据处理中频繁进行的一项工作。查找的方法很多,最基本的查找方法有顺序查找和二分查找。

　　排序也是一项非常重要的工作。其实,排序的目的主要是为了实现快速查找。排序的算法有许多,常见的排序算法有简单选择排序、冒泡排序、直接插入排序和快速排序等。

　　算法的设计通常采用由粗到细、由抽象到具体的逐步求精方法。

　　一个问题的解决可以有多种不同的算法,例如排序,就有许多种各具特色的算法。不同的算法有其不同的适用对象。分析一个算法的优劣,应从时间复杂度和空间复杂度两个方面来衡量。

　　确定了算法思想后,就要进一步进行算法的设计。算法设计时要考虑数据结构和控制结构的设计。选择不同的数据结构,算法的设计就会不同,性能也会有所差异。

　　这些经典的算法思想,不仅可用于程序设计,在日常生活、工作和学习中,也可灵活运用这些思想。

思维导图

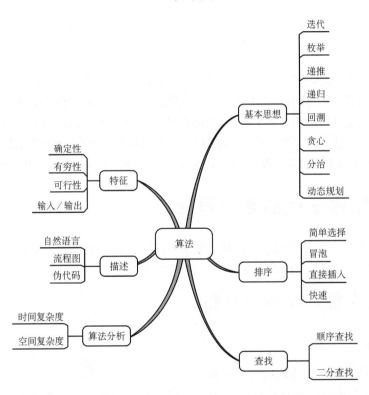

 阅读资料

【微信扫码】
相关资源 & 拓展阅读

第6章

数据库

数据库是数据处理的重要工具,它能够有效、合理地存储各种数据,为有关应用准确、快速地提供有用的信息。当你踏进大学的第一天,注册、入住、去食堂、去图书馆……都在与数据库打交道。随着信息处理的需求越来越多,数据库技术也越来越得到人们的重视。成为信息领域的核心技术与重要支撑。数据库技术是计算机科学的重要分支。本章介绍数据库系统的基本知识,使学生能够正确理解数据库的基本原理,了解数据库的设计方法和应用技术。

6.1 数据库系统的基本概念

数据库技术是作为一种数据管理技术发展起来的。要想更好地使用数据库技术进行数据处理,首先需要了解数据库的基本概念、特点和模型。

6.1.1 数据、数据库、数据库管理系统

一、数据

数据(Data)是指描述事物的符号记录。

在计算机中,数据包括"型"与"值"两个方面。数据的型给出了数据表示的类型,如整型、实型和字符型等,数据的值给出了符合型的值,如整型值 12,实型值 -3.14。数据型的概念进一步扩展到多种相关数据以一定结构方式组合构成特定的数据框架,这样的数据框架称之为数据结构。在数据库中特定条件下称之为数据模式,如关系模式。

二、数据库

数据库(DataBase,DB)是以一定的结构形式存放在存储介质中的相关数据的集合。它不仅包括描述事物的数据本身,还包括数据之间的联系。通常我们把一个单位或组织中的多个用户所使用的数据集中存放在数据库中,如学校的教务处、财务处、学工处等各个部门需要处理的数据。

三、数据库管理系统

数据库管理系统(DBMS)是对数据进行统一管理的软件系统,是数据库系统的核心部分。用户正是通过数据库管理系统提供的方法建立、使用数据库的。其基本功能包括:

(1) 数据定义

建立、修改数据库的结构。

(2) 数据操纵

实现对数据库数据的查询、插入、更新和删除等操作。

(3) 数据控制

定义和检查数据完整性和安全性。

(4) 数据库运行维护

包括数据的并发控制与故障恢复,数据的载入、转储和恢复以及性能分析和监测等。

通常,数据库管理系统提供相应的数据语言实现以上功能,主要有:

(1) 数据描述语言(Data Defined Language,DDL)

负责数据的模式定义和数据的物理存取构建。

(2) 数据操纵语言(Data Manipulation Language,DML)

负责数据的查询及插入、删除和更新操作。

(3) 数据控制语言(Data Control Language,DML)

负责数据完整性、安全性的定义与检查等。

四、数据库管理员

数据库管理员(DBA)是管理和维护数据库系统正常运转的人员或机构。具体的职责包括:

(1) 决定数据库中的数据内容和结构;
(2) 决定数据库的存储结构和存取策略;
(3) 定义数据的安全性要求和完整性约束条件;
(4) 监控数据库的使用和运行;
(5) 数据库的重构和重组。

五、数据库应用系统

数据库应用系统(DBAS)是指系统开发人员利用数据库系统资源开发出来的、面向某一类实际应用的应用软件系统,如学校的教学管理系统、单位的财务管理系统、企业的生产管理系统等等。

六、数据库系统

数据库系统(DBS)是指在计算机环境下引进数据库技术后构成的整个计算机系统,数据库系统应包括数据库、数据库管理系统、数据库管理员、应用软件及计算机硬件平台(计算机、网络等）和软件平台（操作系统、系统开发工具和接口软件等）。在数据库系统中，各部分之间的相互关系形成一个逻辑层次结构，如图 6.1 所示。

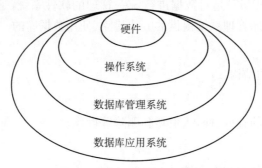

图 6.1　数据库系统层次关系图

6.1.2　数据库系统的基本特点

数据库技术是在文件系统基础上发展产生的，都以数据文件形式组织数据，但在数据管理功能上数据库系统更优于文件系统。数据库系统具有以下特点：

1. 数据结构化

数据结构化也称为数据集成化，指按照一定的数据模型来组织和存放数据。它是数据库系统管理和文件系统管理之间的一个本质区别，是实现对数据的集中控制和减少数据冗余的前提和保证。

2. 数据独立性

所谓数据独立性就是数据与应用程序之间不存在相互依赖关系，也就是数据的逻辑结构、存储结构和存取方法的改变不一定影响应用程序。这是数据库系统与文件系统之间的另一个重要区别。数据独立性分为物理独立性和逻辑独立性。

（1）物理独立性

即数据的物理结构（或存储结构）的改变，如物理存储设备的更换、物理存储位置的变更、存取方法的改变等等，不影响数据库的逻辑结构，从而不致引起应用程序的修改。

（2）逻辑独立性

数据库总体逻辑结构的改变，如修改数据的定义、增加新的数据类型、改变数据间的联系等等，无须修改原来的应用程序。

3. 数据共享性

数据共享是促成发展数据库技术的重要原因之一，也是数据库技术先进性的一个重要体现。数据库中数据的共享性体现在两个方面：

（1）数据库中的数据可供多个应用程序用于不同的目的，每个应用程序各有其自己的局部数据逻辑结构。数据库中的数据不但可供现有的各个应用程序共享，还可开发新的应用程序而无须附加新的数据，实现新、老应用程序共享数据库的数据。

（2）数据可供多个用户同时使用。

4. 数据冗余小

数据冗余是指在一个系统中相同的数据重复出现。数据库中数据的高共享性则可极大地减少数据冗余性，不仅减少了不必要的存储空间，更重要的是可以避免数据的不一致性。所谓数据的一致性是指在系统中同一数据的不同出现应保持相同的值，而数据冗余较大时将可能在数据更新时造成数据的不一致性。

5. 数据统一控制

由于数据库是多用户的共享资源，而计算机的共享一般是并发的，即多个用户同时使用数据库，因此，数据的安全可靠是一个数据库系统能否实用的关键问题，必须采取有效措施进行保护和控制。

(1) 安全性控制

即防止非法使用数据库而采取的控制措施。例如用户账号，验明身份后才能进入系统，对某些特定的数据限定使用权限，对不同的操作采用不同的保护级别等等。

(2) 完整性控制

即保证数据的合理性、相容性而采取的控制措施。例如设置并检查数据的范围、类型等。

(3) 并发控制

控制多个用户并发访问所产生的数据不一致性。避免一个用户读出另一个用户正在修改的错误数据。

(4) 故障的发现与恢复

防止硬件和软件故障以及用户操作上的错误所造成的对数据的破坏。

6.1.3 数据库系统的内部结构体系

数据库系统在其内部具有三级模式的结构体系，如图 6.2 所示。三级模式分别为外部模式、概念模式和内部模式。

(1) 概念模式

简称模式，是数据库中全体数据的全局逻辑结构和特性的描述，是所有用户的公共数据视图。

(2) 外部模式

简称外模式。是用户所用的局部数据的逻辑结构和特性的描述，是用户的数据视图。外部模式是从概念模式中导出的子集，所以也称子模式。

(3) 内部模式

简称内模式。是全体数据的物理结构和存储方式的描述。也称存储模式。

三级模式由 DBMS 提供的数据描述 DDL 来定义。一个数据库有一个概念模式、一个内部模式和多个外部模式。

数据库系统的三级模式实际上是从 3 种不同视角看待描述数据库，模式对应的是概念数据库，外模式对应的是用户数据库，内模式对应的是物理数据库。这 3 种数据库中只有物理数据库是真实存在的。三者通过两级映射实现转换。两级映射是指：

（1）概念模式到内模式的映射

给出数据全局逻辑结构到数据物理存储结构间的对应关系。

（2）外模式到概念模式的映射

给出了外模式与概念模式的对应关系。

两级映射一般由 DBMS 实现。正是由于数据库系统采用三级模式结构，因此系统具有数据独立性的特点。

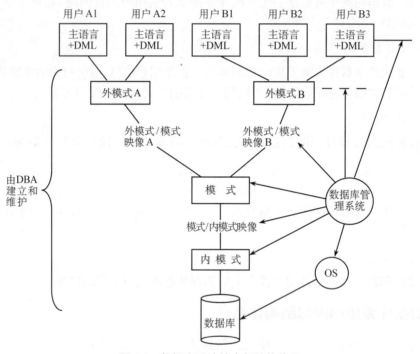

图 6.2　数据库系统的内部结构体系

6.1.4　数据模型

模型一词本身含义是现实世界事物的一种抽象，例如汽车模型、船舶模型等。

数据模型是现实世界事物及事物之间联系的数据表示。

一、概念模型

人们把客观存在的事物以数据的形式存储到计算机中，经历了"现实世界"→"信息世界"→"数据世界"3 个世界的逐级抽象过程。信息世界是现实世界事物间的内在联系在人们头脑中的反映，现实世界的事物及联系抽象转化成实体、属性、联系 3 个基本概念，并用 E-R 图表示出来，这就是概念模型，也称 E-R 模型。

1. 实体

客观存在并可相互区分的事物。实体可以指实际的对象，也可以指某些概念。例如一个职工、一个学生、一个部门、一门课、一次订货等。具有共性的实体可组成一个集合——实体集。如学生王平、林方是实体,他们又属于学生实体集。

2. 属性

指实体所具有的某一特性。一个实体可以由若干个属性来刻画。例如,某学生实体可以由学号、姓名、年龄、性别、班级等属性组成。每个属性可以有值,例如(970103331,王平,21,男,计1301)这些属性值组合起来表征了一个学生。一个属性的取值范围称为该属性的域,例如年龄属性域为16~35,性别属性的域为男或女。

3. 联系

现实世界的事物之间是有联系的,这种联系必然要在信息世界中加以反映。概念模型中联系反映了实体集间的一定关系,如学生与教师之间的授课关系,学生与班级之间的从属关系。

实体集之间的联系是数据库系统中很重要的概念,实体集之间的联系可分为3类。

(1)一对一联系(1:1)

如果实体集 E1 中每个实体至多和实体集 E2 中一个实体有联系,反之亦然,那么实体集 E1 对 E2 的联系称为"一对一"的联系。例如,有班级和班长两个实体集,如果一个班级只有一个班长,一个班长不能同时在其他班兼任班长,这种情况下班级和班长之间存在一对一的联系。

(2)一对多联系(1:N)

如果实体集 E1 中每个实体与实体集 E2 中多个实体有联系,而 E2 中每个实体至多和 E1 中一个实体有联系,那么称 E1 对 E2 的联系是"一对多"的联系。例如,有班级和学生两个实体集,如果一个班级有多名学生,而一名学生只属于一个班级,则班级与学生存在一对多的联系。

(3)多对多联系(M:N)

如果实体集 E1 中每个实体与实体集 E2 中多个实体有联系,反之亦然,那么称 E1 对 E2 的联系是"多对多"的联系。例如,有学生和课程两个实体集,如果一个学生选修了多门课程,而一门课程有多名学生选修,则学生与课程存在多对多的联系。

4. E-R图

概念模型的表示方法最常用的是 E-R 图。这样表示的概念模型也称为实体联系模型或 E-R 模型。

(1)实体集表示法

在 E-R 图中用矩形表示实体集,在矩形内写上该实体集的名称。

(2)属性表示法

在 E-R 图中用椭圆形表示属性,在椭圆形内写上该属性的名称,并用无向线段与所属的实体集连接。

(3)联系表示法

在 E-R 图中用菱形表示联系,在菱形内写上联系名,并用无向线段将相关实体集连接起来,在线段上标注联系的类型。

图 6.3 反映了学生选修课程的概念模型。

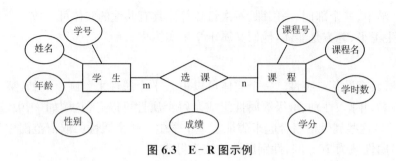

图 6.3　E-R 图示例

E-R 模型是独立于计算机系统的模型，简单、清晰，易于用户理解，但现有数据库系统还不能直接接受这样的模型。主要是因为 E-R 模型只说明了实体及实体间语义的联系，还不能进一步说明详细的数据结构。一般对于较复杂的实际问题总是先设计系统的 E-R 模型，然后再把 E-R 模型转换成计算机上能实现的结构数据模型。

二、结构数据模型

结构数据模型是直接面向数据库的逻辑结构，它是现实世界的第二层抽象。这类模型有严格的形式化定义，便于在计算机系统中实现，又简称数据模型。

常用的数据模型有层次、网状、关系和面向对象几种模型。

1. 层次模型

层次模型采用树状结构表示实体及其联系，适合于表示实体之间 1:N 的联系。1969年，IBM 公司推出 IMS 系统，它是最典型的层次模型系统。这种模型描述现实事物有限，对数据操纵较为复杂，现已基本不用。

2. 网状模型

网状模型采用结点间的连通图（网状结构）表示实体及其联系，能表示实体之间各种复杂联系情况。网状模型是美国 CODASYL 委员会数据库任务组（DBTG）于 1969 年提出的一种模型。因为结构复杂，操纵复杂，现已很少使用。

3. 关系模型

关系模型采用"二维表"表示实体及其联系，能表示实体之间各种复杂联系情况。关系模型是由美国 IBM 公司研究员 E.F.Codd 于 1970 年首次提出的。关系模型是在集合论的基础上发展起来的，具有接近日常数据处理方式、简单明了、理论严谨等优点。目前常见的数据库管理系统都是基于关系模型的。

4. 面向对象模型

面向对象模型是一种新兴的数据模型，它采用面向对象的方法来设计数据库。面向对象的数据库存储对象是以对象为单位，每个对象包含对象的属性和方法，具有类和继承等特点。Computer Associates 的 Jasmine 就是面向对象模型的数据库系统。

6.2　关系数据库

使用关系模型构建的数据库称为关系数据库（RDBMS）。它是当今信息系统中最常用也是最有效的一种数据库。现有的 RDBMS 按所使用的规模和能力可分为 3 类。一类是在微型机上使用的,如 Fox 系列、Access 等,主要作为单用户的事务处理,可称为桌面数据库系统;另一类如著名的数据库产品 DB2、ORACLE、INGRES、SYBASE 和 INFORMIX,它们功能更完备,往往用于网络环境的开放式系统;还有一类介于前两者之间,如目前较流行的 SQL Server。本节我们将从数据模型的三要素以及数据结构、数据操作和数据完整性约束对关系模型做进一步讨论。

6.2.1　关系模型的数据结构

关系模型是用二维表结构来表示实体及实体间的联系的。例如,图 6.3 中的学生实体集就可以表示为一个二维表,如图 6.4 所示。

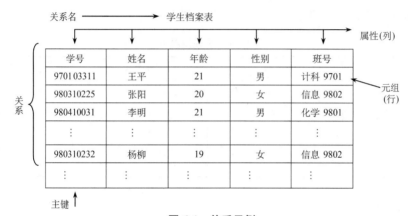

图 6.4　关系示例

一、关系模型的基本术语

下面我们以学生档案表为例,介绍关系模型中的主要术语。

1. 关系

在关系模型中,一张二维表称为一个关系,它对应着一个实体集或实体集间的一个联系。每个关系有一个关系名。

2. 元组

表中的一行称为一个元组,对应着一个实体。所以一个关系也可看成是元组的集合。

3. 属性

表中的一列称为一个属性,通常需要起一个属性名。

4. 关系模式

对关系的描述称为关系模式,一个关系模式对应一个关系结构。其格式为:
$$关系名(属性名 1,属性名 2,\cdots\cdots,属性名 n)$$

5. 关键字

在二维表中凡能唯一标识元组的最小属性集称为该表的键或码。例如,学生表中的学号可以作为标识一条记录的关键字,而性别属性不能作为关键字。关键字可以是一个属性,也可以是属性组。例如，成绩表的关键字就是(学号，课号)的组合。

(1) 候选关键字

一个二维表中可能有若干个关键字，它们称为该表的候选关键字。

(2) 主关键字

从二维表的所有候选关键字中选取一个作为用户使用的键称为主关键字或主码。

(3) 外关键字

表 A 中的某属性不是本表的关键字，而是另外一个表的主关键字或候选关键字，这个属性就称为外关键字。

例如有如图 6.4 的学生表和如表 6-1 所示的班级表。在学生表中班号不能作为关键字，但班号是班级表的主关键字，则班号是学生表的外关键字。

表 6-1 班级情况表

班号	人数	班主任	班长
化学 9801	59	王明	李锋
计科 9701	46	张兰	王自力
物理 9903	57	吴岷	杨柳
信息 9802	44	方政	林立
…	…	…	…

二、关系的性质

在关系数据库中，一个二维表对应着一个关系，但并不是任意一个二维表都可成为关系。有如下几条限制：

(1) 关系中每个元组的分量是不可分割的基本数据项。

(2) 同一关系中不能出现相同的属性名，但属性的次序无关紧要，即任意交换两列的位置不影响数据的实际含义。

(3) 不允许有完全相同的元组，但元组的次序无关紧要，即任意交换两行的位置并不影响数据的实际含义。

三、基本术语对照

我们实际使用的关系数据库与关系模型的基本概念应是一致的，但基本术语有些区别，如表 6-2 所示。

表 6-2 基本术语对照表

用户	关系模型	实际数据库
二维表	关系	表文件
二维表框架	关系模式	表结构
行	元组	记录
列	属性	字段

6.2.2 关系运算

关系型数据库管理系统提供关系操纵语言来实现数据操纵。关系操纵语言分为关系代数与关系演算两大类,两类语言可表达的数据操纵能力是相当的。这里只讨论关系代数。关系代数通过对关系的运算实现查询和增删改操纵。关系代数的运算可分成传统的集合运算和专门的关系运算两类。

一、传统的集合运算

传统的集合运算包括并、交、差和广义笛卡尔积。运算对象是两个关系,运算结果生成一个新的关系。其中并、交、差运算的两个关系必须具有相同的关系模式。例如有两个相同结构的关系 R 和 S,分别是参加英语竞赛和参加计算机设计大赛的选手名单,如图 6.5 所示。

关系 R		
学号	姓名	性别
1101	王平	男
1102	李玲	女
1207	方圆	女
1311	张军	男

关系 S		
学号	姓名	性别
1102	李玲	女
1131	林雷	男
1311	张军	男

图 6.5 关系 R 和 S

1. 并(Union)

关系 R 与关系 S 的并运算,记为 $R \cup S$。运算结果是由属于 R 或属于 S 的元组组成的集合。本例中 $R \cup S$ 的结果如图 6.6(a)所示。

2. 交(Intersection)

关系 R 与关系 S 的交运算,记为 $R \cap S$。运算结果是由既属于 R 又属于 S 的元组组成的集合。本例中 $R \cap S$ 的结果如图 6.6(b)所示。

3. 差(Difference)

关系 R 与关系 S 的差运算,记为 $R - S$。运算结果是由属于 R 但不属于 S 的元组组成的集合。本例中 $R - S$ 的结果如图 6.6(c)所示。

学号	姓名	性别
1101	王平	男
1102	李玲	女
1207	方圆	女
1311	张军	男
1131	林雷	男

(a) $R \cup S$

学号	姓名	性别
1102	李玲	女
1311	张军	男

(b) $R \cap S$

学号	姓名	性别
1101	王平	男
1207	方圆	女

(c) $R - S$

图 6.6 关系的并、交、差运算

4. 广义笛卡尔积（Cartesian Product）

运算对象可以是任意两个关系，设有 n 元关系 R 及 m 元关系 T，如图 6.7(a)，它们分别有 p、q 个元组，则关系 R 与 T 的笛卡尔积记为 $R \times T$，运算结果是一个 $n+m$ 元关系，元组个数是 $p \times q$，由 R 与 T 的有序组组合而成。结果如图 6.7(b)所示。

关系 T

学号	成绩
1101	90
1102	85
1131	85

(a)

$R \times T$

学号	姓名	性别	学号'	成绩
1101	王平	男	1101	90
1101	王平	男	1102	85
1101	王平	男	1131	85
1102	李玲	女	1101	90
1102	李玲	女	1102	85
1102	李玲	女	1131	85
1207	方圆	女	1101	90
1207	方圆	女	1102	85
1207	方圆	女	1131	85
1311	张军	男	1101	90
1311	张军	男	1102	85
1311	张军	男	1131	85

(b)

图 6.7 关系的广义笛卡尔积示例

二、专门的关系运算

专门的关系运算包括选择、投影、连接和除。其中选择、投影的运算对象为一个关系，称一元运算，连接和除的运算对象为两个关系，即二元运算。

1. 选择（Selection）

选择运算是指在关系中选择满足某些条件的元组形成新的关系，记为 $\sigma_F(R)$。其中 F 为条件。

例如，要在关系 R 中选择性别为女的学生数据，则可进行选择操作

$$\sigma_{性别='女'}(R)$$

结果如图 6.8(a)所示。

2. 投影（Projection）

投影运算是在关系中选择指定的属性列，记为 $\Pi_A(R)$。其中 A 为属性名表。

例如，要在关系 S 中选择姓名和性别两列，则可进行投影操作：

$$\Pi_{姓名,性别}(S)$$

结果如图 6.8(b)所示。

学号	姓名	性别
1102	李玲	女
1207	方圆	女

(a)

姓名	性别
李玲	女
林雷	男
张军	男

(b)

图 6.8 关系的选择、投影示例

3. 连接（Join）

连接运算是从两个关系的笛卡尔积中选择属性满足一定条件的元组形成新的关系，记为 $R \underset{A=B}{\bowtie} S$。

当连接条件中的算符取等号时，为等值连接。若等值连接中连接属性为相同属性，且在结果关系中去掉重复属性，则此连接为自然连接，记为 $S \bowtie C$。自然连接是最常用的连接操作，例如有关系 C：

表 6-3 关系 C

学号	课号	成绩
1101	01	90
1102	01	85
1207	01	94
1311	01	88
1131	01	90
1131	02	85

则 $S \bowtie C$ 的结果如表 6-4 所示。

表 6-4 自然连接示例

学号	姓名	性别	课号	成绩
1102	李玲	女	01	85
1131	林雷	男	01	90
1311	张军	男	01	88
1131	林雷	男	02	85

三、关系代数表达式

在关系数据库中，数据的增删改查询由对关系的运算实现，经常需要用到多个运算，这就可形成关系代数表达式来表示。

例 1 查询选课成绩在 90 分以上的学生学号和课号。

分析：首先从 C 表中筛选出满足条件成绩≥90 的元组，再进行投影操作选择学号和课号属性。

解答：$\Pi_{\text{学号},\text{课号}}(\sigma_{\text{成绩}\geq 90}(C))$

例2　关系代数表达式：$\Pi_{\text{学号},\text{姓名}}(\sigma_{\text{课号}=01}(C)\bowtie(R\cup S))$实现的操作是什么？

解答：查询所有选修了 01 课程的学生的学号和姓名。

6.2.3　关系的完整性约束

为了维护数据库的完整性，关系数据库会提供 3 类约束机制。

1. 实体完整性约束规则

实体完整性指关系的主关键字不允许取"空值"（NULL）。因为关系中的每一行都代表一个实体，而任何实体都是可标识的，如果主键值为空，就意味着存在不可标识的实体。

2. 参照完整性约束规则

对一个关系上的外关键字，其值要么是空值，要么等于外关键字对应的关系的主关键字。这是由于不同关系之间的联系是通过"外键"实现的，当一个关系通过外键引用另一关系中的记录时，它必须能在引用的关系中找到这个记录，否则无法实现联系。

例如，考查图 6.3 的学生关系和表 6.1 中的班级关系，其中班级关系中的班号是主键，学生关系中，对每个学生也有班号，表明这个学生属于哪个班。学生关系中的班号是外键，它或者取空值，表示这个学生还未分配到任何一个班级，或者取值必须与班级关系中的某个元组的班号相同，表示这个学生属于某个班级。若学生关系中某个学生的班号取值不能与班级关系中任何一个班号值相同，表示这个学生是一个不存在的班的学生，这与实际应用环境不相符，显然是错误的。这就是关系模型中定义了参照完整性约束作用。

3. 用户定义的完整性约束

这是针对某一应用环境的完整性约束条件，它反映了某一具体应用所需的数据应满足的要求，往往是对关系模式中的数据类型、长度、取值范围的约束。如学生的成绩不能是负数。DBMS 提供定义和检验这类完整性规则的机制，其目的是用统一的方式由系统来处理它们，不再由应用程序来完成这项工作。

6.3　数据库设计

数据库设计是数据库应用的核心。本节讨论数据库设计的任务、特点、基本步骤和方法，重点介绍数据库的需求分析、概念设计和逻辑设计 3 个阶段。

数据库设计的基本任务是根据用户对象的信息需求、处理需求和数据库的支持环境（包括硬件、操作系统与 DBMS）设计出数据库模式。

在数据库设计中有两种方法，一种是以信息需求为主兼顾处理需求，称为面向数据的方法；另一种是以处理需求为主兼顾信息需求，称为面向过程的方法。由于数据在系统中稳定性高，数据已成为系统的核心，因此面向数据的设计方法已成为主流方法。

数据库设计目前一般采用生命周期法，即将整个数据库应用系统的开发分解成目标独立的若干阶段。它们是需求分析阶段、概念设计阶段、逻辑设计阶段、物理设计阶段、编码阶段、测试阶段、运行阶段、进一步修改阶段,如图 6.9 所示。其中前 4 个阶段是数据库设计的重要阶段。

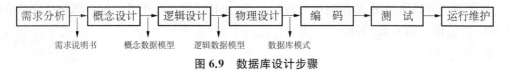

图 6.9　数据库设计步骤

6.3.1　数据库需求分析

需求收集和分析是数据库设计的第一阶段,这一阶段收集到的基础数据和一组数据流图(DFD)是下一步设计概念结构的基础。

需求分析的主要工作有绘制数据流程图、数据分析、功能分析、确定功能处理模块和数据之间的关系。

需求分析和表达经常采用的方法有结构化分析方法和面向对象的方法。结构化分析方法用自顶向下、逐层分析的方式分析系统。数据流图表达了数据和处理过程的关系,数据字典是对系统中数据的详尽描述,是各类数据属性的清单。数据字典是进行详细的数据收集和数据分析所获得的主要结果。

数据字典是各类数据描述的集合,通常包含 5 个部分:数据项、数据流、数据存储和处理过程。数据字典是在需求分析阶段建立,在数据库设计过程中不断修改、充实、完善的。

6.3.2　数据库概念设计

一、数据库概念设计概述

1. 数据库概念设计的目标

这一阶段的设计目的是分析数据间内在的语义关联,在此基础上建立数据库的概念模型。

2. 数据库概念设计的方法

主要有以下两种:

(1) 集中式模式设计

这种设计方法是根据需求由一个统一机构或人员设计一个综合的全局模式。适用于小型的不复杂的单位或部门。

(2) 视图集成设计法

这种设计方法是将一个单位分解成若干个部分,先对每个部分作局部模式设计,建立各个部分的视图,然后以各视图为基础进行集成。适用于大型的复杂的系统,目前此种方法使用较多。

二、数据库概念设计的过程

目前主要采用 E-R 模型与视图集成法进行设计。使用 E-R 模型与视图集成法进行设计时,首先选择局部应用,再进行局部视图设计,最后对局部视图进行集成得到概念模型。过程如下:

1. 选择局部应用

根据系统的具体情况，依据需求分析阶段得出的数据流图，让图中每一部分对应一个局部应用，以便设计局部 E-R 图。

2. 视图设计

视图即局部 E-R 图的设计一般有 3 种设计次序：① 自顶向下。先从抽象级别高的对象开始逐步细化、具体化与特殊化。如学生对象可先从一般学生开始再分成大学生、研究生等等，大学生进一步再细化成本科与专科。② 由底向上。先从具体的对象开始逐步抽象，普遍化与一般化。③ 由内向外。先从最基本与最明显的对象着手逐步扩充至非基本的对象。如先从学生对象着手，再扩充至课程、教室、班级等。

设计者根据具体情况灵活使用 3 种次序进行设计，确定对象、属性、联系，画出 E-R 图。

3. 视图集成

视图集成就是将所有局部视图合并成一个完整的概念模型。视图集成时，往往会产生一些冲突，所以最重要的工作是解决这些冲突。另外可能会存在冗余的数据和联系需要加以修改。

最后确定系统的概念模型作为下一步设计的依据。

6.3.3 数据库的逻辑设计

一、数据库逻辑设计的目标与步骤

1. 目标

数据库的逻辑结构设计就是把概念结构设计阶段设计好的基本 E-R 图转换为与选用的 DBMS 产品所支持的数据模型相符合的逻辑结构——数据库模式和子模式。

2. 步骤

数据库逻辑结构的设计分为两个步骤：首先将概念结构转换为一般的关系、网状、层次模型；再将转换来的关系、网状、层次模型向特定 DBMS 支持下的数据模型转换；然后对数据模型进行优化。如图 6.10 所示。下面只讨论向关系模型的转换。

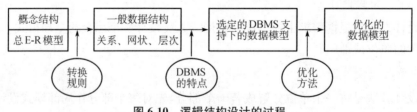

图 6.10 逻辑结构设计的过程

二、从 E-R 图向关系模式转换

通常按如下规则进行转换：
（1）一个实体型转换为一个关系模式。
一般 E-R 图中的一个实体转换为一个关系模式，实体的属性就是关系的属性，实体的键就是关系的关键字。

（2）一个 1∶1 联系可以转换为一个独立的关系模式，也可以与任意一端对应的关系模式合并。

若转换为一个独立的关系模式，此时联系本身的属性以及与该联系相连的实体的码均作为关系的属性，可以选择与该联系相连的任一实体的关键字作为该关系的关键字。

（3）一个 1∶n 联系可以转换为一个独立的关系模式，也可以与 n 端对应的关系模式合并。

若转换为一个独立的关系模式，此时该单独的关系模式的属性包括其自身的属性以及与该联系相连的实体的关键字。该关系的关键字为 n 端实体的主属性。

（4）一个 $m∶n$ 联系必须转换为一个独立的关系模式。

该关系的属性包括联系自身的属性以及与联系相连的实体的属性。各实体的关键字组成关系关键字码或关系关键字的一部分。

例如将图 6.3 的 E-R 模型转换为关系模型，则可形成学生、课程、选课三个关系模式：

学生(学号,姓名,性别,年龄)

课程(课程号,课程名,学时数,学分)

选课(学号,课程号,成绩)

三、关系模式规范化

对转换形成的关系模式可能还需进行规范化处理，以得到符合一定范式的模式。关系模型的奠基人 Codd 提出了关系范式的概念。一个关系模式必须满足第一范式(1NF)，一般情况下需规范化到第三范式(3NF)。

四、外模式设计

逻辑设计的另一个重要内容是外模式设计，也相当于视图的设计。视图是按照用户视角对数据库中的部分数据进行逻辑结构设计，是从模式中导出的子集。通常是根据概念模型中的局部 E-R 图进行的。

6.3.4 数据库的物理设计

数据库物理设计的主要目标是对数据库内部物理结构做调整并选择合理的存取路径，以提高数据库访问速度及有效利用存储空间。现代关系数据库中已大量屏蔽了内部物理结构，因此留给用户参与物理设计的余地并不多，一般的 RDBMS 中留给用户参与物理设计的内容大致为索引设计、集簇设计和分区设计。

6.4 大数据与数据挖掘

6.4.1 大数据

一、大数据时代

1. 大数据概念

大数据(big data)，或称巨量资料，指的是所涉及的资料量规模巨大到无法通过目前主流软件工具，在合理时间内达到撷取、管理、处理并整理成为帮助企业经营决策更积极目的的资讯。

"大数据"这个术语最早期的引用可追溯到著名 Web 服务软件 apache org 的开源项目 Nutch。当时，大数据用来描述为更新网络搜索索引需要同时进行批量处理或分析的大量数据集。随着谷歌 MapReduce 和 Google File System（GFS）的发布，大数据不再仅用来描述大量的数据，还涵盖了处理数据的速度。

早在 1980 年，著名未来学家阿尔文·托夫勒便在《第三次浪潮》一书中，将大数据热情地赞颂为"第三次浪潮的华彩乐章"。不过，大约从 2009 年开始，"大数据"才成为互联网信息技术行业的流行词汇。美国互联网数据中心指出，互联网上的数据每年将增长 50%，每两年便将翻一番，而目前世界上 90% 以上的数据是最近几年才产生的。

2. 4 个特征

大数据分析相比于传统的数据仓库应用，具有数据量大、查询分析复杂等特点。业界将其归纳为大数据的 4 个特征：Volume（大量）、Velocity（高速）、Variety（多样）和 Veracity（真实性）。即：

（1）数据体量巨大

从 TB 级别，跃升到 PB 级别。

（2）数据类型繁多

网络日志、视频、图片、地理位置信息等等。

（3）数据的来源

直接导致分析结果的准确性和真实性。若数据来源完整并且真实，最终的分析结果以及决定将更加准确。

（4）处理速度快（1 秒定律）

最后这一点也是和传统的数据挖掘技术有着本质的不同。

3. 大数据来源

那么，这么庞大的数据量存在于何处？物联网、云计算、移动互联网、车联网、手机、平板电脑、PC 以及遍布地球各个角落的各种各样的传感器，无一不是数据来源或者承载的方式。

4. 大数据应用

大数据可以用在网络日志、传感器网络、社会网络、互联网文本和文件、互联网搜索索引等方面，以及天文学、大气科学、基因组学、生物地球化学、生物和其他复杂或跨学科的科研、军事侦察、医疗记录中。例如，洛杉矶警察局和加利福尼亚大学合作利用大数据预测犯罪的发生；Google 流感趋势（Google Flu Trends）利用搜索关键词预测禽流感的散布；统计学家内特·西尔弗（Nate Silver）利用大数据预测 2012 美国选举结果；麻省理工学院利用手机定位数据和交通数据建立城市规划等。

综合来看，未来几年大数据在商业智能、政府服务和市场营销 3 个领域的应用非常值得看好，大多数大数据案例和预算将发生在这 3 个领域。

二、大数据分析工具

随着大数据时代的来临，大数据分析也应运而生。在目前已出现的大数据分析工具中，

Hadoop 被认为是大数据分析利器。这是一套开源的、以 Java 为基础的、可对 PB 级别的大数据进行存储和计算的软件平台，它能够让数千台 X86 服务器组成一个稳定的、强大的集群。而对那些想充分利用大数据的 IT 专业人员，Hadoop 解决了与大数据相关联的高效存储和访问海量数据的最常见问题。

6.4.2 数据挖掘

1. 数据挖掘的概念

随着信息技术的迅速发展，数据库的规模不断扩大，从而产生了大量的数据。为了给决策者提供一个统一的全局视角，在许多领域建立了数据仓库。但大量的数据往往使人们无法辨别隐藏在其中的能对决策提供支持的信息，而传统的查询、报表工具无法满足挖掘这些信息的需求。因此，需要一种新的数据分析技术处理大量数据，并从中抽取有价值的潜在知识，数据挖掘(Data Mining)技术由此应运而生。数据挖掘技术也正是伴随着数据仓库技术的发展而逐步完善起来的。但是并非所有的信息发现任务都被视为数据挖掘，例如，使用数据库管理系统查找个别的记录，或通过因特网的搜索引擎查找特定的 Web 页面，则是信息检索领域的任务。

数据挖掘以数据库、人工智能、数理统计、可视化四大支柱技术为基础，主要涉及挖掘对象、挖掘任务和挖掘方法等 3 个方面。挖掘对象包括若干种数据库或数据源，例如关系数据库、面向对象数据库、空间数据库、时态数据库、文本数据库、多媒体数据库、历史数据库以及万维网等。挖掘方法可分为统计方法、机器学习方法、神经网络方法和数据库方法等。

2. 数据挖掘应用

数据挖掘运用分类、预测、聚类、关联规则、序列型样、时间序列及统计方法从庞大且纷杂的数据中找出隐藏、未知且对企业经营有帮助的信息，是精准营销的核心，近年来受到相当广泛的关注，并应用于各种领域的实务中，下面是一些成功的案例。

(1) 药物治疗(医疗业)

医学研究人员收集整理了许多患有相同疾病的病患资料。在他们的治疗过程中，每一个病人会被记录对哪一种药物有疗效。利用数据挖掘可以找出哪种药物适用于哪一种类型的病人。

(2) 对客户响应建模(零售业)

某公司希望通过提供客户参与的营销活动，在未来实现更多的获利。此案例的目的是想根据以往的促销活动，利用数据挖掘找出会对营销活动有响应的客户特征，并根据建模的结果产生要邮寄的促销客户名单。

(3) 电信客户流失(电信业)

某电信服务提供商非常关注客户流失到竞争对手的问题。根据服务使用的数据，可以预测哪些客户有可能会流失到其他提供商，并制定相应的优惠政策，以尽可能留住客户。

(4) 预测贷款逾期者(银行业)

某银行希望根据客户过去的贷款数据，利用数据挖掘来预测新的贷款者核贷后会逾期的概率，以作为银行是否核贷的依据，或提供给客户其他类型的贷款产品。

(5) 购物篮分析(零售业)

此案例的目的是想根据会员卡所记录的客户的个人信息及每次购买商品的数据，利用数据挖掘来发掘购买类似商品的客群以及客群的特征（例如年龄、收入等）。

（6）评估新车设计（汽车业）

某汽车制造商开发两种新车（汽车及卡车）的原型。在将新车型引入至产品系列之前，该制造商想知道竞争对手已经上市的车辆中，哪些与这两款产品的原型最为相似，以确定这两种新车将与哪些车型展开竞争。

 计算思维启迪

抽象是精确表达问题和建模的方法，也是计算思维的一个重要本质。数据库中的很多概念和方法都体现了抽象的思想，例如数据模型，其本身就表达了对现实世界的抽象，并且这种抽象是分层次、逐步抽象的过程。当利用数据模型去抽象、表达现实世界时，先从人的认识出发，形成信息世界，建立概念模型；再逐步进入计算机系统，形成数据世界。在数据世界中，又进一步分层，先从程序员、从用户的角度抽象，建立数据的逻辑模型；再从计算机实现的角度抽象，建立数据的物理模型。以上抽象思维的结果需要在计算机上实现，这体现了自动化这个本质，也是将理论成果应用于技术实践的过程。对抽象的关系模型的自动化，采用了简单的表结构去表达同一类事物，用对表中数据的插入、删除、更新和查询等操作实现对数据的访问。体会了解抽象的思想和方法，学习运用抽象去表达需求并建立数学模型，有助于发现问题的本质和其中蕴含的规律。

关注点分离是控制和解决复杂问题的一种思维方法，即先将复杂问题进行合理的分解，再分别研究问题的不同侧面（关注点），最后综合得到整体的解决方案，在计算机科学中的典型表现即是分而治之。在数据库设计、庞杂的数据管理和数据库应用开发中，采用的就是分而治之的思想。数据库设计采用软件工程的思想，自顶向下将设计任务划分为多个阶段，每个阶段有各自相对独立的任务，相邻阶段又互相联系互相承接，共同完成整个设计任务。

按照预防、保护及通过冗余、容错、纠错的方式，并从最坏情况进行系统恢复是计算思维的一个重要方法，这在数据库中有最直接的体现。数据库管理系统对数据的保护全面体现了计算思维的保护、冗余、容错、纠错和恢复的思想。

数据查询是数据库及其应用中最常见的操作，也是其他数据操作的基础，其速度直接影响了应用的效率。对于一个查询可以有多种执行计划，执行效率差别很大，有时甚至相差几个数量级。因此，数据库管理系统需要对操作进行优化。优化则基于启发式规则形成各种优化算法。在数据库的物理设计中也常使用启发式的规则来指导存取方式和存取路径的选择。

数据库在对海量数据进行管理的技术中处处体现了时间和空间之间、处理能力和存储容量之间施行折中的思维方法。例如，为了满足应用的实时性要求，对数据查询时可以通过建立索引来提高数据访问速度；但建立索引需要存储实际数据，占用一定的存储空间，并且索引需要维护。为了解决应用的数据冗余和操作异常问题，常需对数据关系进行规范化，规范化级别越高，数据冗余越小，占用的存储空间越小；但规范化后的表被分解为多个小表，查询时需要多个表之间的连接，会增加数据的查询时间。对数据施加封锁时，封锁的粒度越小，并发性越高，事务的处理速度越快，但系统代价越高；而封锁的粒度越大，系统处理代价越小，但事务之间的并发程度降低，事务的等待时间延长。折中的思想在数据库技术中得到了很好的体现。

思维导图

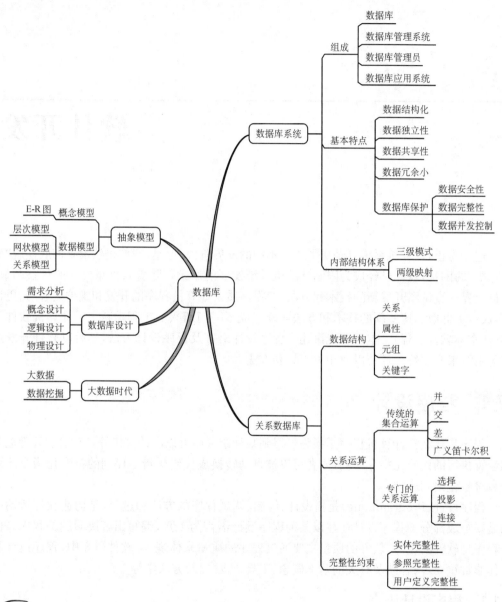

 阅读资料

【微信扫码】
相关资源 & 拓展阅读

第7章

软件开发

迄今为止,计算机系统已经历了 4 个不同的发展阶段,但是,我们仍然没有彻底摆脱"软件危机"的困扰,软件已经成为限制计算机系统发展的瓶颈。随着软件重要性的日益凸显,软件业界一直试图开发新的技术和方法,使得高质量计算机程序的开发和维护更容易、更快捷,成本更低廉。这些新的技术和方法逐渐形成了一门新兴的工程学科——计算机软件工程(通常称软件工程)。本章首先讲述了程序设计语言及程序设计方法,然后以软件开发过程为主线来介绍每个环节以及相关工具和方法。

7.1 程序设计

程序是什么?计算机程序是指为了得到某种结果而可以由计算机等具有信息处理能力的装置执行的代码化指令序列,或者可以被自动转换成代码化指令序列的符号化指令序列或者符号化语句序列。

程序设计(Programming)是指设计、编制、调试程序的方法和过程,是构造软件活动中的重要组成部分。程序设计往往以某种程序设计语言为工具,编写出解决问题的程序。由于程序是软件的主体,软件的质量主要通过程序的质量来体现,在软件研究中,程序设计的工作非常重要,内容涉及有关的基本概念、工具、方法以及方法学等。

7.1.1 程序设计语言

程序设计语言是人机通信的工具之一,使用这类语言"指挥"计算机干什么。自 20 世纪 60 年代以来,世界上公布的程序设计语言已有上千种之多,但是只有很小一部分得到了广泛的应用。从发展历程来看,程序设计语言可以分为 4 代。

一、程序设计语言的发展

1. 机器语言(第 1 代语言)

它是由机器指令代码组成的语言。对于不同的机器就有相应的一套机器语言。用这种语言编写的程序,都是二进制代码的形式,且所有的地址分配都是以绝对地址的形式处理。存储空间的安排,寄存器、变址的使用都由程序员自己计划。因此使用机器语言编写的程序很不直观,在计算机内的运行效率很高但编写出的机器语言程序出错率也高。

2. 汇编语言(第 2 代语言)

汇编语言比机器语言直观,它的每一条符号指令与相应的机器指令有对应关系,同时又增加了一些诸如宏、符号地址等功能。存储空间的安排可由机器解决。不同指令集的处理器系统就有自己相应的汇编语言。从软件工程的角度来看,汇编语言只是在高级语言无法满足设计要求时,或者不具备支持某种特定功能(例如特殊的输入/输出)的技术性能时,才被使用。

3. 高级程序设计语言(第 3 代语言)

传统的高级程序设计语言:有 FORTRAN、COBOL、ALGOL、BASIC 等。这些程序语言曾得到广泛应用。目前,它们都已有多种版本。有的语言得到较大的改进,甚至形成了可视的开发环境,具有图形设计工具、结构化的事件驱动编程模式、开放的环境,使用户可以既快又简便地编制出各种应用程序。

通用的结构化程序设计语言:它具有很强的过程功能和数据结构功能,并提供结构化的逻辑构造。这一类语言的代表是 PL/1、PASCAL、C 和 Ada。

专用语言:专用语言是为特殊的应用而设计的语言。通常具有自己特殊的语法形式,面对特定的问题,输入结构及词汇表与该问题的相应范围密切相关。有代表性的专用语言有 APL、Lisp、PROLOG、Smalltalk、C++、FORTH 等。从软件工程的角度来看,专用语言支持了特殊的应用,将特定的设计要求翻译成可执行的代码。但是它们的可移植性和可维护性比较差。

4. 第 4 代语言(4GL)

4GL 用不同的文法表示程序结构和数据结构,但是它是在更高一级抽象的层次上表示这些结构,它不再需要规定算法的细节。4GL 兼有过程性和非过程性的两重特性。程序员规定条件和相应的动作,是过程性的部分;并且指出想要的结果,这是非过程部分。然后由 4GL 语言系统运用它的专门领域的知识来填充过程细节。

罗伯特·马丁(Robert C.Martin[①])把第 4 代语言分为以下几种类型:

(1) 查询语言

用户可利用查询语言对预先定义在数据库中的信息进行较复杂的操作。

(2) 程序生成器

只需很少的语句就能生成完整的第 3 代语言程序。

(3) 其他 4GL

如判定支持语言、原型语言、形式化规格说明语言等。

---

① 〔美〕罗伯特·马丁,软件工程领域的大师级人物,设计模式和敏捷开发运动的主要倡导者之一,曾经担任 C++ Report 杂志主编多年,他的 Agile Software Development: Principles, Pttern. s, and Practice.s 一书曾荣获 Jolt 大奖。

二、常见程序设计语言

1. FORTRAN 语言

美国著名的计算机先驱人物约翰·巴克斯开发出了第一种高级编程语言 FORTRAN，为现代软件开发奠定了基础。FORTRAN 语言是世界上第一个被正式推广使用的高级语言。它是 1954 年被提出来的，1956 年开始正式使用，至今已有 60 多年的历史，但仍历久不衰，它始终是数值计算领域所使用的主要语言。

FORTRAN 77 标准完成后，新版本的修订工作也在同一时间开始进行。这个版本进行了 15 年，最后在 1992 年正式由国际标准组织 ISO 公布，它就是 FORTRAN 90。FORTRAN 90 对以往的 FORTRAN 语言标准做了大量的改动，使之成为一种功能强大、具有现代语言特征的计算机语言。其主要特色是加入了面向对象的概念及工具、提供了指针、加强了数组的功能、改良了旧式 FORTRAN 语法中的编写"版面"格式。

FORTRAN 95 标准在 1997 年同样由 ISO 公布，它可以视为 FORTRAN 90 的修正版，主要加强了 FORTRAN 在并行运算方面的支持。同时一些公司纷纷推出 Visual Fortran，这为工程技术界进行科学计算和编写面向对象的工程实用软件的用户提供了极大的方便。熟悉 VB 或 VC 的用户可以很容易地掌握 Visual Fortran 的使用，进一步开发出自己专业领域的 Windows 下的界面友好的工程应用软件。

2. C 语言

C 语言是当前比较流行的一种计算机程序设计语言，它既具有高级语言的特点，又具有汇编语言的特点。它由美国贝尔实验室的 Dennis M. Ritchie 于 1972 年推出，1978 年后，C 语言已先后被移植到大、中、小及微型机上，它可以作为工作系统设计语言，编写系统应用程序，也可以作为应用程序设计语言，编写不依赖计算机硬件的应用程序。它的应用范围广泛，具备很强的数据处理能力，适于编写系统软件、三维、二维图形和动画及各种应用程序等。

3. C# 语言

C#，中文译音暂时没有，专业人士一般读"C sharp"，很多非专业人士一般读"C 井"。C# 是一种由 C 和 C++ 衍生出来的，安全、稳定、简单、优雅的面向对象的编程语言。它在继承 C 和 C++ 强大功能的同时去掉了一些它们的复杂特性（例如没有宏和模板，不允许多重继承）。C# 综合了 VB 简单的可视化操作和 C++ 的高运行效率，以其强大的操作能力、优雅的语法风格、创新的语言特性和便捷的面向组件编程的支持，成为.NET 开发的首选语言。并且 C# 成为 ECMA 与 ISO 标准规范。C# 看似基于 C++，但又融入其他语言如 Pascal、Java、VB 等。

C# 是面向对象的编程语言。它使得程序员可以快速地编写各种基于 MICROSOFT .NET 平台的应用程序。Mirosoft .NET 提供了一系列的工具和服务来最大限度地开发利用计算与通信领域。

4. Visual Basic 语言

Visual Basic 是一种由微软公司开发的包含协助开发环境的事件驱动编程语言。从任何标准来说，VB 都是世界上使用人数最多的语言——不管是盛赞 VB 的开发者还是抱怨

VB 的开发者的数量。它源于 BASIC 编程语言。VB 拥有图形用户界面(GUI)和快速应用程序开发(RAD)系统,可以轻易地使用 DAO、RDO、ADO 连接数据库,或者轻松地创建 ActiveX 控件。程序员可以轻松地使用 VB 提供的组件快速建立一个应用程序。

2002 年开始,微软将.NET Framework 与 Visual Basic 结合而成为 Visual Basic .NET(vb .net),重新打造 VB,新增许多特性及语法,又将 VB 推向一个新的高度。最新版本 Visual Basic 2012 也带来许多新的功能。

微软开发了一系列由 Visual Basic 所派生的语言:

① Visual Basic for Applications(VBA):包含在微软的应用程序中(如 Microsoft Office),以及类似 WordPerfect、Office 这样第三方的产品里面。VBA 这样嵌入在各种应用程序中看起来有些矛盾,但是它的功能和 VB 一样强大。

② VBScript(VBS):是默认的 ASP 语言,还可以用在 Windows 脚本编写和网页编码中。尽管它的语法类似于 VB,但是它却是一种完全不同的语言。VBS 不使用 VB 运行库运行,而是由 Windows 脚本主机解释执行。这两种语言的不同点影响 ASP 网站的表现。

③ Visual Basic .NET(vb .net):当微软准备开发一种新的编程工具的时候,第一决定就是利用 VB 6.0 来进行修改,或者就是重新组建工程开发新工具。微软后来开发了 VB 的继任者 Visual Basic .NET,同时也是.NET 平台的一部分。VB .NET 编程语言是一种真正的面向对象编程语言,和 VB 并不完全兼容。

5. Python 语言

Python 是一种跨平台的计算机程序设计语言,是一个高层次的结合了解释性、编译性、互动性和面向对象的脚本语言。最初被设计用于编写自动化脚本(shell),随着版本的不断更新和语言新功能的添加,越来越多被用于独立的、大型项目的开发。

Python 的创始人为荷兰人吉多·范罗苏姆(Guido van Rossum)。1989 年圣诞节期间,在阿姆斯特丹,Guido 为了打发圣诞节的无趣,决心开发一个新的脚本解释程序,作为 ABC 语言的一种继承。之所以选中 Python(大蟒蛇的意思)作为该编程语言的名字,是取自英国 20 世纪 70 年代首播的电视喜剧《蒙提·派森的飞行马戏团》(Monty Python's Flying Circus)。

Python 已经成为最受欢迎的程序设计语言之一。自从 2004 年以后,Python 的使用率呈线性增长。Python 2 于 2000 年 10 月 16 日发布,稳定版本是 Python 2.7。Python 3 于 2008 年 12 月 3 日发布,不完全兼容 Python 2。2011 年 1 月,它被 TIOBE 编程语言排行榜评为 2010 年度语言。目前最新版本为 2019 年颁布的 Python 3.8。

它具有以下几个方面的特点:

简单:Python 是一种代表简单主义思想的语言。阅读一个良好的 Python 程序就感觉像是在读英语一样。它使你能够专注于解决问题而不是去搞明白语言本身。

易学:Python 极其容易上手,因为 Python 有极其简单的说明文档。

速度快:Python 的底层是用 C 语言写的,很多标准库和第三方库也都是用 C 写的,运行速度非常快。

免费、开源:Python 是 FLOSS(自由/开放源码软件)之一。使用者可以自由地发布这个软件的拷贝、阅读它的源代码、对它做改动、把它的一部分用于新的自由软件中。FLOSS 是基于一个团体分享知识的概念。

高层语言：用 Python 语言编写程序的时候无须考虑诸如如何管理你的程序使用的内存一类的底层细节。

可移植性：由于它的开源本质，Python 已经被移植在许多平台上（经过改动使它能够工作在不同平台上）。这些平台包括 Linux、Windows、FreeBSD、Macintosh、Solaris、OS/2、Amiga、AROS、AS/400、BeOS、OS/390、z/OS、Palm OS、QNX、VMS、Psion、Acom RISC OS、VxWorks、PlayStation、Sharp Zaurus、Windows CE、PocketPC、Symbian 以及 Google 基于 Linux 开发的 Android 平台。

解释性：Python 语言写的程序不需要编译成二进制代码。你可以直接从源代码运行程序。在计算机内部，Python 解释器把源代码转换成称为字节码的中间形式，然后再把它翻译成计算机使用的机器语言并运行。这使得使用 Python 更加简单，也使得 Python 程序更加易于移植。

面向对象：Python 既支持面向过程的编程也支持面向对象的编程。在“面向过程”的语言中，程序是由过程或仅仅是可重用代码的函数构建起来的。在“面向对象”的语言中，程序是由数据和功能组合而成的对象构建起来的。

可扩展性：如果需要一段关键代码运行得更快或者希望某些算法不公开，可以部分程序用 C 或 C++编写，然后在 Python 程序中使用它们。

可嵌入性：可以把 Python 嵌入 C/C++程序，从而向程序用户提供脚本功能。

丰富的库：Python 标准库确实很庞大。它可以帮助处理各种工作，包括正则表达式、文档生成、单元测试、线程、数据库、网页浏览器、CGI、FTP、电子邮件、XML、XML－RPC、HTML、WAV 文件、密码系统、GUI（图形用户界面）、TK 和其他与系统有关的操作。这被称作 Python 的“功能齐全”理念。除了标准库以外，还有许多其他高质量的库，如 wxPython、Twisted 和 Python 图像库等等。

规范的代码：Python 采用强制缩进的方式使得代码具有较好可读性。而 Python 语言写的程序不需要编译成二进制代码。

它的应用领域主要包括 WEB 开发、网络编程、网络爬虫、云计算、人工智能、自动化运维、金融分析、科学运算、游戏开发。

三、语言处理系统

计算机只能接受和理解机器语言编写的二进制代码，因此用汇编语言和其他高级语言编写的源程序是不能在计算机上直接运行的，必须先把它翻译成机器语言程序。一般通过以下三种方式实现。

把汇编语言源程序翻译加工成机器语言程序（目标程序）的过程，称为汇编。这个工作由汇编程序来完成。

高级语言编写的源程序，按动态的运行顺序逐句进行翻译并执行的过程，称为解释。解释程序的这种工作过程便于实现人机对话，一般用于动态调试程序。

将高级语言源程序翻译成用汇编语言或机器语言表示的目标程序的过程，成为编译。编译程序把源程序翻译成目标程序一般经过词法分析、语法分析、中间代码生成、代码优化和目标代码生成 5 个阶段。

7.1.2　程序设计方法

程序设计方法是研究问题求解如何进行系统构造的软件方法学。常用的程序设计方法有结构化程序设计方法和面向对象方法。

一、结构化程序设计方法

为了缓解软件危机,人们开始研究程序设计方法,以提高软件开发的效率。最受关注的是结构化程序设计方法。最早由 E. W. Dijikstra 在 1965 年提出了"结构化程序设计(Structured Programming)"的思想和方法。结构化程序设计方法引入了工程思想和结构化思想,使大型软件的开发和编程的效率都得到了极大的改善。

1. 结构化程序设计的原则

结构化程序设计方法的主要原则可以概括为自顶向下,逐步求精,模块化,限制使用 goto 语句。

(1) 自顶向下

程序设计时,应先考虑总体,后考虑细节;先考虑全局目标,后考虑局部目标。不要一开始就过多追求众多的细节,先从最上层总目标开始设计,逐步使问题具体化。

(2) 逐步求精

对复杂问题,应设计一些子目标作为过渡,逐步细化。

(3) 模块化

一个复杂问题,肯定是由若干稍简单的问题构成。模块化是把程序要解决的总目标分解为分目标,再进一步分解为具体的小目标,把每个小目标称为一个模块。

(4) 限制使用 goto 语句

仅在用一个非结构化的程序设计语言去实现一个结构化的构造,或者在某种可以改善而不是损害程序可读性的情况下才可以使用 goto 语句。

2. 结构化程序设计的基本结构和特点

结构化程序设计方法是程序设计的先进方法和工具。采用结构化程序设计方法编写程序,可使程序结构良好、易读、易理解、易维护。程序设计语言仅仅需要使用顺序、选择和重复三种基本控制结构,就足以表达出各种其他形式结构。

(1) 顺序结构

顺序结构是一种简单的程序设计结构,它是最基本、最常用的结构,如图 7.1 所示。顺序结构是顺序执行结构,所谓顺序执行,就是按照程序语句行的自然顺序,逐条语句地执行程序。

(2) 选择结构

选择结构又称为分支结构,它包括简单选择和多分支选择结构,这种结构可以根据设定的条件,判断应该选择哪一条分支来执行相应的语句序列。图 7.2 所示包含 2 个分支的简单选择结构。

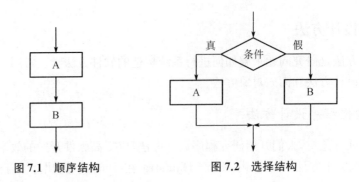

图 7.1　顺序结构　　　　　　　　　图 7.2　选择结构

（3）重复结构

重复结构又称为循环结构，它根据给定的条件，判断是否需要重复执行某一相同的或类似的程序段，利用重复结构可简化大量的程序行。在程序设计语言中，重复结构对应两类循环语句，先判断后执行循环体的称为当型循环结构（如图 7.3 所示），先执行循环体后判断的称为直到型循环结构（如图 7.4 所示）。

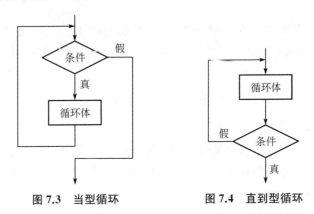

图 7.3　当型循环　　　　　　　　图 7.4　直到型循环

总之，遵循结构化程序的设计原则，按结构化程序设计方法设计出的程序具有明显的优点：其一，程序易于理解、使用和维护。程序员采用结构化编程方法，便于控制、降低程序的复杂性，因此容易编写程序。便于验证程序的正确性，结构化程序清晰易读，可理解性好，程序员能够进行逐步求精、程序证明和测试，以确保程序的正确性，程序容易阅读并被人理解，便于用户使用和维护。其二，提高了编程工作的效率，降低了软件开发成本。结构化编程方法能够把错误控制到最低限度，因此能够减少调试和查错时间。结构化程序是由一些为数不多的基本结构模块组成，这些模块甚至可以由机器自动生成，从而极大地减轻了编程工作量。

二、面向对象程序设计方法

1. 面向对象方法

面向对象（Object Oriented）方法已经发展成为当今主流的软件开发方法。面向对象方法的形成同结构化方法一样，起源于实现语言，首先对面向对象的程序设计语言开展研究，随之逐渐形成面向对象分析和设计方法。面向对象方法和技术历经近 40 年的研究和发展，已经越来越成熟和完善，应用也越来越深入和广泛。

面向对象方法的本质,就是主张从客观世界固有的事物出发来构造系统,提倡用人类在现实生活中常用的思维方法来认识、理解和描述客观事物,强调最终建立的系统能够映射问题域,也就是说,系统中的对象以及对象之间的关系能够如实地反映问题域中固有事物及其关系。

面向对象方法之所以日益受到人们的重视和应用,成为流行的软件开发方法,是源于面向对象方法的以下优点。

(1) 与人类习惯的思维方法一致

面向对象方法和技术以对象为核心。对象是由数据以及它所容许的操作组成的封装体,与客观实体有直接的对应关系。对象之间通过传递消息互相联系,以模拟现实世界中不同事物彼此之间的联系。

面向对象的设计方法使用现实世界的概念抽象地思考问题从而自然地解决问题。它强调模拟现实世界中的概念而不强调算法,它鼓励开发者在软件开发的绝大部分过程中都用应用领域的概念去思考。

(2) 稳定性好

面向对象方法基于构造问题领域的对象模型,以对象为中心构造软件系统。它的基本做法是用对象模拟问题领域中的实体,以对象间的联系刻画实体间的联系。因为面向对象的软件系统的结构是根据问题领域的模型建立起来的,而不是基于对系统应完成的功能的分解,所以,当对系统的功能需求变化时并不会引起软件结构的整体变化,往往仅需要做一些局部性的修改。由于现实世界中的实体是相对稳定的,以对象为中心构造的软件系统也是比较稳定的。

(3) 可重用性好

面向对象的软件开发技术在利用可重用的软件成分构造新的软件系统时,有很大的灵活性。有两种方法可以重复使用一个对象类:一种方法是创建该类的实例,从而直接使用它;另一种方法是从它派生出一个满足当前需要的新类。继承性机制使得子类不仅可以重用其父类的数据结构和程序代码,而且可以在父类代码的基础上方便地修改和扩充,这种修改并不影响对原有类的使用。可见,面向对象的软件开发技术所实现的可重用性是自然的和准确的。

(4) 易于开发大型软件产品

许多软件开发公司的经验都表明,当把面向对象技术用于大型软件开发时,软件成本明显地降低了,软件的整体质量也提高了。

(5) 可维护性好

用传统的开发方法和面向过程的方法开发出来的软件很难维护,是长期困扰人们的一个严重问题。

使得用面向对象的方法开发的软件可维护性好主要由于下述因素的存在:

① 用面向对象的方法开发的软件稳定性比较好。

如前所述,当对软件的功能或性能的要求发生变化时,通常不会引起软件的整体变化,往往只需对局部做一些修改。由于对软件的改动较小且限于局部,自然比较容易实现。

② 用面向对象的方法开发的软件比较容易修改。

在面向对象方法中，核心是类(对象)，它具有理想的模块机制，独立性好，修改一个类通常很少会牵扯到其他类。如果仅修改一个类的内部实现部分(私有数据成员或成员函数的算法)，而不修改该类的对外接口，则可以完全不影响软件的其他部分。

面向对象技术特有的继承机制，使得对所开发的软件的修改和扩充比较容易实现，通常只需从已有类派生出一些新类，无须修改软件原有成分。

面向对象技术的多态性机制，使得当扩充软件功能时对原有代码的修改进一步减少，需要增加的新代码也比较少。

③ 用面向对象的方法开发的软件比较容易理解。

在维护已有软件的时候，首先需要对原有软件与此次修改有关的部分有深入理解，才能正确地完成维护工作。

面向对象的技术符合人们习惯的思维方式，用这种方法所建立的软件系统的结构与问题空间的结构基本一致。因此，面向对象的软件系统比较容易理解。

对面向对象软件系统进行修改和扩充，通常是通过在原有类的基础上派生出一些新类来实现。由于对象类有很强的独立性，当派生新类的时候通常不需要详细了解基类中操作的实现算法。因此，了解原有系统的工作量可以大幅度降低。

④ 易于测试和调试。

对用面向对象的方法开发的软件进行维护，往往是通过从已有类派生出一些新类来实现。因此，维护后的测试和调试工作也主要围绕这些新派生出来的类进行。类是独立性很强的模块，向类的实例发消息即可运行它，观察它是否能正确地完成相应的工作，因此对类的测试通常比较容易实现。

2. 面向对象方法的基本概念

关于面向对象方法，对其概念有许多不同的看法和定义，但是都涵盖对象及对象属性与方法、类、继承、多态性几个基本要素。下面分别介绍面向对象方法中这几个重要的基本概念，这些概念是理解和使用面向对象方法的基础和关键。

(1) 对象(Object)

对象是面向对象方法中最基本的概念。对象可以用来表示客观世界中的任何实体，也就是说，应用领域中有意义的、与所要解决的问题有关系的任何事物都可以作为对象，它既可以是具体的物理实体的抽象，也可以是人为的概念，或者是任何有明确边界和意义的东西。例如，一个人、一家公司、一个窗口、贷款和借款等，都可以作为一个对象。总之，对象是对问题域中某个实体的抽象，设立某个对象就反映了软件系统保存有关它的信息并具有与它进行交互的能力。

面向对象的程序设计方法中涉及的对象是系统中用来描述客观事物的一个实体，是构成系统的一个基本单位，它由一组表示其静态特征的属性和它可执行的一组操作组成。

例如，一只气球是一个对象，它包含了气球的属性(如颜色、大小、重量等)及其操作(如爆炸)。一个对话框是一个对象，它包含了对话框的属性(如大小、颜色、位置等)及其操作(如打开、关闭等)。

属性即对象所包含的信息，它在设计对象时确定，一般只能通过执行对象的操作来改变。如对象人的属性有姓名、年龄、体重等。不同对象的同一属性可以具有相同或不同的属性值。要注意的是,属性值应该指的是纯粹的数据值,而不能指对象。

操作描述了对象执行的功能,若通过消息传递,还可以为其他对象使用。

对象有如下一些基本特点:

① 标识唯一性　指对象是可区分的,并且由对象的内在本质来区分,而不是通过描述来区分。

② 分类性　指可以将具有相同属性和操作的对象抽象成类。

③ 多态性　同类或不同类的对象发生相同的事件,可以产生不同的操作。

④ 封装性　从外面看只能看到对象的外部特性,即只需知道数据的取值范围和可以对该数据施加的操作,根本无须知道数据的具体结构以及实现操作的算法。对象的内部,即处理能力的实行和内部状态,对外是不可见的。

⑤ 模块独立性　对象内部各种元素彼此结合得很紧密,内聚性强。

(2) 类(Class)和实例(Instance)

将属性、操作相似的对象归为类,也就是说,类是具有相同属性、相同方法的对象的集合。所以,类是对象的抽象,它描述了属于该对象类型的所有对象的性质,而一个对象则是其对应类的一个实例。

要注意的是,当使用"对象"这个术语时,既可以指一个具体的对象,也可以泛指一般的对象,但是,当使用"实例"这个术语时,必然是指一个具体的对象。

例如:Integer 是一个整数类,它描述了所有整数的性质。因此任何整数都是整数类的对象,而一个具体的整数"111"是类 Integer 的一个实例。

由类的定义可知,类是关于对象性质的描述,它同对象一样,包括一组数据属性和在数据上的一组合法操作。例如,一个面向对象的图形程序在屏幕左下角显示一个半径 4cm 的红颜色的圆,在屏幕中部显示一个半径 5cm 的绿颜色的圆,在屏幕右上角显示一个半径 2cm 的黄颜色的圆。这三个圆心位置、半径大小和颜色均不相同的圆,是三个不同的对象。但是,它们都有相同的属性(圆心坐标、半径、颜色)和相同的操作(显示自己、放大缩小半径、在屏幕上移动位置,等等)。因此,它们是同一类事物,可以定义为一个"圆形"类。

(3) 消息(Message)

面向对象的世界是通过对象与对象间彼此的相互合作来推动的,对象间的这种相互合作需要一个机制协助进行,这样的机制称为"消息"。消息是一个实例与另一个实例之间传递的信息,它请求对象执行某一处理或回答某一要求的信息,它统一了数据流和控制流。消息的使用类似于函数调用,消息中指定了某一个实例,一个操作名和一个参数表(可为空)。接收消息的实例执行消息中指定的操作,并将形式参数与参数表中相应的值结合起来。消息传递过程中,由发送消息的对象(发送对象)的触发操作产生输出结果,作为消息传送至接受消息的对象(接受对象),引发接受消息的对象一系列的操作。所传送的消息实质上是接受对象所具有的操作/方法名称,有时还包括相应参数。图 7.5 所示表示了消息传递的概念。

消息中只包含传递者的要求,它告诉接受者需要做哪些处理,但并不指示接受者应该怎样完成这些处理。消息完全由接受者解释,接受者独立决定采用什么方式完成所需的处理,发送者对接受者不起任何控制作用。一个对象能够接受不同形式、不同内容的多个消息;相

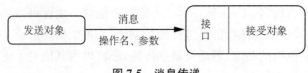

图7.5　消息传递

同形式的消息可以送往不同的对象，不同的对象对于形式相同的消息可以有不同的解释，能够做出不同的反映。一个对象可以同时往多个对象传递信息，两个对象也可以同时向某个对象传递消息。

例如，一个摩托车对象具有"行驶"这项操作，那么要让摩托车以时速50千米行驶的话，需传递给摩托车对象"行驶"及"时速50千米"的消息。

通常，一个消息由下述三部分组成：① 接受消息的对象的名称；② 消息标识符（也称为消息名）；③ 零个或多个参数。

（4）继承（Inheritance）

继承是面向对象的方法的一个主要特征。继承是使用已有的类定义作为基础建立新类的定义技术。已有的类可当作基类来引用，则新类相应地可当作派生类来引用。广义地说，继承是指能够直接获得已有的性质和特征，而不必重复定义它们。

面向对象软件技术的许多强有力的功能和突出的优点，都来源于把类组成一个层次结构的系统：一个类的上层可以有父类，下层可以有子类。这种层次结构系统的一个重要性质是继承性，一个类直接继承其父类的描述（数据和操作），子类自动地共享基类中定义的数据和方法。

为了更深入、具体地理解继承性的含义，图7.6所示实现继承机制的原理。

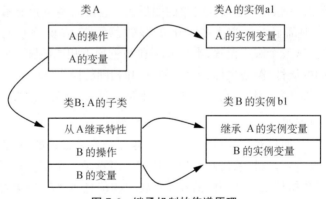

图7.6　继承机制的传递原理

图中以A、B两个类为例，其中类B是从类A派生出来的子类，它除了具有自己定义的特性（数据和操作）之外，还从父类A继承特性。当创建类A的实例a1的时候，a1以类A为样板建立实例变量。

当创建类B的实例b1的时候，b1既要以类B为样板建立实例变量，又要以类A为样板建立实例变量，b1所能执行的操作既有类B中定义的方法，又有类A中定义的方法，这就是继承。

继承具有传递性，如果类C继承类B，类B继承类A，则类C继承类A。因此，一个类实际上继承了它上层的全部基类的特性，也就是说，属于某类的对象除了具有该类所定义的特性外，还具有该类上层全部基类定义的特性。

（5）多态性（Polymorphism）

对象根据所接受的消息而做出动作，同样的消息被不同的对象接受时可导致完全不同的行动，该现象称为多态性。在面向对象的软件技术中，多态性是指子类对象可以像父类对象那样使用，同样的消息既可以发送给父类对象也可以发送给子类对象。

例如，窗体上有两个命令按钮，一个是"关闭"按钮，一个是"打开"按钮，都是产生于同一个命令按钮类，在这两个按钮上点击鼠标左键，也就是发生相同的事件（或称传递相同的消息），但它们产生的结果是不相同的。

7.2　软件工程

软件已经成为以计算机为基础的系统和产品中的关键部分，并且软件开发已经成为世界舞台上最重要的技术之一。在过去 50 年中，软件已经从解决问题和信息分析的专用工具发展成为独立的产业，然而，如何在有限的时间内，利用有限的资金开发高质量的软件仍然是我们所面临的问题。软件工程的目的就是为开发高质量的软件产品提供一个工程框架，从而使软件开发过程规范化、标准化。

7.2.1　软件工程基本概念

一、软件定义及软件的特点

软件是计算机系统中与硬件相互依存的另一部分，它包括程序、相关数据及其说明文档。在该定义中，程序是计算任务的处理对象和处理规则的描述；文档是有关计算机程序功能、设计、编制、使用的文字和图形资料。

软件是一种特殊的产品，它具有独有的特征：

① 软件是一种逻辑实体，它与其他的物质产品有很大的区别，是脑力劳动的结晶，看不见摸不着，具有抽象性。它以程序和文档的形式出现，保存在计算机存储介质中，需通过计算机的执行来体现它的功能和作用；

② 软件没有明显的制造过程，软件产品的成本主要体现在软件的开发和研制上，软件开发完成后，通过复制就能产生大量的软件产品；

③ 软件在使用过程中，没有磨损、老化的问题；

④ 软件对硬件和环境有着不同程度的依赖性；

⑤ 软件的开发至今尚未完全摆脱手工作坊式的开发方式，生产效率低；

⑥ 软件是复杂的，而且以后会更加复杂；

⑦ 大多数软件是定制的，而不是通过已有的构件组装而来的，软件的开发成本相当昂贵。

二、软件危机

在 20 世纪 60 年代末期，由于计算机硬件技术的快速发展，计算机运行速度、存储容量和可靠性显著的提高，计算机生产成本显著下降，为计算机在各行各业的广泛应用创造了条件。一些复杂的大型软件开发项目也相继产生。但是，软件开发技术的发展速度未能满足发展的要求。在软件开发过程中遇到的问题找不到解决的办法，使问题积累下来，形成了尖锐的矛盾，从而导致出现了软件危机。

具体地说，软件危机主要体现在以下几个方面。

① 开发经费超出预算，开发周期一再延长。由于缺乏软件开发的经验和软件开发数据的积累，使得软件开发工作的计划很难制定。盲目制定计划，执行起来与实际情况有很大的差距，使得开发经费一再突破。由于对工作量估计不足，对开发难度估计不足，进度无法按时完成。

② 软件产品不符合用户要求。开发初期对用户的需求了解不够，未能得到明确表达，开发开始后，开发人员与用户之间又未能及时交换意见，使得一些问题不能及时解决，导致开发出来的软件不能满足用户的要求，因而开发失败。

③ 软件产品可维护性差。开发过程没有统一的、公认的规范，软件开发人员按各自的风格工作，各行其是。开发过程无完整、规范的文档，发现问题后进行杂乱无章的修改。程序结构不好，运行时发现问题也很难修改，导致可维护行差。

④ 软件产品可靠性差。在软件开发过程中，由于没有保证软件质量的体系和措施，在软件测试时，又没有严格的、充分的、完全的测试，提交给用户的软件质量差，在运行中暴露出大量的问题。

造成以上软件危机的原因是由于软件产品本身的特点以及开发软件的方式、方法、技术和人员引起的。具体原因可能有以下几个方面：软件的规模越来越大，结构越来越复杂；软件开发管理困难而复杂；软件开发费用不断增加；软件开发技术落后；生产方式落后；开发工具落后，生产率提高缓慢。

三、软件工程定义及基本原理

上述原因导致了软件危机，为了克服软件危机，人们从其他产业的工程化生产得到启示。1968年在北大西洋公约组织的工作会议首次提出"软件工程"的概念，提出要用工程化的思想来开发软件，从此，软件生产进入软件工程时代。

软件工程是指导计算机软件开发和维护的工程学科。采用工程的概念、原理、技术和方法来开发与维护软件，把经过时间考验而证明正确的管理技术和当前能够得到的最好的技术方法结合起来，这就是软件工程。软件工程主要研究的内容如表7-1所示。

表7-1　软件工程研究内容

软件开发技术	软件开发方法学	基于瀑布模型的结构化生命周期方法
		基于动态需求的快速原型法
		基于结构的面向对象的软件开发方法
	软件工具	用来开发软件的软件
	软件工程环境	支持软件开发的环境，软件工具及其相互间关系的总和
软件工程管理	软件管理	人力管理、进度安排、质量保证、资源管理
	软件工程经济学	以经济学的观点研究开发过程中的经济效益、成本估算、效益分析的方法和技术

软件工程基本思想主要有以下几点：

（1）用分阶段的生命周期计划严格管理

应该把软件生命周期划分成若干个阶段，并相应地制定出切实可行的计划，然后严格按照计划对软件的开发与维护工作进行管理。

（2）坚持进行阶段评审

软件的质量保证工作不能等到编码阶段结束之后再进行。大部分错误是编码之前造成的，根据 Boehm 等人的统计，设计错误占软件错误的 63%，编码错误仅占 37%。错误发现与改正得越晚，所付出的代价也越高。

（3）实行严格的产品控制

当需求改变时，必须实行严格的产品控制，其中主要是实行基准配置管理。一切有关修改软件的建议，特别是涉及基准配置的修改建议，都必须按照严格的规定进行评审，获得批准后才能实施修改。

（4）采用现代程序设计技术

采用先进的技术既可以提高软件开发的效率，又可提高软件维护的效率。20 世纪 60 年代末提出结构化程序设计技术——结构分析（SA）与结构设计（SD）。20 世纪 80 年代末提出面向对象的技术。

（5）结果应能清楚地审查

软件开发人员工作进展情况可见性差，难以准确度量，难于评价和管理。应该根据软件开发项目的总目标及完成期限，规定开发组织的责任和产品标准，从而使得结果能够清楚地审查。

（6）开发小组的人员应该少而精

开发小组人员的素质和数量是影响软件产品质量和开发效率的重要因素。小组人员增加，交流情况和讨论问题而造成的通讯开销也急剧增加，人数为 N，可能的通信路径有 $N*(N-1)$。

（7）承认不断改进软件工程实践的必要性

不仅要积极主动地采纳新的软件技术，而且要不断总结经验。

四、软件生存周期模型

软件生存周期由软件定义、软件开发和运行维护 3 个时期组成，每个时期又进一步分成若干阶段。

软件生存周期模型是指软件开发和维护的分阶段的组织模式。它从时间角度对软件开发和维护的复杂问题进行分解，把软件生存的漫长周期划分成若干阶段。要求每个阶段有相对独立的任务；各阶段都采用科学的管理技术和适当的技术方法；每个阶段结束有明确标准；要有完整的文档资料；各阶段结束之前必须经过严格的技术审查和管理复审。

表 7-2　软件生存周期

生存阶段	周期序号	周期名称	生存阶段	周期序号	周期名称
软件定义	1	问题定义 可行性分析 需求分析	软件开发	5	测试
软件开发	2	概要设计		6	软件发布或 安装与验收
	3	详细设计	运行维护	7	软件使用
	4	编码		8	维护或退役

软件定义时期的任务是确定软件开发工程必须完成的总目标；确定工程的可行性；找出实现工程目标应该采用的策略及系统必须完成的功能；估计完成该项工程需要的资源和成本，并制定工程进度表。由系统分析员负责完成。

软件开发时期具体设计和实现已定义的软件，通常由下述 5 个阶段组成：概要设计、详细设计、编码、测试、验收。其中前 2 个阶段又称为系统设计，后 3 个阶段又称为系统实现。

软件运行时期的主要任务是使软件持久地满足用户需求。具体地说，当软件在使用过程中发现错误时应该加以改正；当环境改变时应该修改软件以适应新的环境；当用户有新的要求时应该及时改进软件以满足用户的新需要。通常对维护时期不再进行阶段划分，但是每一次维护活动本质上都是一次压缩和简化了的定义和开发过程。

五、软件工程模型

软件工程模型是为了获得高质量软件所需完成的一系列任务的框架，它规定了完成各项任务的工作步骤。模型定义了运用方法的顺序、应该交付的文档资料、为保证软件质量和协调变化所需要采用的管理措施，以及标志软件开发各个阶段任务完成的里程碑。为获得高质量的软件产品，软件工程模型必须科学、有效。典型的软件工程模型主要有以下几种。

1．瀑布模型（如图 7.7 所示）

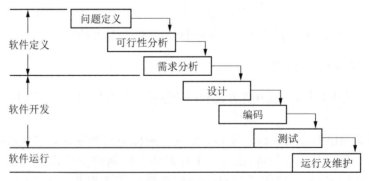

图 7.7　瀑布模型

瀑布模型的特点是阶段间具有顺序性和依赖性，每个阶段必须完成规定的文档，每个阶段结束前完成文档审查，及早改正错误。不足之处是瀑布模型的开发过程一般不能逆转，否则代价太大，而且实际的项目开发很难严格按该模型进行；还有就是客户往往很难清楚地给出所有的需求,而该模型却要求如此。

　　瀑布模型的应用范围主要适应于软件的实际情况必须到项目开发的后期客户才能看到,这要求客户有足够的耐心;或者用户的需求非常清楚全面,且在开发过程中没有或很少变化;或者开发人员对软件的应用领域很熟悉;或者用户的使用环境非常稳定;或者开发工作对用户参与的要求很低。

　　2. 快速原型模型

　　快速原型模型正是为了克服瀑布模型的缺点而提出来的。它通过快速构建起一个可在计算机上运行的原型系统,让用户试用原型并收集用户反馈意见的办法,获取用户的真实需求。

　　3. 增量模型

　　增量模型具有可在软件开发的早期阶段使投资获得明显回报和较易维护的优点,但是,要求软件具有开放的结构是使用这种模型时固有的困难。

7.2.2　软件开发过程

一、问题定义

　　在进行可行性研究之前,系统分析人员首先必须了解所开发软件的问题定义,即确定软件开发项目必须完成的目标。其关键问题是"要解决什么问题?",问题定义的主要内容应该包括:问题的背景、总体要求与目标、类型范围、功能规模、实现目标的方案、开发的条件、环境要求等等。通过问题的定义形成系统定义报告,以供后续的可行性研究阶段使用。

　　可行性研究一般要涉及 3 个方面的问题:经济、技术、社会因素(法律)。

二、需求分析

　　需求分析是软件生命周期中相当关键的一个阶段,是介于系统分析和软件设计阶段的重要桥梁。

　　需求分析阶段的基本任务是理解用户的需求,通过分析系统的功能要求、数据要求、性能要求、运行要求和将来可能提出的要求等用户需求,用书面形式表达出来,产生需求规格说明书。需求分析阶段采用的结构化分析工具主要有:

　　1. 数据流图(Data Flow Diagram,DFD)

　　数据流图从数据传递和加工角度,以图形方式来表达系统的逻辑功能、数据在系统内部的逻辑流向和逻辑变换过程。如图 7.8 所示,该图描述了一个客户到银行办理取款业务时的整个过程。图中没有具体的物理元素,它仅用来表达系统的逻辑功能,即数据在系统内的逻辑流向和数据的逻辑处理。

　　为了清晰表达数据处理过程的数据加工情况,按照系统的层次结构进行逐步分解,并以分层的数据流图反映这种结构关系,能清楚地表达和容易理解整个系统。如图 7.9 所示。

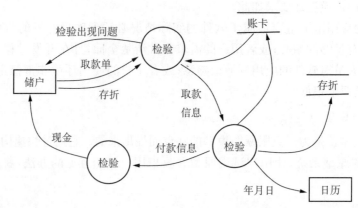

图 7.8　办理取款手续的数据流图

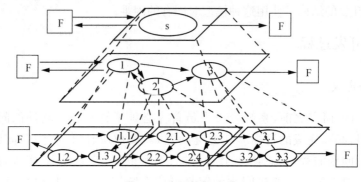

图 7.9　分层数据流图

2. 数据字典

数据字典用于较详细地定义或说明数据流图的四个基本成分。数据流图和数据字典共同构造系统的逻辑模型。没有数据字典，数据流图就不严格。

（1）定义

数据词典精确地、严格地定义了每一个与系统相关的数据元素，并以字典式顺序将它们组织起来，使得用户和分析员对所有的输入、输出、存储成分和中间计算有共同的理解。

（2）词条描述

在数据词典的每一个词条中应包含以下信息。

名称：数据对象或控制项、数据存储或外部实体的名字。

分类：数据对象/加工/数据流/数据文件/外部实体/控制项（事件/状态）。

描述：描述内容或数据结构等。

何处使用：使用该词条（数据或控制项）的加工。

（3）内容描述

在数据词典的编制中，分析员最常用的描述内容或数据结构的符号如表7-3所示。

表 7 - 3　数据词典定义式中的符号

符　号	含　义	解　释
=	被定义为	
+	与	例如,x=a+b,表示 x 由 a 和 b 组成。
[…,…]	或	例如,x=[a, b],x=[a|b],表示 x 由 a 或由 b 组成。
[…|…]	或	
{ … }	重复	例如,x={a},表示 x 由 0 个或多个 a 组成。
m{…}n	重复	例如,x=3{a}8,表示 x 中至少出现 3 次 a,至多出现 8 次 a。
(…)	可选	例如,x=(a),表示 a 可在 x 中出现,也可不出现。
"…"	基本数据元素	例如,x="a",表示 x 为取值为 a 的数据元素。
..	连接符	例如,x=1..9,表示 x 可取 1 到 9 之中的任一值。

　　数据词典明确地定义了各种信息项。随着系统规模的增大,数据词典的规模和复杂性将迅速增加。

　　3．处理逻辑的表达方法

　　必须有适当方法描述由功能分析得到的"处理"的算法。描述的方法可以采用自然语言或程序流程图(程序设计语言)书写,但是自然语言不准确,而程序流程图又过于烦琐,一般采用形式化语言或判定表、判定树等。

　　(1) 形式化语言

　　是一种介于自然语言和程序设计语言之间的语言。

　　(2) 判定树

　　判定树就是判定表的图形表示。图 7.10 所示"检查发货单"判定树。

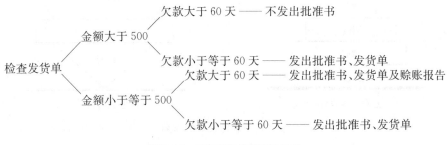

图 7.10　"检查发货单"判定树

　　(3) 判定表

　　采用表格化的形式,适用于表达含有复杂判断的加工逻辑,如表 7 - 4 所示。

表 7-4　判定表

条件	发货金额	> $500		≤ $500	
	赊欠情况	>60 天	≤60 天	>60 天	≤60 天
操作	不发批准书	√			
	发批准书		√	√	√
	发发货单		√	√	√
	发赊欠单			√	

判定表可以通过合并逐步简化。按最后化简后的判定表可以画出其判定树。判定表和判定树只适合表达判断逻辑，不适宜表达循环。

（4）加工说明卡片

加工说明可以像字典条目一样记载在卡片上。

4. 软件需求规格说明书（Software Requirement Specification，SRS）

软件需求规格说明书是需求分析阶段的最后成果，是软件开发中的重要文档之一。需求说明书经过用户与开发者双方认可后，具有合同的作用。开发者按系统需求说明书的要求设计系统，用户应按系统需求说明书的要求确认并验收系统。

需求说明书一般应包括以下几部分：① 一套分层的数据流图 DFD；② 一本数据字典；③ 一组小说明；④实体联系图或其他数据分析结果的文档；⑤ 系统开发计划，确认测试计划，初步用户手册。

三、软件设计

软件设计是软件开发中最重要的一个阶段，其作用如图 7.11 所示，如果进行软件设计，则之后的工作会逐步减少，而且很有规律。而省略设计阶段，则工作任务会越来越大，难度也会越来越大，而且导致测试工作量加大，维护工作量不可预测。

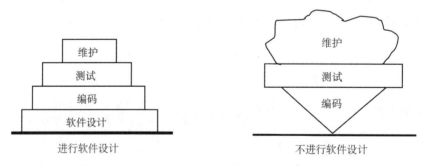

图 7.11　软件设计的作用

软件设计阶段包含两种设计：一是概要设计或总体设计，概要设计确定系统的软件结构；二是详细设计，即进行各模块内部的具体算法设计。

概要设计应采用结构化程序设计的方法进行。任务是根据系统分析资料确定系统应由哪些子模块组成，模块的功能如何，它们应采用什么方式连接，接口如何等，才能构成一个好的软件结构,以及如何用恰当的方法把设计结果表达出来。

结构化设计采用自顶向下的模块设计方法设计系统的软件结构。它要求每个模块大小适中,完成单一功能,模块与模块间接口简单,系统具有层次结构。

1. 软件设计原则

（1）抽象

抽象是一种思维工具,就是把事物本质的共同特性提取出来而不考虑其他细节。软件设计中考虑模块化解决方案时,可以定出多个抽象级别。抽象的层次从概要设计到详细设计逐步降低。在软件概要设计中的模块分层也是由抽象到具体逐步分析和构造出来的。

（2）模块化

模块是指把一个待开发的软件分解成若干小的简单的部分。如高级语言中的过程、函数、子程序等。

为了解决复杂的问题,在软件设计中必须把整个问题进行分解来降低复杂性,这样就可以减少开发工作量并降低开发成本和提高软件生产率。但是划分模块并不是越多越好,因为这会增加模块之间接口的工作量,所以划分模块的层次和数量应该避免过多或过少。图7.12 描述了模块数量和软件成本之间的关系。

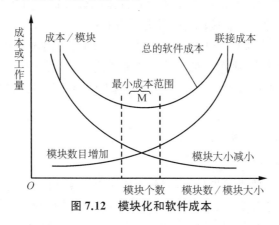

图 7.12　模块化和软件成本

（3）信息隐蔽

信息隐蔽是指在一个模块内包含的信息(过程或数据)对于不需要这些信息的其他模块来说是不能访问的。

（4）模块独立性

模块的独立程度是评价设计好坏的重要度量标准。衡量软件的模块独立性使用耦合性和内聚性两个定性的度量标准。

① 内聚性　内聚性是一个模块内部各个元素间彼此结合的紧密程度的度量。内聚是从功能角度来度量模块内的联系。

内聚的种类很多,其内聚性的强弱如图 7.13 所示。

内聚性是信息隐蔽和局部化概念的自然扩展。一个模块的内聚性越强则该模块的模块独立性越强。作为软件结构设计的设计原则,要求每一个模块的内部都具有很强的内聚性,它的各个组成部分彼此都密切相关。

图 7.13　内聚性强弱排列

② 耦合性　耦合性是模块间互相连接的紧密程度的度量。

耦合性取决于各个模块之间接口的复杂度、调用方式以及哪些信息通过接口。耦合的种类很多，其耦合度的高低如图 7.14 所示。

图 7.14　耦合性强弱排列

由此可见，一个模块与其他模块的耦合性越强则该模块的模块独立性越弱。原则上讲，模块化设计总是希望模块之间的耦合表现为非直接耦合方式。但是，由于问题所固有的复杂性和结构化设计的原则，非直接耦合往往是不存在的。

耦合性与内聚性是模块独立性的两个定性标准，耦合与内聚是相互关联的。在程序结构中，各模块的内聚性越强，则耦合性越弱。一般较优秀的软件设计，应尽量做到高内聚，低耦合，即减弱模块之间的耦合性和提高模块内的内聚性，有利于提高模块的独立性。

2. 概要设计

软件概要设计的基本任务是：

（1）设计软件系统结构

在概要设计阶段，需要进一步分解，划分为模块以及模块的层次结构。划分的具体过程是：① 采用某种设计方法，将一个复杂的系统按功能划分成模块；② 确定每个模块的功能；③ 确定模块之间的调用关系；④ 确定模块之间的接口，即模块之间传递的信息；⑤ 评价模块结构的质量。

（2）数据结构及数据库设计

数据设计是实现需求定义和规格说明过程中提出的数据对象的逻辑表示。数据设计的具体任务是确定输入、输出文件的详细数据结构；结合算法设计，确定算法所必需的逻辑数据结构及其操作；确定对逻辑数据结构所必需的那些操作的程序模块，限制和确定各个数据设计决策的影响范围；需要与操作系统或调度程序接口所必需的控制表进行数据交换时，确定其详细的数据结构和使用规则；数据的保护性设计有防卫性、一致性、冗余性设计。

（3）编写概要设计文档

在概要设计阶段，需要编写的文档有概要设计说明书、数据库设计说明书、集成测试计划等。

（4）概要设计文档评审

在概要设计中，对设计部分是否完整地实现了需求中规定的功能、性能等要求，设计方案的可行性，关键的处理及内外部接口定义正确性、有效性，各部分之间的一致性等都要进行评审，以免在以后的设计中出现大的问题而返工。

常用的软件结构设计工具是结构图（Structure Chart，SC），也称程序结构图。使用结构图描述软件系统的层次和分块结构关系，它反映了整个系统的功能实现以及模块与模块之间的联系与通讯，是未来程序中的控制层次体系。

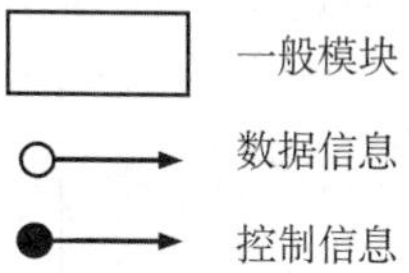

图 7.15　结构图基本图符

结构图是描述软件结构的图形工具。结构图的基本图符如图 7.15 所示。

模块用一个矩形表示，矩形内注明模块的功能和名字；箭头表示模块间的调用关系。在结构图中还可以用带注释的箭头表示模块调用过程中相互传递的信息，如果希望进一步标明传递的信息是数据还是控制信息，则可用带实心圆的箭头表示传递的是控制信息，用带空心圆的箭头表示传递的是数据。

根据结构化设计思想，结构图构成的基本形式如图 7.16 所示。

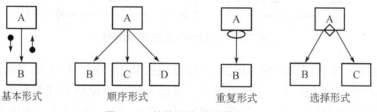

图 7.16　结构图构成的基本形式

在系统结构图中不能再分解的底层模块为原子模块。如果一个软件系统的全部实际加工（数据计算或处理）都由底层的原子模块来完成，而其他所有非原子模块仅仅执行控制或协调功能，这样的系统就是完全因子分解的系统。如果系统结构图是完全因子分解的，就是最好的系统。一般地，在系统结构图中有 4 种类型的模块（如图 7.17 所示）：

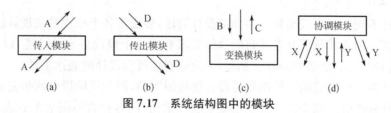

图 7.17　系统结构图中的模块

（1）传入模块

从下属模块取得数据，经过某些处理，再将其传送给上级模块。

（2）传出模块

从上级模块获得数据，进行某些处理，再将其传送给下属模块。

（3）变换模块

即加工模块。它从上级模块取得数据，进行特定的处理，转换成其他形式，再传送回上级模块。大多数计算模块(原子模块)属于这一类。

（4）协调模块

对所有下属模块进行协调和管理的模块。在系统的输入/输出部分或数据加工部分可以找到这样的模块。在一个好的系统结构图中,协调模块应在较高层出现。

通过图7.18所示程序的层次结构图,进一步了解程序结构图的有关术语。

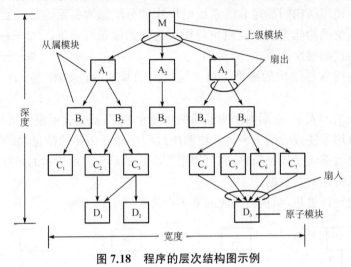

图 7.18　程序的层次结构图示例

模块深度表示模块层次结构的层数;宽度是层次结构中同一层上最多的模块数。一般来说深度越深,宽度越大的软件系统越复杂。扇出是指由该模块直接控制的下属模块的数目;扇入是指直接控制该模块的上层模块的数目。模块扇出不宜过大。扇出大于7时,出错率会急剧上升,扇出过小,软件层次结构深度加深,宽度增大。模块的扇入较大,表明模块复用性好,应适当加大模块的扇入。整个系统结构图的形态应尽量做到"顶层模块扇出大,中间层模块扇出较小,底层模块扇入大",有时称这种形态为"清真寺形态"。但实际软件设计过程中不必刻意去追求系统形态。

3.详细设计

详细设计不同于编码或编程。在详细设计阶段,要决定各个模块的实现算法,并精确地表达这些算法。前者涉及所开发项目的具体要求和对每个模块规定的功能,以及算法的设计和评价;后者需要给出适当的算法描述,为此应提供过程设计的表达工具。

软件设计阶段所完成的文档叫软件设计规格说明书,因为该阶段分两步完成,所以该说明书由两个部分组成。概要设计说明书规定软件结构,内容包含以图表形式表示的软件总体结构、模块的外部设计、数据结构设计;详细设计说明书描述程序的过程,内容包含表示软件结构的图表、对逐个模块的程序描述。

四、编码阶段

编码阶段就是制造软件的过程,比较注重正确性和可靠性。该阶段首先要进行语言的选择,然后才是正式根据详细设计说明书编写代码。

在选择与评价语言时,首先要从问题入手,确定它的要求是什么,这些要求的相对重要性如何,再根据这些要求和相对重要性来衡量能采用的语言。

除了好的程序设计方法和技术之外,程序设计风格也是很重要的。一般来讲,程序设计风格是指编写程序时所表现出的特点、习惯和逻辑思路。程序设计的风格总体而言应该强调简单和清晰,程序必须是可以理解的。可以认为,"清晰第一,效率第二"的论点已成为当今主导的程序设计风格。要形成良好的程序设计风格,主要应注重和考虑下述一些因素。

1.源程序文档化

源程序文档化应考虑如下几点:

(1)符号的命名:符号的命名应具有一定的实际含义,以便于对程序功能的理解。

(2)程序注释:正确的注释能够帮助读者理解程序。

注释一般分为序言性注释和功能性注释。序言性注释通常位于每个程序的开头部分,它给出程序的整体说明,主要描述内容可以包括:程序标题、程序功能说明、主要算法、接口说明、程序位置、开发简历、程序设计者、复审者、复审日期、修改日期等。功能性注释的位置一般嵌在源程序体之中,主要描述其后的语句或程序做什么。

(3)视觉组织:为使程序的结构一目了然,可以在程序中利用空格、空行、缩进等技巧使程序层次清晰。

2.数据说明的方法

在编写程序时,需要注意数据说明的风格,以便使程序中的数据说明更易于理解和维护。一般应注意如下几点:

(1)数据说明的次序规范化。鉴于程序理解、阅读和维护的需要,使数据说明次序固定,可以使数据的属性容易查找,也有利于测试、排错和维护。

(2)说明语句中变量安排有序化。当一个说明语句说明多个变量时,变量按照字母顺序排序为好。

(3)使用注释来说明复杂数据的结构。

3.语句的结构

程序应该简单易懂,语句构造应该简单直接,不应该为提高效率而把语句复杂化。

4.输入和输出

输入和输出信息是用户直接关心的,输入和输出方式和格式应尽可能方便用户的使用,因为系统能否被用户接受,往往取决于输入和输出的风格。

五、软件测试

1.软件测试的任务

发现和改正隐藏在程序中的各种错误,是保证程序正确性,提高程序质量的关键。测试的目的在于"发现错误"而不是"证明程序正确"。

软件测试是对模块和程序总体输入事先准备好的测试数据,检查该程序的输出,以发现该程序存在的错误,以及判定该程序是否满足设计要求的一项积极活动。测试阶段花费的时间往往超过程序设计阶段总工作量的 40%。

软件测试在软件生存期中横跨两个阶段,通常在编写出每一个模块之后就对它做必要的测试（称为单元测试）。模块的编写者与测试者是同一个人。编码与单元测试属于软件生存期中的同一个阶段。在这个阶段结束之后，对软件系统还要进行各种综合测试，这是软件生存期的另一个独立的阶段，即测试阶段，通常由专门的测试人员承担这项工作。

2. 软件测试的原则

鉴于软件测试的重要性，要做好软件测试，设计出有效的测试方案和好的测试用例，软件测试人员需要充分理解和运用软件测试的一些基本准则：

① 所有测试都应追溯到需求；

② 严格执行测试计划，排除测试的随意性；

③ 充分注意测试中的群集现象；

④ 程序员应避免检查自己的程序；

⑤ 穷举测试不可能；

⑥ 妥善保存测试计划、测试用例、出错统计和最终分析报告，为维护提供方便。

3. 软件测试的技术和方法

软件测试的方法和技术是多种多样的。对于软件测试方法和技术，可以从不同的角度加以分类。若从是否需要执行被测软件的角度，可以分为静态测试和动态测试方法。若按照功能划分可以分为白盒测试和黑盒测试方法。

(1) 静态测试与动态测试

静态测试包括代码检查、静态结构分析、代码质量度量等。静态测试可以由人工进行，充分发挥人的逻辑思维优势，也可以借助软件工具自动进行。经验表明，使用人工测试能够有效地发现 30%～70% 的逻辑设计和编码错误。

代码检查主要检查代码和设计的一致性，包括代码的逻辑表达的正确性，代码结构的合理性等方面。代码检查包括代码审查、代码走查、桌面检查、静态分析等具体方式。

静态测试并不实际运行软件，主要通过人工进行。动态测试是基于计算机的测试，是为了发现错误而执行程序的过程。

设计高效、合理的测试用例是动态测试的关键。测试用例（Test Case）是为测试设计的数据。测试用例由测试输入数据和与之对应的预期输出结果两部分组成。

(2) 白盒测试方法与测试用例设计

白盒测试方法也称结构测试或逻辑驱动测试。它是根据软件产品的内部工作过程，检查内部成分，以确认每种内部操作符合设计规格要求。白盒测试允许测试人员利用程序内部的逻辑结构及有关信息来设计或选择测试用例，对程序所有的逻辑路径进行测试。通过在不同点检查程序的状态来了解实际的运行状态是否与预期的一致。

白盒测试的基本原则是：保证所测模块中每一独立路径至少执行一次；保证所测模块所有判断的每一分支至少执行一次；保证所测模块每一循环都在边界条件和一般条件下至少各执行一次；验证所有内部数据结构的有效性。

白盒测试的主要方法有逻辑覆盖、基本路径测试等。

(3) 黑盒测试方法与测试用例设计

黑盒测试方法也称功能测试或数据驱动测试。黑盒测试是对软件已经实现的功能是否满足需求进行测试和验证。黑盒测试是在软件接口处进行功能验证。黑盒测试只检查程序功能是否按照需求规格说明书的规定正常使用,程序是否能适当地接收输入数据而产生正确的输出信息,并且保持外部信息(如数据库或文件)的完整性。

黑盒测试方法主要有等价类划分法、边界值分析法、错误推测法、因果图等,主要用于软件确认测试。

4.测试步骤

软件测试是保证软件质量的重要手段,软件测试是一个过程,其测试流程是该过程规定的程序,目的是使软件测试工作系统化。

软件测试过程一般按 4 个步骤进行,即单元测试、集成测试、确认测试(验收测试)和系统测试。通过这些步骤的实施来验证软件是否合格,能否交付用户使用。

(1) 单元测试

单元测试是对软件设计的最小单位——模块(程序单元)进行正确性检验的测试。单元测试的目的是发现各模块内部可能存在的各种错误。单元测试的依据是详细设计说明书和源程序。单元测试的技术可以采用静态分析和动态测试。对动态测试通常以白盒动态测试为主,辅之以黑盒测试。

单元测试是针对某个模块,这样的模块通常并不是一个独立的程序,因此模块自己不能运行,而要靠辅助其他模块调用或驱动。同时,模块自身也会作为驱动模块去调用其他模块,也就是说,单元测试要考虑它和外界的联系,必须在一定的环境下进行,这些环境可以是真实的也可以是模拟的。模拟环境是单元测试常用的。

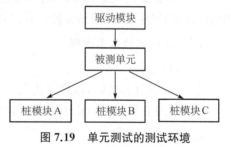

图 7.19　单元测试的测试环境

所谓模拟环境就是在单元测试中,用一些辅助模块去模拟与被测模块相联系的其他模块,即为被测模块设计和搭建驱动模块和桩模块,如图 7.19 所示。

其中,驱动(Driver)模块相当于被测模块的主程序。它接收测试数据,并传给被测模块,输出实际测试结果。桩(Stub)模块通常用于代替被测模块调用的其他模块,其作用仅做少量的数据操作,是一个模拟子程序,不必将子模块的所有功能带入。

(2) 集成测试

集成测试是测试和组装软件的过程。它是把模块在按照设计要求组装起来的同时进行测试,主要目的是发现与接口有关的错误。集成测试的依据是概要设计说明书。

集成测试所涉及的内容包括:软件单元的接口测试、全局数据结构测试、边界条件和非法输入的测试等。

集成测试时将模块组装成程序通常采用两种方式:非增量方式组装与增量方式组装。

(3) 确认测试

确认测试的任务是验证软件的功能和性能及其他特性是否满足需求规格说明中确定的各种需求,以及软件配置是否完全、正确。

确认测试的实施首先运用黑盒测试方法,对软件进行有效性测试,即验证被测软件是否满足需求规格说明确认的标准。复审的目的在于保证软件配置齐全、分类有序，以及软件配置所有成分的完备性、一致性、准确性和可操作性，并且包括软件维护所必需的细节。

（4）系统测试

系统测试是将通过确认测试的软件，作为整个基于计算机系统的一个元素，与计算机硬件、外设、支持软件、数据和人员等其他系统元素组合在一起，在实际运行（使用）环境下对计算机系统进行一系列的集成测试和确认测试。由此可知，系统测试必须在目标环境下运行，其目的在于评估系统环境下软件的性能，发现和捕捉软件中潜在的错误。

系统测试的目的是在真实的系统工作环境下检验软件是否能与系统正确连接，发现软件与系统需求不一致的地方。系统测试的具体实施一般包括恢复测试、性能测试、安全测试、压力测试、外部接口测试等。

六、软件调试

调试（Debugging）出现在成功的测试之后，当测试用例发现错误时，调试是致使错误消除的行为。调试就是查找问题症状与其产生原因之间的联系尚未得到很好理解的过程。软件测试贯穿整个软件生命期，调试主要在开发阶段。

由程序调试的概念可知，程序调试活动由两部分组成，其一，根据错误的迹象确定程序中错误的确切性质、原因和位置。其二，对程序进行修改，排除这个错误。

1. 程序调试的基本步骤

① 错误定位；
② 修改设计和代码，以排除错误；
③ 进行回归测试，防止引进新的错误。

2. 程序调试的原则

在软件调试方面，许多原则实际上是心理学方面的问题。因为调试活动由对程序中错误的定性、定位和排错两部分组成，因此调试原则也从以下两个方面考虑。

（1）确定错误的性质和位置时的注意事项

① 分析思考与错误征兆有关的信息。
② 避开死胡同。如果程序调试人员在调试中陷入困境，最好暂时把问题抛开，留到后面适当的时间再去考虑，或者向其他人讲解这个问题，去寻求新的解决思路。
③ 只把调试工具当作辅助手段来使用。利用调试工具，可以帮助思考，但不能代替思考。因为调试工具给人提供的是一种无规律的调试方法。
④ 避免用试探法，最多只能把它当作最后手段。这是一种碰运气的盲目的动作，它的成功概率很小，而且还常把新的错误带到问题中来。

（2）修改错误的原则

① 在出现错误的地方，很可能还有别的错误。经验表明，错误有群集现象，当在某一程序段发现有错误时，在该程序段中还存在别的错误的概率也很高。因此，在修改一个错误时，还要观察和检查相关的代码，看是否还有别的错误。
② 修改错误的一个常见失误是只修改了这个错误的征兆或这个错误的表现，而没有修

改错误本身。如果提出的修改不能解释与这个错误有关的全部现象,那就表明只修改了错误的一部分。

③ 注意修正一个错误的同时有可能会引入新的错误。人们不仅需要注意不正确的修改,而且还要注意看起来是正确的修改可能会带来的副作用,即引进新的错误。因此在修改了错误之后,必须进行回归测试。

④ 修改错误的过程将迫使人们暂时回到程序设计阶段。修改错误也是程序设计的一种形式。一般说来,在程序设计阶段所使用的任何方法都可以应用到错误修正的过程中来。

⑤ 修改源代码程序,不要改变目标代码。

3. 软件调试方法

调试的关键在于推断程序内部的错误位置及原因。从是否跟踪和执行程序的角度,类似于软件测试,软件调试可以分为静态调试和动态调试。静态调试主要指通过人的思维来分析源程序代码和排错,是主要的调试手段,而动态调试是辅助静态调试的。主要可以采用的调试方法:

(1) 强行排错法

作为传统的调试方法,其过程可概括为设置断点、程序暂停、观察程序状态、继续运行程序。这是目前使用较多、效率较低的调试方法。涉及的调试技术主要是设置断点和监视表达式。

(2) 回溯法

该方法适合于小规模程序的排错。即一旦发现了错误,先分析错误征兆,确定最先发现"症状"的位置。然后,从发现"症状"的地方开始,沿程序的控制流程,逆向跟踪源程序代码,直到找到错误根源或确定错误产生的范围。

回溯法对于小程序很有效,但随着源代码行数的增加,潜在的回溯路径数目很多,回溯会变得很困难,而且实现这种回溯的开销大。

(3) 原因排除法

原因排除法是通过演绎和归纳、二分法来实现的。

调试的成果是排错,为了修改程序中错误,往往会采用"补丁程序"来实现,而这种做法会引起整个程序质量的下降,但是从目前程序设计发展的状况看,对大规模的程序的修改和质量保证,又不失为一种可行的方法。

七、软件维护

软件投入使用后就进入软件维护阶段。维护阶段是软件生存周期中时间最长的一个阶段,所花费的精力和费用也是最多的一个阶段。这是因为计算机程序总是会发生变化的,隐含的错误要修改;新增的功能要加入进去;随着环境的变化,要对程序进行变动等。所以如何提高可维护性,减少维护的工作量和费用,这是软件工程的一个重要任务。

软件维护可以分为 4 种:校正性维护,适应性维护,完善性维护和预防性维护。

1. 校正性维护

在软件交互使用后,由于在软件开发过程中产生的错误并没有完全彻底地在测试中发现,必然有一部分隐藏的错误被带到维护阶段,这些隐藏的错误在某些特定的使用环境下会暴露出来。完成这种错误修改的过程叫校正性维护。

2. 适应性维护

随着计算机的飞速发展，软硬件环境的不断更新变化，数据环境也在不断变化。为了使软件适应这种变化而进行的修改软件的过程叫适应性维护。

3. 完善性维护

在软件不断的使用过程中，用户可能会对软件提出新的功能要求和性能要求。这主要因为用户的业务会发生变化，组织机构也可能发生变化，应用软件原来的功能不能满足需要。这种增加软件功能、增强软件性能、提高软件运行效率而进行的维护活动称为完善性维护。

4. 预防性维护

为了提高软件的可维护性和可靠性而对软件进行的修改称为预防性维护。这主要是为今后进一步的运行和维护打好基础。

 计算思维启迪

软件是计算机系统的重要组成部分之一，没有软件仅有硬件的计算机称为"裸机"，"裸机"几乎是无法工作的。软件主要由程序、数据和相关文档组成。

程序设计的基本工具是程序设计语言。程序设计语言的发展经历了机器语言、汇编语言、高级程序设计语言和第4代语言等几个发展过程。需要注意的是，这几代语言不是一代取代一代，而是相互补充、共同存在的。计算机所能执行的依然只是机器语言。常见的高级程序设计语言有C语言、FORTRAN语言、Visual Basic语言和Visual FoxPro语言等。常用的程序设计方法有结构化程序设计方法和面向对象方法。

随着软件的结构和功能越来越复杂，如何高效地开发高质量的软件一直困扰着软件开发人员，也由此出现了软件危机的问题。1968年北大西洋公约组织的工作会议上提出的"软件工程"思想，指出用工程化的思想来开发软件，从而使软件开发进入了软件工程时代。

软件工程是一门涉及软件开发过程、方法、工具的学科。尽管有多种不同的软件工程模型，但它们都定义了：一组框架活动，完成每个活动所包含的任务集，任务完成所形成的工作产品，以及一组可应用于整个过程的普适性活动。常用的软件工程模型有瀑布模型、快速原型模型和增量模型。

瀑布模型一般把软件开发分成若干个阶段，问题定义和可行性研究负责决定开发项目能否实施。需求分析需要系统分析员与用户充分交流，获取用户需求信息，并利用数据流图工具完成整个软件的逻辑模型。同时利用数据字典、形式化语言、判定表和判定树等工具描述流程图中的数据和处理。软件设计阶段的概要设计主要利用系统结构图实现对整个软件的模块划分及接口设计，详细设计则是对模块内部具体的功能实现进行算法设计。编码阶段要考虑程序设计语言的选择以及通过该语言完成编码。测试阶段的根本目标是尽可能多地发现并排除软件中隐藏的错误，需要完成单元测试、集成测试、验收测试和系统测试，测试的方法主要有黑盒测试和白盒测试。调试阶段是在测试之后消除错误的过程。软件维护是在软件交付使用之后，为了改正错误或满足新的需要而修改软件的过程，主要包含校正性维护、适应性维护、完善性维护和预防性维护4种。

思维导图

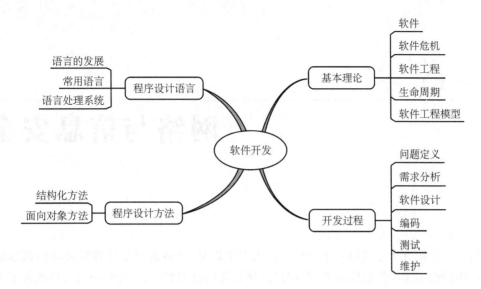

 阅读资料

【微信扫码】
相关资源 & 拓展阅读

第8章

网络与信息安全

　　自二十世纪五十年代第一个计算机网络诞生以来,这种融合了计算机和通信技术的高科技产物经过半个多世纪的发展,在国民经济各部门已得到广泛应用,并极大地改善了人们的工作和生活方式,无线网络的发展和应用更使得人们可以把因特网装在口袋里,随时随地可以获得自己关心的信息。与此同时病毒的泛滥、黑客的攻击、僵尸网络等各种网络安全事件也越来越多地严重威胁互联网的应用和发展。本章主要介绍计算机网络的基础知识和信息安全的基本概念。

8.1　计算机网络概述

8.1.1　网络的定义与分类

一、网络的定义

　　在计算机网络发展的不同阶段,人们对计算机网络提出了不同的定义,不同定义反映着当时网络技术发展的水平与人们对网络的认识程度。基于资源共享观点将计算机网络定义为"利用通信线路和网络连接设备将分散在不同地点的多台自主式计算机系统互相连接,按照网络协议进行数据通信,实现资源共享、为网络用户提供各种应用服务的信息系统"。

　　根据上述定义,一个计算机网络应包括3个主要的组成部分。

　　(1) 若干台主机(Host)

　　它们可以是各种类型的计算机,大到巨型机,小到便携式电脑,用来向用户提供服务。

　　(2) 一个通信子网

　　由一些通信线路和结点交换机(也叫通信处理机)组成,用于进行数据通信。

　　(3) 一系列通信协议(Protocol)及相关的网络软件

　　通信协议用于主机与主机、主机与通信子网或通信子网中各结点之间的通信。协议是通信双方事先约定好的、必须遵守的规则,它是计算机网络不可缺少的组成部分,是区别计算机网络与一般计算机互连系统的标志。

近年来,随着分布式处理技术的发展,出现了一种"用户透明"的观点。根据此观点,又可将计算机网络定义为"必须具备能为用户自动管理资源的操作系统,由它来调用完成用户任务所需的资源,使整个网络像一个大的计算机系统一样对用户是透明的,符合这一定义的计算机网络就是所谓的分布式计算机网络"。这是计算机网络的发展方向,当前的计算机网络只能部分地做到"用户透明"。

二、网络的分类

在计算机网络的发展过程中,形成了多种类型的网络。可以从不同的角度对它们加以分类。

1. 按网络所使用的传输技术分类

网络所采用的传输技术决定了网络的主要技术特点,因此,根据网络所采用的传输技术对网络进行分类是一种很重要的方法。

计算机网络通过信道完成数据传输任务所采用的传输技术有两类,即广播(Broadcast)方式与点-点(Point-to-Point)方式。这样,相应的计算机网络也可以分成两类:

(1) 广播式网络(Broadcast Networks)

在广播式网络中,所有联网的计算机都共享一个公共通信信道。当一台计算机利用共享通信信道发送报文分组时,所有其他的计算机都会"收听"到这个分组。由于发送的分组中带有目的地址与源地址,接收到该分组的计算机将检查目的地址是否与本结点地址相同。如果被接收报文分组的目的地址与本结点地址相同,则接收该分组,否则丢弃该分组。

(2) 点-点式网络(Point-to-Point Networks)

与广播式网络相反,在点-点式网络中,每条物理线路连接一对计算机。若两台计算机之间没有直接连接的线路,那么它们之间的分组传输就要通过中间结点接收、存储、转发,直到目的结点。由于连接多台计算机之间的线路结构可能是复杂的,从源结点到目的结点可能存在多条路由,决定分组从通信子网的源结点到达目的结点的路由需要有路由选择算法。采用分组存储转发与路由选择是点-点式网络与广播式网络的重要区别之一。

2. 按网络的拓扑结构分类

拓扑结构是计算机网络的重要特性。计算机网络设计的第一步就要解决在保证一定的网络响应时间、吞吐量和可靠性的条件下,通过选择适当的线路、线路容量、连接方式,使整个网络的结构合理,成本低廉。为应对复杂的网络结构设计,人们引入了网络拓扑的概念。

拓扑学是几何学的一个分支,它是从图论演变过来的。拓扑学首先把实体抽象成与其大小、形状无关的点,将连接实体的线路抽象成线,进而研究点、线、面之间的关系。计算机网络拓扑是通过网络中结点与通信线路之间的几何关系表示网络结构,反映出网络中各实体间的结构关系。拓扑设计是建设计算机网络的第一步,也是实现各种网络协议的基础,它对网络性能、系统可靠性与通信费用都有重大影响。计算机网络拓扑主要是指通信子网的拓扑构型。

根据各计算机系统之间的几何连接形式(即网络的拓扑结构),可以把计算机网络分成以下5类。

（1）星型网络

星型网络的拓扑结构是指每一个远程结点都通过一条单独的通信线路直接与中心结点连接，即中心结点与每一个远程结点之间，都采用点-点连接方式；所有的远程结点之间进行通信时，都必须通过中心结点，如图 8.1(a)所示。星型网络的特点是：功能高度集中；单信息流通路径；线路利用率低；可扩展性差。

（2）总线型网络

总线型网络的拓扑结构是使用一条高速公用总线作为公共的传输通道连接若干结点所形成的网络，如图 8.1(b)所示。其中一个结点是网络服务器，由它提供网络通信及资源共享服务；其他结点是网络工作站（即用户计算机）。总线型网络的特点是：广播通信方式；信道利用率高；地理覆盖范围小；网络构造容易。

（3）环型网络

在环形网络中，每台入网的计算机都先连接到一个转发器上，再将所有的转发器通过高速点-点式信道，形成一个环形，如图 8.1(c)所示。网中的信息是单向流动的，从任何一个源转发器所送出的信息，经环路传送一周后又都返回到源转发器。环型网络的特点是：广播通信方式；传输延时的确定性；可引入优先级机制；可靠性差；灵活性差。

（4）树型网络

在实际建造一个较大的网络时，往往采用多级星型网络。而将多级星型网络按层次方式进行排列，即形成树型网络。网络的最高层是中央处理机，最低层是终端，其他各层则可以是多路转换器、部分用户计算机等，如图 8.1(d)所示。采用树型结构的原因可归结为以下几点：使为数众多的终端能共享一条通信线路，以提高线路的利用率；增强网络的分布式处理能力，以改善星型网络的可靠性和可扩充性。

（5）网状型网络

网状拓扑结构又称无规则型。在网状型网络中，结点之间的连接是任意的，没有规律。如图 8.1(e)所示。网状型网络的主要优点是系统可靠性高，但是结构复杂，必须采用路由选择算法与流量控制方法。目前实际存在和使用的广域网基本上都是采用的网状拓扑结构。

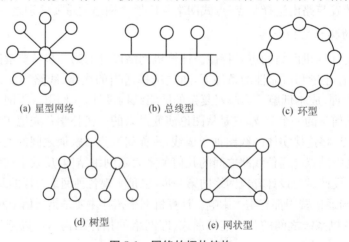

(a) 星型网络　　　　　(b) 总线型　　　　　(c) 环型

(d) 树型　　　　　(e) 网状型

图 8.1　网络的拓扑结构

3. 按网络的作用范围进行分类

计算机网络按照其覆盖的地理范围进行分类,可以很好地反映不同类型网络的技术特征。由于网络覆盖的地理范围不同,它们所采用的传输技术也就不同,因而形成了不同的网络技术特点与网络服务功能。按覆盖的地理范围进行分类,计算机网络可以分为广域网、局域网和城域网 3 类。

广域网(Wide Area Network,WAN)也称为远程网。它所覆盖的地理范围从几十到几千千米。

局域网(Local Area Network,LAN)一般通过专用高速通信线路把许多台计算机连接起来,速率①一般在 10 Mb/s 以上,甚至可达 1 000 Mb/s 以上,但在地理上则局限在较小的范围(如一幢建筑物、一个单位内部或者几公里左右的一个区域)。

城域网(Metropolitan Area Network,MAN)也称市域网,其作用范围在广域网和局域网之间,约为 5～100 km。

网络的分类还有其他一些方法。例如,按网络的使用性质可以划分为专用网和公用网;按网络的使用范围和环境可以分为企业网、校园网和政府网等;按传输介质可分为同轴电缆网(低速)、双绞线网(低速)、光纤网(高速)、微波及卫星网(高速)和无线网等;按网络的带宽和传输能力可分为基带(窄带)低速网和宽带高速网等。

8.1.2　常用的组网设备

一、传输介质

传输介质是网络中连接双方的物理通路,也是通信中实现信息传送的载体。网络中常用的传输介质有线信道传输中使用的双绞线、同轴电缆、光缆等,无线信道传输中使用的微波、红外、卫星通信等。

1. 双绞线

无论对于模拟信号还是数字信号,也无论对于广域网还是局域网,双绞线都是最常用的传输介质。双绞线是由按螺旋结构排列的两根、四根或更多相互绝缘的导线组成的。一对线可以作为一条通信线路,各个线对螺旋排列的目的是为了使各线对之间的电磁干扰最小。双绞线既可用于点-点连接,也可用于多点连接。用作远程中继线时,最大距离可达 15 km;用于组建 10/100 Mbps 局域网时,与集线器的距离最大为 100 m。双绞线的价格较低,并

图 8.2　双绞线

---

① 在网络中传输二进制信息时,是一位一位串行传输的。所谓数据传输速率是指单位时间内传送的二进制数据位数。经常使用的速率单位有:

"比特/秒"(b/s),有时也称"波特",如 2 400 波特(2 400 b/s)、9 600 波特(9 600 b/s)等;

"千比特/秒"(kb/s),1 kb/s=2^{10} b/s=1 024 b/s;"兆比特/秒"(Mb/s),1 Mb/s=2^{20} b/s=1 024 kb/s;

"千兆比特/秒"(Gb/s),1 Gb/s=2^{30} b/s=1 024 Mb/s。

且安装、维护方便。如图8.2所示。

2. 同轴电缆

同轴电缆目前主要用于有线电视信号的传输。其外观形状如图8.3(a)所示，它的横截面是一组同心圆[如图8.3(b)所示]。它由内导体(可以用单股实心线或者多股绞合线)、绝缘层(用来分隔外导体与内导体)、外导体(一圈导体编织层，均匀地排列成网状)及外部保护层组成。

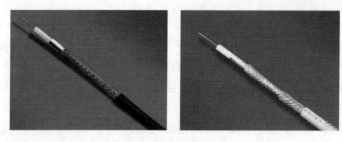

(a) 同轴电缆的外观形状

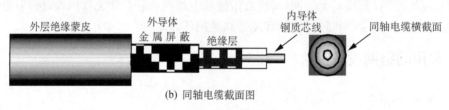

(b) 同轴电缆截面图

图 8.3　同轴电缆

同轴电缆既支持点-点连接，也支持多点连接。其抗干扰能力较强。但易受低频干扰，在使用时多将信号调制在高频载波上。同轴电缆使用的最大距离可达几十千米。其价格略高于双绞线。

3. 光纤电缆

光纤电缆简称为光缆，是网络传输介质中性能最好、应用前景最广泛的一种。

光纤是一种直径为 $50 \sim 100 \ \mu m$ 的柔软、能传导光波的介质。在折射率较高的纤芯外面，用折射率较低的包层包裹起来，就可以构成一条光纤通道；多条光纤组成一束，就构成一条光缆。光纤的结构如图8.4所示。

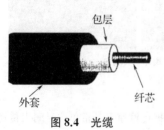

图 8.4　光缆

光纤分为多模与单模两类。所谓"模"是指以一定角度进入光纤的一束光。多模光纤采用发光二极管做光源，允许多束光在光纤中同时传播，会形成模分散(即不同"模"的光线进入光纤的角度不同造成它们到达另一端点的时间也不同)，因此多模光纤的芯线粗，传输速度低、传输距离短，整体的传输性能差，但其成本比较低，一般用于建筑物内或地理位置相邻的环境下。单模光纤采用固体激光器做光源，只允许一束光传播，所以单模光纤没有模分散特性，相对来说它的纤芯较细，传输频带宽、容量大，传输距离长，但因其需要激光光源，所以成本较高。随着单模光纤组网成本的降低，单模光纤正在逐步取代多模光纤。

光纤最普遍的连接方法是点-点方式。其信号衰减小,在 6～8 km 的距离内,不使用中继器的情况下,能实现高速率、低误码率的数据传输。此外光纤传输的安全性与保密性也极好。

光缆与电缆相比有 4 大优点:由于传输的是光信号,所以不会引起电磁干扰,也不会被干扰;玻璃纤维对光的反射能力强,所以传输距离比电缆远得多;光的频率比电信号高,可以对更多的信息进行编码,所以单位时间内传输的信息更多;电信号需要 2 根导线构成一个回路才能进行传输,光信号最少只要 1 根光纤即可传输。

二、网络设备

1. 调制解调器

为了能利用现有的电话、有线电视等模拟传输系统传输数字信号,必须先将数字信号变换成模拟信号(称为调制),到达目标计算机后,再把模拟信号转换成数字信号(称为解调)。MODEM 就是用来实现这些功能的。调制器的基本职能是把从终端设备和计算机送出的数字信号变换为适合在模拟信道上传输的模拟信号,解调器的基本职能是把模拟信号恢复成数字信号。通常都把调制器和解调器做在一起而称之为"调制解调器"。图 8.5 是利用模拟信道进行数据通信的示意图。

图 8.5　利用模拟信道进行数据通信

由于 MODEM 的用途是使计算机数据能够在模拟信道上传输,且各类传输信道都各有自己的特点,便产生了不同类型的 MODEM。例如,MODEM 按操作状态可分为同步MODEM 和异步 MODEM,前者速度快、成本高,适用于连接高速通信线路,后者速度慢、价格便宜,适用于连接低速通信线路。一般家庭通过电话线上网使用的都是异步 MODEM,其传输速率可达 56 kb/s。

MODEM 产品有外接式、内插式、PC 卡式(用于笔记本电脑)和机架式(用于网络中心)等多种不同的形式,它们各有不同的使用场合。几种典型的 MODEM 如图 8.6 所示。

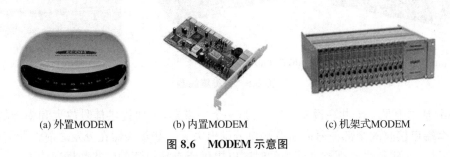

(a) 外置MODEM　　　　(b) 内置MODEM　　　　(c) 机架式MODEM

图 8.6　MODEM 示意图

2. 网卡

网卡是连接主机与传输介质的外设接口，它提供与网络主机的接口电路，实现数据缓存的管理、数据链路管理、编码和译码等功能。

根据网络技术类型可以将网卡划分为以太网卡、令牌网卡和 ATM 网卡等。

根据网卡总线类型可以划分为 ISA、PCI 和 EISA 三种。最常见的是 PCI 网卡。

根据网卡的带宽，网卡可分为 10 M 网卡、100 M 网卡、10 M/100 M 自适应网卡和 1 000 M 网卡 4 种。目前大多局域网，例如网吧、小规模的办公网络，都选择 10 M/100 M 自适应网卡或者 100 M 的网卡。所谓 10 M/100 M 自适应以太网卡是指网卡可以与远端网络设备（集线器或交换机）自动协商，确定当前可用速率是 10 M 还是 100 M。对于通常的文件共享等应用来说，10 M 网卡已经足够了，但对于语音和视频等应用来说，100 M 网卡将更有利于实时的传输。图 8.7 是几种典型的网卡示意图。

(a) 100 M网卡　　　　(b) 10 M/100 M自适应网卡　　　　(c) D-Link千兆网卡　　　　(d) 无线网卡

图 8.7　各类网卡示意图

3. Hub

Hub（集线器）是计算机网络中连接多台计算机或其他设备的连接设备，是对网络进行集中管理的最小单元。英文 Hub 就是中心的意思，像树的主干一样，它是各分支的汇集点。许多类型的网络都要依靠集线器来连接各种设备并把数据分发到各个网段。

Hub 常用来组建的以太网，其从物理层来看属于星形结构，但从数据链路的使用方式来看属于总线型。它是解决从服务器直接到桌面的最经济的方案。使用 Hub 组网灵活，它处于网络的一个星型节点，对节点相连的工作站进行集中管理，不让出问题的工作站影响整个网络的正常运行，并且用户的加入和退出也很自由。常见的 Hub 如图 8.8 所示。

(a) 8口以太网集线器　　　　(b) D-Link16口集线器　　　　(c) USB接口1拖4集线器

图 8.8　各类集线器

Hub 基本上是一个共享设备，其实质是一个中继器，主要提供信号放大和中转的功能，它把一个端口接收的全部信号向所有端口分发出去。一些集线器在分发之前将弱信号加强后重新发出，一些集线器则排列信号的时序以提供所有端口间的同步数据通信。

Hub 有多种类型,各个类型具有特定的功能,提供不同等级的服务。依据总线带宽的不同,Hub 可分为 10 M、100 M 和 10 M/100 M 自适应 3 种;根据端口数目的不同可分为 8 口、16 口和 24 口等;若按配置形式的不同可分为独立型、模块化和堆叠式 3 种;根据工作方式可分为被动集线器、主动集线器、智能集线器和交换集线器 4 种。

目前所使用的 Hub 基本是 10 M/100 M 自适应智能型可堆叠式 Hub。可堆叠的意思是指几个 Hub 可通过级联端口连接在一起,构成一个大 Hub。

4. 交换机

交换机(Switch)是帧交换数据通信设备,主要运行于 OSI 参考模型的第 2 层,早期的交换机本质上是具有流量控制的多端口网桥。把路由技术引入交换机,可以完成网络路由选择,称为路由交换机,也称为第 3 层交换机。第 3 层交换机的主要功能是减少路由次数,消除路由瓶颈。另外还有基于协议端口交换的第 4 层交换机,第 4 层交换机的主要功能是平衡网络负载,主要用于分担 Internet 服务器的通信流量。

交换机根据应用范围的不同,可以分为广域网(WAN)交换机和局域网(LAN)交换机两大类。校园网中使用的是 LAN 交换机。图 8.9 是典型交换机的示意图。

(a) 48口100 Mbps以太网交换机   (b) 24口1000 Mbps兆交换机

图 8.9　交换机

交换机具有多个端口,每个端口都具有桥接功能,可以连接一个 LAN 或一台高性能网络工作站或服务器。所有端口由专用的处理器进行控制,并经过控制管理总线转发信息。同时可以用专门的网管软件进行集中管理。

5. 路由器

路由器是网络层的互连设备,一般主要用于不同类型网络之间的互连。它提供了各种速率的链路或子网接口,同时参与管理网络,提供对资源的动态控制。校园网中园区网的互连以及校园网与公共网(Internet)的互连一般要通过路由器实现。路由器如图 8.10 所示。

(a) 带USB口宽带路由器   (b) 无线宽带路由器

图 8.10　路由器示意图

8.2 无线局域网与移动通信

8.2.1 无线网概述

一、无线网的定义

所谓无线网络，既包括允许用户建立远距离无线连接的全球语音和数据网络，也包括为近距离无线连接进行优化的红外线技术及射频技术，与有线网络的用途十分类似，最大的不同在于传输媒介的不同，利用无线电技术取代网线，可以和有线网络互为补充。

二、无线网的分类

1．无线局域网（WLAN）

无线局域网（Wireless LAN，WLAN）利用电磁波（红外线或无线电波）实现通信而不需要任何硬件连接。无论是用红外线（Iinfrared，IR）还是无线电（Radio Frequency，RF），WLAN 的基本结构分为基础设施网络和独立网络（或称为对等网络）。典型的基础设施网络由接入点（Access Poinf，AP）、通信终端（如带 WLAN PC 卡的移动电脑）、以太电缆组成。AP 包括收、发信机和天线。有线网络通过标准以太电缆连接到固定接入点 AP，接入点将有线网络的信息通过无线方式发送给通信终端，这种基本结构是混合式的，如图 8.11 所示。因为 WLAN 主要作为有线网的扩展和补充，所以，这种结构是常见的基本结构。独立网络是通过配有适配器（或称为网卡）的通信终端直接进行通信。独立网络适用于经常变动的公司及无法安装电缆的大楼进行数月或数年的通信，也适用临时性（甚至不到一天）的通信。

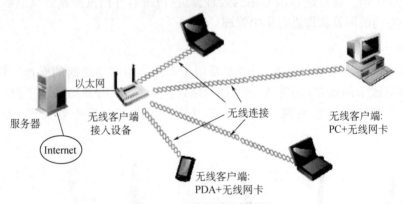

图 8.11   无线局域网模型图

2．无线广域网（WWAN）

无线广域网（Wireless WAN，WWAN）是一个使用无线通信技术互联地理上分割开的 LAN 以交换数据的网络。典型代表有国内三大运营商的移动网络。

3．无线个人网（WPAN）

无线个人网（Wireless PAN，WPAN）提供了一种小范围内无线通信的手段。它是在小范围内相互连接数个装置所形成的无线网络,通常是个人可及的范围内。例如蓝牙连接耳机及掌上 PDA 等。

8.2.2　无线局域网

一、WLAN 的组成

无线局域网由无线网卡、无线接入点(AP)、计算机和相关设备组成,采用单元结构,将整个系统分成许多单元,每个单元称为一个基本服务组(Basic Service Set,BSS),BSS 的组成有以下三种方式。

集中控制方式:每个单元由一个中心站控制,网中的终端在该中心站的控制下与其他终端通信。尽管这种方式 BSS 区域较大,但其所建中心站的费用较昂贵。

分布对等式:BSS 中任意两个终端可直接通信,无须中心站转接。尽管这种方式 BSS 区域较小,但它的结构简单,使用方便。

集中控制式与分布对等式相结合的方式。

二、WLAN 的协议标准

1. 802.11

IEEE 802.11 标准于 1997 年 6 月公布,是第一代无线局域网标准,使用 2.4 GHz 工作频段,速率最高只能达到 2 Mbps。该标准定义了物理层和媒体访问控制层(MAC)协议的规范。802.11 的物理层使用的是无线媒体,冲突检测较困难,因此 802.11 具有独特的媒体访问控制机制,以载波监听多路访问、冲突避免(CSMA/CA)的方式共享无线媒体。这里的 CSMA/CA 技术的原理是:站点在发送报文后等待来至接入点 AP(基本模式)或来至另外站点(对等模式)的确认帧。如果在一定的时间内没有收到确认帧,则假定发生了冲突并重发该数据。如果站点注意到信道上有活动,就不发送数据。

2. 802.11b

1998 年 7 月,IEEE 正式通过了 802.11b 标准,其带宽最高可达 11 Mbps。另外,也可根据实际情况采用 5.5 Mbps、2 Mbps 和 1 Mbps 带宽,实际的工作速度在 5 Mbps 左右,作为公司内部的设施,可以基本满足使用要求。IEEE 802.11b 使用的是开放的 2.4 GHz 频段(不需要申请就可使用)。既可作为对有线网络的补充,也可独立组网,从而使网络用户摆脱网线的束缚,实现真正意义上的移动应用。IEEE 802.11b 引进了 CSMA/CA 技术和 RTS/CTS(请求发送、清除发送)技术,从而避免了网络中冲突的发生,可以大幅度提高网络效率。RTS/CTS 的工作方式与调制解调器类似,在发送数据之前,站点将一个请求发送帧发送到目的站点,如果信道上没有活动,那么目的站点将一个清除发送帧发送回源站点。这个过程称为"预热"其他站点,从而防止不必要的冲突。RTS/CTS 一般只用于特别大的报文和重发数据时可能出现严重带宽问题的场合。

3. 802.11a

1999 年 9 月,IEEE 正式通过了 802.11a 标准,该标准规定最大 54 Mbps 的数据传输速率和 5 GHz 的工作频段。802.11a 标准是已在办公室、家庭、宾馆、机场等众多场合得到广泛应用的 802.11b 无线联网标准的后续标准。它可提供 25 Mbps 的无线 ATM 接口、10 Mbps 的以太网无线接口以及 TDD/TDMA 的空中接口；支持语音、数据、图像业务；802.11a 运用了提高频率信道利用率的正交频率划分多路复用（OFDM）的多载波调制技术。由于 802.11a 运用 5 GHz 射频频谱，它与 802.11b 或最初的 802.11 WLAN 标准均不能进行互操作。

4. 802.11g

2003 年 6 月，IEEE 正式通过了 802.11g 标准，该标准有以下两个特点：在 2.4 GHz 频段使用正交频分复用（OFDM）调制技术，使数据传输速率提高到 20 Mbps 以上；能够与 IEEE 802.11b 的 Wi-Fi 系统互联互通，可共存于同一 AP 的网络里，从而保障了后向兼容性。这样原有的 WLAN 系统可以平滑地向高速 WLAN 过渡，延长了 IEEE 802.11b 产品的使用寿命，降低了用户的投资。

5. 802.11n

2009 年 9 月，IEEE 正式通过了 802.11n 标准，支持 2.4 GHz 和 5GHz 频带，兼容早期的各个版本。另外该标准主要是结合物理层和 MAC 层的优化来充分提高 WLAN 技术的吞吐。主要的物理层技术涉及多入多出（MIMO）、多入多出正交频分复用（MIMO-OFDM）、保护间隔（Short GI）等技术，从而将物理层吞吐提高到 600 Mbps。同时 802.11n 对 MAC 层采用了 Block 确认、帧聚合等技术，大大提高 MAC 层的效率。

在传输速率方面，802.11n 可以将 WLAN 的传输速率由目前 802.11a 及 802.11g 提供的 54 Mbps，提高到 300 Mbps 甚至高达 600 Mbps。

在覆盖范围方面，802.11n 采用智能天线技术，通过多组独立天线组成的天线阵列，可以动态调整波束，保证让 WLAN 用户接收到稳定的信号，并可以减少其他信号的干扰。因此其覆盖范围可以扩大到好几平方千米，使 WLAN 移动性极大提高。

在兼容性方面，802.11n 采用了一种软件无线电技术，使得不同系统的基站和终端都可以通过这一平台的不同软件实现互通和兼容。这意味着使用 802.11n 协议的 WLAN 将不但能实现向前后兼容，而且可以实现 WLAN 与无线广域网络比如 3G 的结合。

三、蓝牙通信

1998 年 5 月，爱立信、诺基亚、东芝、IBM 和英特尔五家著名厂商联合提出了蓝牙技术，其宗旨是提供一种短距离、低成本的无线传输应用技术。

所谓蓝牙是一种支持设备短距离通信（一般 10 m 内）的无线电技术。能在包括移动电话、PDA、无线耳机、笔记本电脑、相关外设等众多设备之间进行无线信息交换。利用蓝牙技术，能够有效地简化移动通信终端设备之间的通信，也能够成功地简化设备与因特网之间的通信，从而使数据传输变得更加迅速高效。蓝牙支持点对点及点对多点通信，工作在全球通用的 2.4 GHz 频段，采用时分双工传输方案实现全双工传输。

蓝牙 1.1 和 1.2 版为最早期版本，传输速率大约都在 748～810 kbps，1.1 版容易受到同频率产品的干扰而影响通讯质量。1.2 版加上了抗干扰跳频功能，抗干扰能力有所提高。

版本 2.0 是 1.2 的改良提升版，传输率约在 1.8～2.1 Mbps，开始支持双工模式，即一面用于语音通信，一面可以传输档案、高质量图片。

Bluetooth 2.0+EDR 于 2004 年推出,支持 Bluetooth 2.0+EDR 标准的产品也于 2006 年大量出现。虽然 Bluetooth 2.0+EDR 标准在技术上做了大量的改进,但从 1X 标准延续下来的配置流程复杂和设备功耗较大的问题依然存在。

2009 年 4 月,蓝牙技术联盟正式颁布了新一代标准规范 Bluetooth Core Specification Version 3.0 High Speed(蓝牙核心规范 3.0 版),蓝牙 3.0 允许蓝牙协议栈针对任一任务动态地选择正确射频。作为新版规范,蓝牙 3.0 数据传输率提高到了大约 24 Mbps,达到了蓝牙 2.0 的八倍,可以轻松用于录像机、高清电视、PC、PMP(便携式媒体播放器)、UMPC(超便携移动个人电脑)至打印机之间的资料传输。

2010 年 4 月,蓝牙技术联盟表示,蓝牙 4.0 技术规范已经基本成型。蓝牙 4.0 包括三个子规范,即传统蓝牙技术、高速蓝牙和新的蓝牙低功耗技术。蓝牙 4.0 的改进之处主要体现在电池续航时间、节能和设备种类上。此外,蓝牙 4.0 拥有低成本、跨厂商互操作性、3 毫秒低延迟、100 米以上超长距离和 AES-128 加密等诸多特色,目前很多电子产品均已采用该标准。

8.2.3　移动通信

移动蜂窝通信系统的巨大成功称得上是电信产业史上百年来最著名的事件。移动蜂窝电话的便利性使得人们可以在任何时间、任何地点与地球上的任何人取得联系。

一、移动通信系统组成

移动通信系统是由移动台、基站、移动业务交换中心以及与市话网相连的中继等组成。图 8.12 所示为组成移动通信系统的最基本的结构。

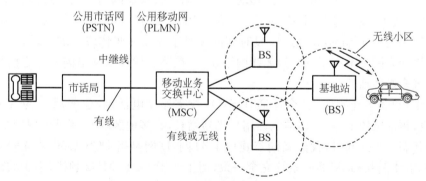

图 8.12　移动通信系统组成

基站与移动台都设有收、发信机和天馈线等设备。每个基站都有一个可靠通信的服务范围,称为无线小区。无线小区的大小主要由发射功率和基站天线的高度决定,基站天线越高,发射功率越大,无线覆盖区也越大。移动业务交换中心主要用来处理信息的交换和整个系统的集中控制管理。大容量移动电话系统可以由多个基站构成一个移动通信网,从图8.12可以看出,通过基站、移动业务交换中心就可以实现移动用户和市话用户间的通信,从而构成一个有线、无线相结合的移动通信系统。移动用户间不能直接通信,必须通过基站、移动业务交换中心转接。

二、移动通信系统的发展

1. 第一代通信系统（1G）

第一代通信系统是模拟移动通信系统。20 世纪 80 年代在美国芝加哥，基于模拟技术的移动电话首次应用。第一代系统具有以下几个特征：① 采用频分多址方案，即所有的语音信道都使用不同载频上的窄带带宽（通常为 30～50 kHz）；② 采用基于模拟的传输和信号处理技术；③ 每个系统只覆盖一个国家或者一个较小的区域；④ 由于较低的频谱利用率，所有的第一代移动蜂窝系统的系统容量都很小。此外第一代移动通信由于受到传输带宽的限制，不能进行移动通信的长途漫游，只能是一种区域性的移动通信系统。我国于 20 世纪 80 年代末发展了第一代 TASC 系统，到 2000 年之后，已全部退网，停止使用。

2. 第二代通信系统（2G）

早期第二代移动通信系统（Global System for Mobile Communications，GSM）一般定义为无法直接传送如电子邮件、软件等信息，只具有通话和手机短信（Short Message Service，SMS）以及一些如时间日期等传送的手机通信技术规格。第二代通信系统是数字通信系统，利用蜂窝组网技术，使系统具有数字传输的种种优点，他克服了 1G 的弱点，话音质量及保密性得到了很大的提高，可进行省内、省际自主漫游。但 2G 系统的带宽仍然有限，从而限制了数据业务的发展，它能提供的数据传输率仅为 9.6 kbps，无法实现移动的多媒体业务。并且由于各国标准不统一，无法实现全球漫游。

此后，通信运营商们又相继推出 GPRS 和 EDGE 技术。GPRS 是在 GSM 的基础上的一种过渡技术。该技术可以提供 115 kbps 的数据传输速率，可以一边上网一边通话。EDGE 技术是一种介于现有的第二代移动网络与第三代移动网络之间的过渡技术，因此有人称它为"二代半"技术，EDGE 提供了一个从 GPRS 到第三代移动通信的过渡性方案，其数据传输速率为 384 kbps，在之后一段时期内满足了无线多媒体应用的需求，从而使网络运营商可以最大限度地利用现有的无线网络设备，在第三代移动网络商业化之前提前为用户提供个人多媒体通信业务。

我国于 1993 年开始建设"全球通（GSM）"数字移动电话网，建成后 G 网工作于 900 MHz 频段，频带比较窄，随着移动电话用户迅猛增长，许多地区的 G 网已出现容量不足，达到饱和的状态。与此同时，我国又同步建设了 D 网，D 网是指 DCS 1800 系统的移动电话网，它的基本体制和 GSM 900 系统完全一致，但工作于 1 800 MHz 频段，不少城市均开辟了双频网，用以解决 GSM 900M 系统的容量问题。2002 年 5 月 17 日，中国移动正式开通 GPRS 网络，标志着我国移动通信进入 GPRS 网络发展阶段。

3. 第三代通信系统（3G）

第三代通信网络俗称 3G，是能够支持高速数据传输的蜂窝移动通信技术。3G 的技术基础是码分多址技术（Code Division Multiple Access，CDMA）。它使用码分扩频技术，至少可提供大于 GSM 网络 3 倍的容量，此外 CDMA 还具有良好的通信质量；全球范围内的无缝漫游；处理图像、音乐、视频流等多媒体数据；提供网页浏览、电话会议、电子商务等多种信息服务；与已有第二代系统实现良好的兼容等特点。因此业界将 CDMA 技术作为 3G 的主流技术。

国际电信联盟（ITU）的 3G 技术指导性文件《2000 年国际移动通信计划》于 2000 年确

定了 WCDMA、CDMA2000、TD - SCDMA 三大主流无线接口标准。2007 年,WiMAX 亦被接受为 3G 标准之一。

（1）WCDMA

WCDMA(Wide band CDMA)意为宽频码分多址。这是基于 GSM 网发展出来的 3G 技术规范,是欧洲提出的宽带 CDMA 技术,它与日本提出的宽带 CDMA 技术基本相同。该标准提出了 GSM(2G)—GPRS—EDGE—WCDMA(3G)的演进策略。这套系统能够架设在现有的 GSM 网络上,对于系统提供商而言可以较轻易地过渡。在 GSM 系统相当普及的亚洲,对这套新技术的接受度相当高。

（2）CDMA 2000

CDMA 2000 是由窄带 CDMA One 技术发展而来的宽带 CDMA 技术,它是由美国的高通北美公司为主导提出,韩国现在成为该标准的主导者。这套系统可以从原有的 CDMA 结构直接升级到 3G,建设成本低廉。但由于之前使用 CDMA 的地区只有日、韩和北美,所以 CDMA 2000 的支持者不如 W - CDMA 多。不过 CDMA 2000 的研发技术却是目前各标准中进度最快的。该标准提出了从 CDMA One—CDMA 2000 1x—CDMA 2000 3x(3G)的演进策略。截至 2012 年,全球 CDMA 2000 用户已超过 2.56 亿,遍布 70 个国家的 156 家运营商。

（3）TD - SCDMA

TD-SCDMA(Time Division-Synchronous CDMA)意为时分同步码分多址,该标准是由中国大陆独自制定的 3G 标准,1999 年 6 月 29 日,中国原邮电部电信科学技术研究院(大唐电信)向 ITU 提出,但技术发明始于西门子公司,TD - SCDMA 具有辐射低的特点,被誉为绿色 3G。该标准将智能无线、同步 CDMA 和软件无线电等当今国际领先技术融入其中,在频谱利用率、业务支持的灵活性、频率灵活性及成本等方面具有独特的优势。另外,由于中国内地庞大的市场,该标准受到各大主要电信设备厂商的重视,全球一半以上的设备厂商都宣布可以支持 TD - SCDMA 标准。该标准提出不经过 2.5 代的中间环节,直接向 3G 过渡,非常适用于 GSM 系统向 3G 升级。军用通信网也是 TD - SCDMA 的核心任务。

（4）WiMAX

WiMAX (World Wide Interoperability for Microwave Access)意为微波存取全球互通,又称为 802.16 无线城域网,是又一种为企业和家庭用户提供"最后一英里"的宽带无线连接方案。将此技术与需要授权或免授权的微波设备相结合之后,由于成本较低,将扩大宽带无线市场,改善企业与服务供应商的认知度。

目前国内三大网络运营商中,中国电信使用的是 CDMA 2000,中国联通使用的是 WCDMA,中国移动使用的是 TD - SCDMA。

4. 第四代通信系统(4G)

4G 也称为 Beyond 3G(B3G),指的是第四代移动通信技术。4G 是集 3G 与 WLAN 于一体,并能够传输高质量视频图像的通信系统,它的图像传输质量与高清电视不相上下。4G 系统能够提供 100 Mbps 的速度下载,比目前的拨号上网快 2 000 倍,上传的速度也能达到 20 Mbps,并能够满足几乎所有用户对于无线服务的要求。

2012 年 1 月 18 日,ITU 在 2012 年无线电通信全会全体会议上,正式审议通过将 LTE -

Advanced 和 WirelessMAN－Advanced(802.16m)技术规范确立为 IMT－Advanced(俗称"4G")国际标准,我国主导制定的 TD－LTE－Advanced 也同时成为 IMT－Advanced 国际标准。

TD－LTE－Advanced 是中国继 TD－SCDMA 之后,提出的具有自主知识产权的新一代移动通信技术。它吸纳了 TD－SCDMA 的主要技术元素,体现了我国通信产业界在宽带无线移动通信领域的最新自主创新成果。

与 3G 相比,4G 移动通信系统的技术有许多超越之处,除速度有明显提升以外,还具有以下一些主要特点:

(1) 智能性更高

严格来说 4G 手机已不再是普通手机,可以称得上是一台小型电脑。能根据环境、时间以及其他设定的因素适时地提醒手机的主人此时该做什么事,或者不该做什么事。

(2) 良好的兼容性

4G 移动通信系统实行全球统一的标准,让所有移动通信运营商的用户享受共同的 4G 服务,真正实现一部手机在全球的任何地点都能进行通信。

(3) 多种业务的融合

4G 移动通信系统支持更丰富的移动业务,包括高清晰度图像业务、会议电视、虚拟现实业务等,使用户在任何地方都可以获得所需的信息服务。将个人通信、信息系统和娱乐等结合成一个整体,更加安全、方便地向用户提供更广泛的服务与应用。

(4) 更高质量的多媒体通信

尽管第三代移动通信系统也能实现各种多媒体通信,但 4G 通信系统在高分辨率视频的传输和多媒体交互业务上都要明显优于 3G 通信。

5. 第五代通信系统(5G)

近年来,5G 已经成为通信业和学术界探讨的热点。5G 的发展主要有两个驱动力。一方面以长期演进技术为代表的第四代移动通信系统 4G 已全面商用,对下一代技术的讨论提上日程;另一方面,移动数据的需求爆炸式增长,现有移动通信系统难以满足未来需求,急需研发新一代 5G 系统。

5G 移动网络与早期的 2G、3G 和 4G 移动网络一样,5G 网络也是数字蜂窝网络。相对于 4G 网络,5G 具有以下显著的提高:

① 峰值速率需要达到 10 Gbps 的标准,以满足高清视频、虚拟现实等大数据量传输。

② 空中接口时延水平在 1 ms 左右,满足自动驾驶、远程医疗等实时应用。

③ 超大网络容量,提供千亿设备的连接能力,满足物联网通信。

④ 频谱效率要比 LTE 提升 10 倍以上。

⑤ 连续广域覆盖和高移动性下,用户体验速率达到 100 Mbps。

⑥ 流量密度和连接数密度大幅度提高。

⑦ 系统协同化、智能化水平提升,表现为多用户、多点、多天线、多摄取的协同组网,以及网络间灵活地自动调整。

上述特征都表明 5G 是移动通信从以技术为中心逐步向以用户为中心转变的结果。

2019 年 10 月,5G 基站入网正式获得了工信部的开闸批准。工信部颁发了国内首个

5G 无线电通信设备进网许可证,标志着 5G 基站设备正式接入公用电信商用网络。而运营商也在 10 月 31 日公布了各自的 5G 套餐价格,并于 11 月 1 日起正式执行 5G 套餐。目前,国内三大运营商均已开始发放 5G 号段。但是受制于 5G 套餐资费比较高,再加上普通用户对 5G 的需求还不是很迫切,5G 的全民普及还需要一个较长的过程。

8.3　Internet

8.3.1　Internet 的应用

一、Internet 的发展

因特网是世界上规模最大、用户最多、影响也最大的计算机互联网络。它的前身是 1969 年美国国防部高级研究所计划局(ARPA)作为军用实验网络而建立的,名字为 ARPANet,初期只有 4 台主机,其设计目标是当网络中的一部分因战争原因遭到破坏时,其他部分仍能正常运行。20 世纪 80 年代初期,ARPA 和美国国防部通信局研制成功用于异构网络的 TCP/IP 协议并投入使用。1986 年,在美国国家科学基金会(NFS)的支持下,用高速通信线路把分布在各地的一些超级计算机连接起来,经过十几年的发展形成因特网。20 世纪 90 年代,政府机构和公司的计算机也纷纷入网,并迅速扩大到全球 150 多个国家和地区。

我国 1987 年通过中国科学院高能物理研究所第一次接入因特网。1994 年 5 月,以"中科院-北大-清华"为核心的"中国国家计算机网络设施"(The National Computing and Network Facility of China, NCFC)与因特网联通,标志着中国作为第 71 个国家级网加入因特网。到目前为止,我国已有 CERNET、中国公用互联网(China Net)、CSTNET、ChinaGBNET 等 4 个与因特网直接相连的主干网。

二、Internet 功能

目前,因特网上所提供的服务功能已达上万种,其中多数服务是免费提供的。随着因特网向商业化方向发展,很多服务被商业化,所提供的服务种类也进一步快速增长。因特网提供的基本服务功能主要有电子邮件、文件传输、WWW 服务等。

1.电子邮件

使用计算机网络传递电子邮件(Electronic mail,E-mail),具有速度快、成本低、方便灵活等优点,邮件中除文字、图形之外,还可以包含语言、音乐、动画等信息,这是因特网最基本的一项服务。

(1)邮件服务器与电子邮箱

电子邮件服务采用客户机/服务器工作模式。电子邮件服务器的作用与人工邮递系统中邮局的作用非常相似。一方面负责接收用户送来的邮件,并根据邮件所要发送的目的地址,将其传输到对方的邮件服务器中;另一方面,它负责接收从其他邮件服务器发来的邮件,并根据收件人的不同将邮件分发到各自的电子邮箱中。

因特网中存在着大量的邮件服务器,如果某个用户要利用一台邮件服务器发送和接收邮件,则该用户必须在该服务器中申请一个合法的账号,包括账号名和密码。一旦用户在一台邮件服务器中拥有了账号,也便在该邮件服务器中拥有了自己的邮箱。邮箱是在邮件服务器中为每个合法用户开辟的一个存储用户邮件的空间,类似人工邮递系统中的信箱。

在因特网中每个用户的邮箱都有一个唯一的邮箱地址,即用户电子邮件地址。用户的电子邮件地址由两部分组成,后一部分为邮件服务器的主机名或邮件服务器所在域的域名,前一部分为用户在该邮件服务器中的账号,中间用"@"分隔。如 jsjzx@yzu.edu.cn 为一个用户的电子邮件地址,其中 yzu.edu.cn 为邮件服务器的主机名,jsjzx 为用户在该邮件服务器中的账号。

（2）电子邮件应用程序

用户发送和接收邮件可以使用装载在客户机中的电子邮件应用程序来完成。电子邮件应用程序一方面负责将用户要发送的邮件送到邮件服务器,另一方面负责检查用户邮箱,读取邮件。因而电子邮件应用程序应具有如下两项最基本的功能:创建和发送邮件;接收、阅读和管理邮件。

电子邮件应用程序在向邮件服务器传送邮件时使用简单邮件传输协议（Simple Mail Transfer Protocol，SMTP）；而从邮件服务器的邮箱中读取邮件可以使用 POP3 协议（Post Office Protocol）或 IMAP 协议（Interactive Mail Access Protocol）,至于电子邮件应用程序使用何种协议读取邮件则取决于所使用的邮件服务器支持哪一种协议。我们通常称支持 POP3 协议的邮件服务器为 POP3 服务器,而称支持 IMAP 协议的服务器为 IMAP 服务器。

当使用电子邮件应用程序访问 POP3 服务器时,邮箱中的邮件被拷贝到用户的客户机中,邮件服务器中不保留邮件的副本,用户在自己的客户机中阅读和管理邮件。POP3 服务器比较适合于用户只从一台固定的客户机访问邮箱的情况,它将所有的邮件都读取到这台固定的客户机中存储。

当使用电子邮件应用程序访问 IMAP 服务器时,用户可以决定是否将邮件拷贝到客户机中,以及是否在 IMAP 服务器中保留邮件副本,用户可以直接在服务器中阅读和管理邮件。IMAP 服务器比较适合于用户从多台客户机访问邮箱的情况,不论用户从因特网上的那一台主机访问 IMAP 服务器,都可以看到用户保留的所有邮件。

2. 文件传输（FTP）

文件传输服务（File Transfer Protocol，FTP）为计算机之间双向文件传输提供了一种有效的手段。它允许用户将本地计算机中的文件上载到远端的计算机中,或将远端计算机中的文件下载到本地计算机中。

（1）FTP 服务器与客户机

FTP 服务也采用典型的客户机/服务器工作模式。远端提供 FTP 服务的计算机称为 FTP 服务器,通常是因特网信息服务提供者的计算机,它负责管理一个文件仓库,因特网用户可以通过 FTP 客户机从文件仓库中取文件或向文件仓库中存入文件,客户机通常是用户自己的计算机。将文件从服务器传到客户机称为下载文件,而将文件从客户机传到服务器称为上载文件。

FTP 服务是一种实时的联机服务,用户在访问 FTP 服务器之前必须进行登录,登录时要求用户给出用户在 FTP 服务器上的合法账号和口令。只有成功登录的用户才能访问该

FTP 服务器,并对授权的文件进行查阅和传输。FTP 的这种工作方式限制了因特网上一些公用文件及资源的发布,为此因特网上的多数 FTP 服务器都提供了一种匿名 FTP 服务。

（2）FTP 匿名服务

目前大多数提供公共资料的 FTP 服务器都提供匿名 FTP 服务,因特网用户可以随时访问这些服务器而不需要预先向服务器申请账号。当用户访问提供匿名服务的 FTP 服务器时,用户登录时一般不需要输入账号和密码或使用匿名账号和密码。

因特网用户目前所使用的 FTP 服务大多数是匿名服务。为了保证 FTP 服务器的安全性,几乎所有的 FTP 匿名服务只允许用户下载文件,而不允许用户上载文件。

（3）FTP 客户端应用程序

因特网用户使用的 FTP 客户端应用程序通常有 3 种类型,即传统的 FTP 命令行、浏览器和 FTP 下载工具。

传统的 FTP 命令行形式是最早的 FTP 客户端程序,在 Windows NT 等图形界面操作系统中仍保留着该功能,但需要切换到 MS - DOS 窗口中执行。

通常,浏览器是访问 WWW 服务的客户端应用程序,用户通过指定统一资源定位符（Uniform Resource Locators，URL）便可以浏览到相应的页面信息。用户在访问 WWW 服务时,URL 中的协议类型通常使用的是 http,如果将协议类型换成 ftp,后面指定 FTP 服务器的主机名,便可以通过浏览器访问 FTP 服务器。例如 ftp://ftp.yzu.edu.cn/ebook/bexp.zip。

其中,ftp://是协议类型,指明要访问的服务器为 FTP 服务器;ftp.yzu.edu.cn 指明要访问的 FTP 服务器的主机名;ebook/bexp.zip 指明要下载文件的路径与文件名。

此外,在 Web 页面中通常也包含着一些到 FTP 服务器的链接,用户可以通过这些链接方便地访问到 FTP 服务器,并从中下载文件。

当然,通过浏览器用户只能从 FTP 服务器下载文件而不能上载文件。

在用户利用 FTP 命令行或浏览器从 FTP 服务器下载文件时,经常会遇到一件令人扫兴的事情,例如,在下载已经完成 95% 的时候,网络突然中断,文件下载前功尽弃,一切必须从头开始。这个时候用户非常希望能在线路恢复连接之后继续将剩余的 5% 传完,这就需要使用 FTP 下载工具。FTP 下载工具一方面可以提高文件下载的速度,另一方面可以实现断点续传,即接续前面的断接点,完成剩余部分的传输。常用的 FTP 下载工具主要有 FlashGet、迅雷等。

3. WWW 服务

WWW 是 World Wide Web 的缩写,有人把它译作万维网（中国标准译法）或环球网,或称 Web 网、3W 网,实际上它不过是网上的一种服务,称为 WWW 服务或 Web 服务,是目前因特网上最方便和最受欢迎的信息服务,它的出现是因特网发展中的一个革命性里程碑。

（1）WWW 服务系统

WWW 服务采用客户机/服务器工作模式,以超文本标记语言（Hyper Text Markup Language，HTML）与超文本传输协议（Hyper Text Transfer Protocol，HTTP）为基础,为用户提供界面一致的信息浏览系统。在 WWW 服务系统中,信息资源以页面（也称网页或 Web 页）的形式存储在服务器（通常称为 Web 站点）中,这些页面采用了超媒体（Hypermedia）/超文本（Hypertext）的信息组织和管理技术,各单位或个人将需向外发布的或可共享的信息以 HTML 格式编排好，存放在各自的 Web 服务器中，相互链接的页面信息既可以放置在同一主机上，也可以放置在不同的主机上，页面到页面的链接信息由统一资源定位符 URL 维持。

（2）WWW 浏览器

WWW 的客户端程序在因特网上被称为 WWW 浏览器（Browser），它是用来浏览因特网上的 WWW 页面的软件。

在 WWW 服务系统中，WWW 浏览器负责接收用户的请求（例如，用户的键盘输入或鼠标输入），并利用 HTTP 协议将用户的请求传送给 WWW 服务器。在服务器将请求的页面送回到浏览器后，浏览器再将页面进行解释，显示在用户的屏幕上。

通常，利用 WWW 浏览器，用户不仅可以浏览 WWW 服务器上的 Web 页面，而且可以访问因特网中的其他服务器和资源（如 FTP 服务器、Gopher 服务器等）。

（3）搜索引擎的作用

因特网中拥有数以百万计的 WWW 服务器，而且 WWW 服务器所提供的信息种类及所覆盖的领域也极为丰富，那么用户如何在数百万个网站中快速、有效地查找到想要得到的信息呢？这就要借助于因特网中的搜索引擎。

搜索引擎是因特网上的一个 WWW 服务器。用户在使用搜索引擎之前必须知道搜索引擎站点的主机名，通过该主机名用户便可以访问到搜索引擎站点的主页。当用户将自己要查找信息的关键字告诉搜索引擎后，搜索引擎会返回给用户包含该关键字信息的 URL，并提供通向该站点的链接，用户通过这些链接便可以获取所需的信息。

4．电子商务

电子商务（E-Business）是近年来兴起的新业务，它利用因特网的优点，选购、付款及结账等全部可以通过网络实现。电子商务是今后的发展方向。

8.3.2　IP 地址和域名系统

一、网络体系结构概念

计算机网络由多个互连的结点组成，结点之间要不断地交换数据和控制信息。要做到有条不紊地交换数据，每个结点都必须遵守一些事先约定好的规则。这些规则精确地规定了所交换数据的格式和时序。这些为网络数据交换而制定的规则、约定与标准被称为网络协议（Protocol）。一个网络协议主要由以下 3 个要素组成：① 语法，即用户数据与控制信息的结构和格式；② 语义，即需要发出何种控制信息，以及完成的动作与做出的响应；③ 时序，即对事件实现顺序的详细说明。

网络协议对计算机网络是不可缺少的，对于复杂计算机网络协议最好的组织方式是层次结构模型。计算机网络体系结构（Network architecture）即计算机网络层次结构模型和各层协议的集合。网络体系结构是对计算机网络应完成的功能的精确定义，而这些功能是用什么样的硬件和软件实现的，则是具体的实现（Implementation）问题。体系结构是抽象的，而实现是具体的，是能够运行的一些硬件和软件。

二、TCP/IP 网络体系结构

1. TCP/IP

因特网体系结构 TCP/IP 并非国际标准,但它在计算机网络体系结构中占有非常重要的地位。如今因特网上几乎所有的工作站都配有 TCP/IP 协议,因此,TCP/IP 已成为计算机网络事实上的国际标准。在因特网的协议中,最著名的就是传输控制协议 TCP(Transmission Control Protocol)和互联网协议 IP(Internet Protocol)。因此,人们经常用 TCP/IP 表示因特网的体系结构。

2. TCP/IP 参考模型与层次

TCP/IP 在计算机网络中占有非常重要的地位。图 8.13 所示为基于 TCP/IP 协议的网络体系结构。

TCP/IP 参考模型可以分为 4 层,即网络层、网际层、运输层和应用层。

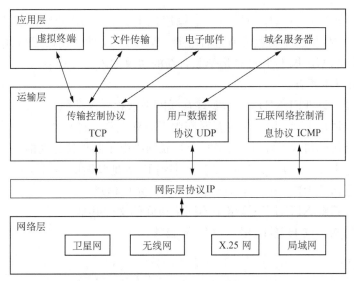

图 8.13 基于 TCP/IP 协议的网络体系结构

(1) 网络层

TCP/IP 参考模型的网络层所使用的协议为各通信子网本身固有的协议,例如以太网的 8802.3 协议、分组交换网的 X.25 协议等。网络层的作用是传输经网际层处理过的消息。

(2) 网际层

TCP/IP 的网际层使用的协议是互连网协议 IP(Internet Protocol)。网际层的主要功能是负责将源主机的报文分组发送到目的主机,源主机与目的主机可以在一个网上,也可以不在一个网上。它的功能主要体现在以下 3 个方面:① 处理来自传输层的分组发送请求,② 处理接收的数据包,③ 处理互连的路径、流控与拥塞问题。

(3) 运输层

TCP/IP 的运输层为应用程序提供端一端通信功能。传输层有 3 个主要协议,即传输控制协议 TCP（Transmission Control Protocol）、用户数据报协议 UDP（User Datagram Protocol）和互联网控制消息协议 ICMP（Internet Control Message Protocol）。

TCP 协议是一种可靠的面向连接的协议，它以建立高可靠性的连接来传输消息为目的，允许将一台主机的字节流（Byte Stream）无差错地传送到目的主机。为了完成可靠的数据传输任务，TCP 协议应具有数据包的顺序控制、差错检测、检验以及再发送控制等功能。

UDP 协议是一种不可靠的无连接协议，它主要用于不要求分组顺序到达的传输中，UDP 协议没有建立连接、数据包顺序控制、再发送和流量控制等功能。数据传送的可靠性由用户程序保证，即分组传输顺序检查和排序由应用层完成。UDP 协议具有执行代码小、系统开销小和处理速度快等优点。

ICMP 协议主要用于终端主机和网关（Gateway）以及互联网管理中心等的消息通信，以达到控制管理网络运行的目的。在传输的数据包有误或丢失时，利用 ICMP 协议发送出错信息给发送数据包的端主机。另外，在数据包流量过大时，ICMP 协议还有限制流量的功能。

（4）应用层

在 TCP/IP 参考模型中，应用层位于运输层之上。TCP/IP 的应用层为用户提供所需要的各种服务。它提供的主要服务有远程登录（Telnet）、文件传输（FTP）、电子邮件等。应用层包括了所有的高层协议，并且总是不断有新的协议加入。

应用层的协议主要有：

① 网络终端协议 TELNET，用于实现互联网中远程登录功能。

② 文件传输协议 FTP，用于实现互联网中下载和上载文件功能。

③ 电子邮件传输协议 SMTP，用于实现互联网中电子邮件传送功能。

④ 域名服务 DNS，用于实现网络设备名字到 IP 地址映射的网络服务。

⑤ 路由信息协议 RIP，用于网络设备之间交换路由信息。

⑥ 网络文件系统 NFS，用于网络中不同主机间的文件共享。

⑦ 超文本传输协议 HTTP，用于 WWW 服务。

三、IP 地址

1. IPv4

连入因特网的计算机与连入电话网的电话机非常相似，计算机的每个连接也有一个由授权单位分配的号码，称之为 IP 地址。IP 地址也采用层次结构，但它与电话号码的层次有所不同。电话号码采用国家（或地区）代码、城市区号和电话号码 3 个层次，是按地理方式进行划分的。而 IP 地址的层次是按逻辑网络结构进行划分的，按照 IP 地址的逻辑层次来分，IP 地址可以分为 A，B，C，D，E 共 5 类，每一个 IP 地址都用 32 个二进位（4 B）表示。一个 IP 地址由 3 个字段组成，即：

$$IP \text{ 地址} = \text{类型号} + \text{网络号（net-id）} + \text{主机号（host-id）}$$

其中，类型号可用来区分 IP 地址的类型；网络号（net-id）用于识别一个逻辑网络，其长度决定整个网络中可包含多少子网；而主机号（host-id）则用于识别网络中的一台主机的一个连接，其长度决定了每个子网能容纳多少台主机。只要两台主机具有相同的网络号，不论它们位于何处，都属于同一个逻辑网络；相反，如果两台主机网络号不同，即使毗邻放置，也属于不同的逻辑网络。

5 类 IP 地址中,目前一般使用的是 A,B,C 3 类,D 类地址是一种组播地址,留给因特网内部使用;E 类地址保留在今后使用。各类 IP 地址可以根据 IP 地址的前几位来进行区分,故只需看前 3 位就可以分辨其类型。如图 8.14 所示。

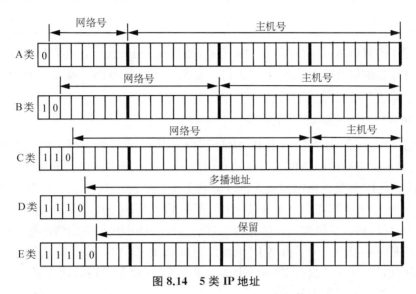

图 8.14　5 类 IP 地址

每类地址所包含的网络数与主机数不同,用户可根据网络的规模选择。

A 类在址由最高位的 0 标志、7 位的网络号部分和 24 位的网内主机号部分组成。这样,在一个互连网中最多有 126 个 A 类网络(网络号 1 到 126,号码 0 和 127 保留),而每一个 A 类网络允许有 1 600 万个结点。A 类网络一般用于规模非常大的地区网。

B 类地址由最高两位的 10 标志、14 位的网络号部分和 16 位的网内主机号部分组成。这样,在某种互连环境下大约有 16 000 个 B 类网络,而每一个网络可以有 65 000 多个结点。B 类网络一般用于较大的单位和公司。

C 类地址由最高 3 位的 110 标志、21 位的网络号部分和 8 位的网内主机号组成。一个互连网中允许包含约 200 万个 C 类网络,而每一个 C 类网络中最多可有 254 个结点,C 类网络一般用于较小的单位和公司。

为了便于记忆,IP 地址通常采用点分十进制标记法。即用 4 个十进制数来表示 1 个 IP 地址,每个十进制数对应 IP 地址中的 1 个字节,十进制数之间采用小数点"."予以分隔。例如,二进制 IP 地址:11001010　11000011　00110000　00001011,用点分十进制表示法可表示成:202.195.48.11,这是一个 C 类 IP 地址,前 3 个字节为网络号,通常记为 202.195.48.0,而后一个字节为主机号 11。

在使用 IP 地址时,还须知道有些地址是留作特殊用途的,一般不使用。全 0 的网络号码、全 1 的网络号码、全 0 的主机号码、全 1 的主机号码、全 0 的 IP 地址、全 1 的 IP 地址等均有特殊用途。如全 0 的主机号码表示该 IP 地址就是网络地址即在本网络上的本主机;又如全 1 的主机号码表示广播地址,即对该网络上所有的主机进行广播等。

表 8-1 列出了 IP 地址的使用范围。

表 8-1　IP 地址的使用范围

网络类别	第1个可用的网络号	最后一个可用的网络号	最大的网络数	每个网络中的最大主机数
A	1	126	126	1 677 214
B	128.0	191.255	16 384	65 534
C	192.0.0	223.255.255	2 097 152	254

因特网中的每台主机至少有一个 IP 地址，而且这个 IP 地址必须是全网唯一的。在因特网中允许一台主机有两个或多个 IP 地址。如果一台主机有两个或多个 IP 地址，则该主机属于两个或多个逻辑网络。

2. 子网地址与子网掩码

在因特网中，A 类、B 类和 C 类 IP 地址经常被使用。由于经过网络号和主机号的层次划分，它们能适应不同的网络模块。使用 A 类 IP 地址的网络可以容纳超过 1 600 万台主机，而使用 C 类 IP 地址的网络最多仅可以容纳 254 台主机。但是，随着计算机的发展和网络技术的进步，个人电脑应用迅速普及，小型网络（特别是小型局域网络）越来越多，这些网络多则几十台计算机，少则两三台计算机。对于这样一些小规模的网络即使使用一个 C 类网络号仍然是一种浪费。为了提高 IP 地址的利用率，改善路由器和因特网的性能，增加 IP 地址的灵活性，从 1985 年起在 IP 地址中增加了一个"子网号字段"，使两级 IP 地址变成三级 IP 地址，这种做法叫作划分子网。

一个物理网络可划分为若干子网，从网络的主机号借用若干比特作为子网号，而主机号也就相应减少了若干比特，于是两级 IP 地址在本单位内部变为三级 IP 地址：

<网络号>，<子网号>，<主机号>

其他网络发送给本单位某个主机的 IP 数据报，仍然是根据 IP 数据报的目的网络号来寻找连接在本单位网络上的路由器，此路由器再按目的网络号和子网络号找到目的子网，并将 IP 数据报交付给目的主机。

为了让每一个子网上的主机能够通过本子网上的路由器直接与外界通信，必须给出子网划分的信息，这就是子网掩码。图 8.15 中，(a)和(b)分别表示两级和三级 IP 地址结构；

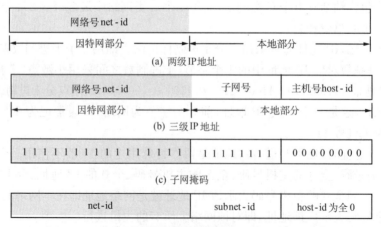

(a) 两级 IP 地址

(b) 三级 IP 地址

(c) 子网掩码

(d) 划分子网时的网络地址

图 8.15　IP 地址的各字段与子网掩码

(c)表示子网掩码的 1 对应于 IP 地址中的网络号和子网号,0 对应于主机号;(d)表示在划分子网情况下,网络地址(子网地址)就是将主机号置 0 的 IP 地址,即子网掩码与 IP 地址逐位相"与"(AND)的结果。如果一个网络不划分子网,那么该网络的子网掩码就是默认子网掩码。A~C 类的默认子网掩码分别为 255.0.0.0、255.255.0.0、255.255.255.0。

3. IPv6

第二代互联网 IPv4 最大问题是网络地址资源有限,从理论上讲,编址 1 600 万个网络、40 亿台主机。但采用 A、B、C 三类编址方式后,可用的网络地址和主机地址的数目大打折扣,以至 IP 地址已于 2011 年 2 月 3 日分配完毕。其中北美占有 3/4,约 30 亿个,而人口最多的亚洲只有不到 4 亿个,中国截至 2010 年 6 月 IPv4 地址数量达到 2.5 亿,落后于 4.2 亿网民的需求。地址不足,严重地制约了中国及其他国家互联网的应用和发展。

在这样的环境下,IPv6 应运而生。相比于 IPv4,IPv6 具有以下几个优势:

① IPv6 具有更大的地址空间。IPv6 中 IP 地址的长度为 128,即最大地址个数为 2^{128}。

② IPv6 使用更小的路由表。

③ IPv6 增加了增强的组播支持以及对流量的控制,这使得网络上的多媒体应用有了长足发展的机会,同时也提高了服务质量。

④ IPv6 具有更高的安全性。

⑤ 更好的头部格式。IPV6 使用新的头部格式,简化和加速了路由选择过程。

IPv6 地址为 128 位长,但通常写作 8 组,每组为 4 个十六进制数的形式。例如:FE80:0000:0000:0000:AAAA:0000:00C2:0002 是一个合法的 IPv6 地址。这个地址看起来太长,这里还有种办法来缩减其长度,叫作零压缩法。如果几个连续段位的值都是 0,那么这些 0 就可以简单地以::来表示,上述地址就可以写成 FE80::AAAA:0000:00C2:0002。这里要注意的是只能简化连续的段位的 0,其前后的 0 都要保留,比如 FE80 的最后的这个 0,不能被简化。还有这个只能用一次,在上例中的 AAAA 后面的 0000 就不能再次简化。当然也可以在 AAAA 后面使用::,这样的话前面的 12 个 0 就不能压缩了。这个限制的目的是为了能准确还原被压缩的 0。不然就无法确定每个::代表了多少个 0。

四、Internet 的应用层与域名系统

IP 地址不便于人们记忆,因此,每个入网的计算机有一个用字符串来表示的易记忆的同时也是唯一的主机名,它与各自的 IP 地址对应。当用户访问网络中的某个主机时,只需按名访问,而无须关心它的 IP 地址。因特网使用域名服务器(Domain Name Server,DNS)来进行主机名字与 IP 之间的自动转换。一般地,每一个网络(如校园网或企业网)均要设置一个 DNS,通过 DNS 实现入网主机名字和 IP 地址的转换。

1. 因特网的域名体系

域名是具有一定的层次结构的,因特网的域名结构由 TCP/IP 协议集中的 DNS 进行定义。首先,DNS 把整个因特网划分成多个域,称之为顶级域,并为每个顶级域规定了国际通用的域名,部分顶级域及域名如表 8-2 所示。顶级域的划分采用了两种划分模式,即组织模式和地理模式。表 8-2 中前 7 个域对应于组织模式,国家代码域对应于地理模式。地理模式的顶级域是按国家进行划分的,每个申请加入因特网的国家都可以作为一个顶级域,并

向网络信息中心（NIC，域名系统中管理树根的网络管理机构）注册一个顶级域名，如 cn 代表中国、us 代表美国、uk 代表英国、jp 代表日本等。

表 8-2　顶级域名分配

顶级域名	分配情况
com	商业组织
edu	教育机构
gov	政府部门
mil	军事部门
net	主要网络支持中心
org	上述以外的组织
int	国际组织
国家代码	各个国家

　　其次，NIC 将顶级域名的管理权分派给指定的管理机构，各管理机构对其管理的域进行继续划分，即划分成二级域，并将各二级域的管理权授予其下属的管理机构，如此下去，便形成了层次型域名结构。由于管理机构是逐级授权的，所以最终的域名都得到 NIC 的承认，成为因特网中的正式名字。

　　图 8.16 所示是因特网域名结构中的一部分，如顶级域名 cn 由中国互联网中心 CNNIC 管理，它将 cn 域划分成多个子域（称为二级域），如按组织机构类别划分的 ac、com、edu、gov、net、org；按行政区域划分的 bj（北京）、js（江苏）、sh（上海）等，再将二级域名的管理权授予下属管理机构，如将二级域名 edu 的管理权授予 CERNET 网络中心。CERNET 网络中心又将 edu 域划分成多个子域，即三级域，各大学和教育机构均可以在 edu 下向 CERNET 网络中心注册三级域名，如 edu 下的 yzu 代表扬州大学。扬州大学可以继续对三级域 yzu 进行划分，将四级域名分配给下属部门或主机，如 yzu 下的 jsjzx 代表扬州大学计算机中心，而 WWW 和 ftp 代表两台主机。

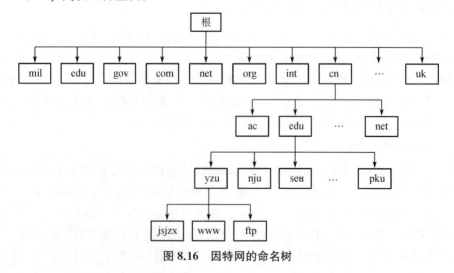

图 8.16　因特网的命名树

2. 主机名的书写方法

一台主机的主机名应由它所属的各级域的域名与分配给主机的名字共同构成,顶级域名放在最右面,分配给主机的名字放在最左面,各级名字之间用"."隔开。例如 cn→edu→yzu→www 的主机名为 www.yzu.edu.cn;而 cn→edu→yzu→jsjzx 的主机名为 jsjzx.yzu.edu.cn。

3. 域名服务器与域名解析

因特网的主机名只是为用户提供了一种方便记忆的手段,事实上,计算机之间不能直接使用主机名进行通信,仍然要使用 IP 地址来完成数据的传输。所以当因特网应用程序接收到用户输入的主机名时,必须负责找到与该主机名对应的 IP 地址,然后利用找到的 IP 地址将数据送往目的主机。

寻找一个主机名所对应的 IP 地址就要借助于一组既独立又协作的域名服务器来完成,因特网中存在着大量的域名服务器,每台域名服务器保存着它所管辖区域内的主机的名字与 IP 地址的对照表,这是解析系统的核心。

在因特网中,对应于域名结构,域名服务器也构成一定的层次结构,形成服务器树,如图 8.17 所示。这个树型的域名服务器的逻辑结构是域名解析算法赖以实现的基础。总的来说,域名解析采用自顶向下的算法,从根服务器开始直到叶服务器,在其间的某个节点上一定能找到所需的名字——地址映射。当然,由于父子节点的上下管辖关系,名字解析的过程只需走过从树中某节点开始到另一节点的一条自顶向下的单向路径,无须回溯,更不用遍历整个服务器树。

通常,请求域名解析的软件知道如何访问一个服务器,而每一域名服务器都至少知道根服务器及其父节点服务器的地址。域名解析可以有两种方式,一是递归解析(要求名字服务器系统一次性完成全部名字到 IP 地址变换);二是反复解析(每次请求一个服务器,不行再请求别的服务器)。

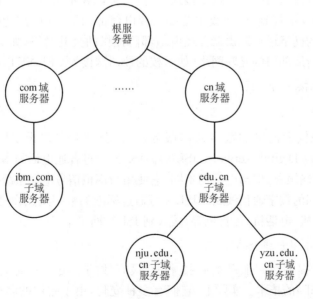

图 8.17　名字服务器层次结构示意图

例如，一位用户希望访问名为 jsjzx.yzu.edu.cn 的主机，当因特网应用程序接收到用户输入的 jsjzx.yzu.edu.cn 时，它首先向自己已知的那台域名服务器发出查询请求。如果使用递归解析方式，该域名服务器将查询 jsjzx.yzu.edu.cn 的 IP 地址（如果在本地服务器找不到，就要到其他的域名服务器去找），并将查询到的 IP 地址回送给请求应用程序。但是，在使用反复解析方式时，如果此域名服务器未能在当地找到 jsjzx.yzu.edu.cn 的 IP 地址，那么，它仅仅将有可能找到该 IP 地址的域名服务器地址告诉请求应用程序，用户应用程序需向被告知的域名服务器再次发起查询请求，如此反复，直到查到为止。

在因特网中，允许一台主机有多个名字，同时也允许多个主机名对应一个 IP 地址，这为主机的命名提供了极大的灵活性。

8.3.3　Internet 接入方式

一、Internet 服务供应商

因特网的用户要通过已经与因特网相连接的机构才能接入因特网，这个机构称为因特网服务提供商（Internet Service Provider，ISP）。ISP 提供的各种服务称因特网服务。

根据 1995 年 12 月国务院的有关规定，国内因特网出入口连接和管理等由邮电部、电子工业部（现为工业和信息产业部）、中国科学院、国家教委（现为教育部）4 个机构进行管理：① 邮电部的 ChinaNet 面向商业用户，由各地电报局接受申请，提供服务；② CERNET 面向教育和科研单位用户；③ NCFC 面向科研机构用户；④ 中国科学院高能物理所的 IHEP 面向科研和教育单位用户。

二、如何接入 Internet

1. 局域网接入

一个企业、学校或部门的计算机要接入因特网，可以在本单位组建的局域网的基础上，根据本单位的网络发展规划，向上级主管部门或电信部门统一申请本单位所需要的 IP 地址，然后将本单位的网络通过路由器并经电信部门提供的公共网络（如 X.25，DDN，帧中继或电话专线）接入所属部门的互联网络（如学校的校园网接入 CERNET）或 ChinaNet。

2. 个人计算机接入因特网

（1）ISDN 接入

为了向用户提供大范围的数字通信服务，电话公司开发建设了"综合业务数字网"（Integrated Services Digital Network，ISDN）。ISDN 通过普通电话的本地环路向用户提供数字语音和数据传输服务，但与电话网不同，它使用与模拟信号电话系统相同类型的双绞铜线，但却提供端到端的数字通信线路。ISDN 可通过标准的数字式用户-网络接口将各类不同的终端设备（PC 机、电话机、传真机等）接入到 ISDN 网络中。

（2）不对称数字用户线技术

通过本地环路提供数字服务的新技术中，最有效的一类是称为数字用户线（Digital Subscribe Line，DSL）的技术。实际上，它们有多种变化，由于它们的名称只在前几个字上不同，被统称为 xDSL。

xSDL 技术中最有趣的一种是不对称数字用户线(ASDL),它是一种为接收信息远多于发送信息的用户而优化的技术。用户需要安装 ASDL 时,可以专门为 ASDL 申请一条单独的线路,也可以在已有的电话线上改造以便节省投资。用户端需配置一个 ASDL MODEM,计算机中需预先安装一块 10 M/100 M 的以太网网卡。

(3) 电缆调制解调技术

有线电视系统的设计容量远高于现在使用的电视频道数目,未使用的带宽可用来传输数据。因此,人们研究开发了用有线电视网高速传送数字信息的技术,这就是电缆调制解调器(Cable MODEM)技术。

使用 Cable MODEM 传输数据时,它将同轴电缆的整个频带划分为 3 部分,分别用于数字信号上传、数字信息下传及电视节目(模拟信号)下传。这也就是上网时还可以同时收看电视节目的原因。

(4) 光纤接入网

光纤接入网指的是使用光纤作为主要传输介质的广域网接入系统。我国目前采用"光纤到楼、以太网入户"(FTTx+ETTH)的做法,为宽带接入提供了新思路。它采用 1 000 Mbps 光纤以太网作为城域网的干线,实现 1 000 M/100 M 以太网到大楼和小区,再通过 100 M 以太网到楼层或小型楼宇,然后以 10 M 以太网入户或者到办公室和桌面,满足了多数情况下用户对接入速度的需求。

8.4　信息安全

8.4.1　计算机病毒与木马

计算机安全性中的一个特殊问题是计算机病毒(Computer Virus)。

计算机病毒是一种人为设计的程序,它能把自身精确地或有修改地复制到其他程序体内,使计算机系统发生某种故障。这种自我繁殖和感染扩散对计算机系统的危害,与生物病毒的繁殖和感染造成生物体的致病极为相似,所以人们把它形象地称为计算机病毒。

一、病毒的特点

计算机病毒是一种精巧的程序,它具有下列主要特点:

1. 隐蔽性

计算机病毒都是一些可以直接或间接执行的具有高超技巧的程序,可以隐蔽在操作系统、可执行文件、数据文件或电子邮件中,不容易被人们察觉。

2. 潜伏性

计算机病毒可潜伏几天、几月甚至几年不发作。在潜伏期间,它可悄悄地感染流行而不为人们所察觉。

3. 传染性

计算机病毒一旦进入计算机系统,就开始寻找可以感染的程序,并进行感染复制。这样，就能很快地把病毒传播到整个系统或整个计算机网络。

4．激发性

计算机病毒一般只有在满足编写者所设置的一定条件时才会爆发。例如在某个时间或日期、特定用户标识符的出现、特定文件的出现或者一个文件的使用次数等。

5．破坏性

计算机病毒最终总是要发作的，一旦某种形式表现出来，就对系统进行不同程度的干扰或破坏。有的只是表现自己，而不破坏系统中的数据（如一些良性病毒）；有的要破坏系统中的数据，覆盖或删除文件，甚至使系统瘫痪（如一些恶性病毒）。

二、病毒的一般防治

计算机病毒可能破坏磁盘逻辑系统，造成程序失效、数据丢失、系统瘫痪，因此对计算机病毒的防治应以预防为主。

1．预防计算机病毒的方法

为了防范计算机病毒，我们要养成良好的计算机使用习惯，主要是：

① 尽可能使用硬盘中无毒的操作系统启动，而不要用来路不明 U 盘或光盘启动。

② 尽量不要使用外来盘或拷贝其他人的软件，除非做过彻底的检查。

③ 禁止玩来历不明的计算机游戏，许多游戏为了防止拷贝，使用了一些加密方法，极可能带有病毒。

④ 使用一些驻留计算机内存的防病毒软件包或个人防火墙，如瑞星、金山等。

⑤ 采用硬盘写保护软件锁或硬件锁，即将硬盘变为只读、不可写，也可以有效地防止任何计算机病毒对硬盘的侵害。但是这种方法不适合某些需要硬盘空间暂存其中间处理过程的程序或软件包。

⑥ 对身份不明的电子邮件最好不要打开，尤其是电子邮件附加的文档更不要轻易打开，这样可以有效地防止网络病毒的侵害。

2．消除计算机病毒的方法

尽管采用了上述预防措施，但由于各种原因，仍然可能使计算机染上病毒。下面简单介绍一下消除计算机病毒的几种比较常用的方法。

① 用备份文件恢复硬盘分区表和磁盘引导区。

一个行之有效的方法是制作硬盘分区表和磁盘引导区备份文件，当相应区域感染上病毒时用所作备份文件覆盖之。

需要注意的是，在对染上病毒的硬盘进行覆盖消毒后，要立即关机，然后重新加电启动。这是因为这种方法只覆盖了硬盘中的病毒，并未消除计算机内存中的病毒，如不立即关机，则只要有读、写磁盘操作，计算机内存中的病毒将再次感染到磁盘上。

② 用杀毒程序检查和消除磁盘上的病毒。

使用这类软件包的先决条件是计算机内存中绝不能带病毒，否则，由于内存中有病毒，而杀毒总要伴随着读、写磁盘的操作，结果在消毒后将立即再次染毒。如上所述，为了保证计算机内存中不带病毒，可以通过先关机，再使用干净的系统盘启动计算机的方法来实现。

这类软件包对新出现的计算机病毒有时也无能为力，因此要及时更新版本。

③ 对硬盘重新分区和格式化。

在保证计算机内存中无病毒的条件下,通过对硬磁盘重新分区和对磁盘重新格式化,均可以彻底消除相应磁盘上的全部病毒。不过这是以丢失磁盘上原有程序和数据信息为代价的。建议不到万不得已,不要采用这一方法。另外请读者注意:只对硬盘重新格式化不可能消除硬盘分区表中存在的病毒。

④ 及时关注 Microsoft 等软件提供商发布的安全漏洞信息,并及时下载软件厂商提供的"补丁"程序以更新软件。

总之,养成良好的计算机使用习惯,就可防"毒"于未然,减少被计算机病毒感染的机会。

三、计算机典型病毒

1. CIH 病毒

CIH 病毒,其名称是其作者陈盈豪的名字拼音缩写。它被认为是最有害的广泛传播的病毒之一,会破坏用户系统上的全部信息,在某些情况下,会重写系统的 BIOS,导致计算机无法启动。CIH 病毒的 1.2 和 1.3 版,发作日期为 4 月 26 日,而 1.4 版则是每月 26 日发作。

2. 求职信病毒

求职信病毒是病毒传播的里程碑。出现几个月后有了很多变种。最常见的求职信病毒通过邮件进行传播,然后自我复制,同时向受害者通讯录里的联系人发送同样的邮件。一些变种求职信病毒携带其他破坏性程序,使计算机瘫痪。有些甚至会强行关闭杀毒软件或者伪装成病毒清除工具。

3. 灰鸽子病毒

灰鸽子是一款远程控制软件,有时也被视为一种集多种控制方法于一体的木马病毒。用户计算机不幸感染,一举一动就都在黑客的监控之下,窃取账号、密码、照片、重要文件都轻而易举。灰鸽子还可以连续捕获远程计算机屏幕,还能监控被控计算机上的摄像头,自动开机并利用摄像头进行录像。

4. 熊猫烧香病毒

熊猫烧香是一种经过多次变种的蠕虫病毒,2006 年 10 月 16 日由中国湖北人李俊编写,2007 年 1 月初肆虐网络,在极短时间之内就可以感染几千台计算机,严重时可以导致网络瘫痪。病毒变种使用户计算机中毒后可能会出现蓝屏、频繁重启以及系统硬盘中数据文件被破坏等现象。同时,该病毒的某些变种可以通过局域网进行传播,进而感染局域网内所有计算机系统,最终导致企业局域网瘫痪,无法正常使用。

5. 震网病毒

震网是一种 Windows 平台上针对工业控制系统的计算机蠕虫,它是首个旨在破坏真实世界,而非虚拟世界的计算机病毒,利用西门子公司控制系统存在的漏洞感染数据采集与监控系统,向可编程逻辑控制器写入代码并将代码隐藏。这是有史以来已知的第一个以关键工业基础设施为目标的蠕虫。据报道,该蠕虫病毒可能已感染并破坏了伊朗纳坦兹的核设施,并最终使伊朗的布什尔核电站推迟启动。

四、手机病毒

随着智能手机的不断普及，手机病毒成了病毒发展的下一个目标。手机病毒可通过发送短信、彩信、电子邮件、浏览网站、下载铃声、蓝牙等方式进行传播，通常具备上网及下载等功能的手机都可能会被手机病毒入侵。一旦手机感染病毒会带来严重的危害：① 占用手机硬件资源或修改手机系统设置，甚至损毁 SIM 卡、芯片等硬件导致手机无法正常工作；② 盗取手机上保存的个人通信录、日程安排、个人身份信息等，对机主的隐私构成重大威胁；③ 传播各种不良信息，对社会传统和青少年身心健康造成伤害；④ 通过代码控制手机进行强制消费，导致机主通信费用剧增；⑤ 攻击和控制通信"网关"，向手机发送垃圾信息，致使手机通信网络运行瘫痪。

1. 典型手机病毒

（1）通过蓝牙设备传播的病毒："卡比尔"

2004 年 6 月世界上第一个真正意义上的手机病毒——"卡比尔"（Cabir）出现，它是一种网络蠕虫病毒，可以感染运行"Symbian"操作系统的手机。手机中了该病毒后，会使用蓝牙无线功能对邻近的其他存在漏洞的手机进行扫描，在发现漏洞手机后，病毒就会复制自己并发送到该手机上。

（2）针对移动通信商的手机病毒："蚊子木马"

该病毒隐藏于手机游戏"打蚊子"的破解版中。虽然该病毒不会窃取或破坏用户资料，但是它会自动拨号，向所在地为英国的号码发送大量文本信息，结果导致用户的信息费剧增。

（3）针对手机 BUG 的病毒："移动黑客"

"移动黑客"病毒通过带有病毒程序的短信传播，只要用户查看带有病毒的短信，手机即刻自动关闭。

（4）利用短信或彩信进行攻击的"Mobile.SMSDOS"病毒

"Mobile.SMSDOS"病毒可以利用短信或彩信进行传播，造成手机内部程序出错，从而导致手机不能正常工作。

2. 手机病毒的预防

（1）删除乱码短信、彩信

乱码短信、彩信可能带有病毒，收到此类短信后立即删除，以免手机感染病毒。

（2）不要接受陌生请求

利用无线传送功能比如蓝牙、红外接收信息时，一定要选择安全可靠的传送对象，如果有陌生设备请求连接最好不要接受。

（3）保证下载的安全性

当前网络上有许多资源提供手机下载，然而很多病毒就隐藏在这些资源中，这就要求用户在使用手机下载各种资源的时候确保下载站点是安全可靠的，尽量避免去个人网站下载。

（4）选择手机自带背景

网络上许多背景图片与屏保中都带有病毒，所以用户最好使用手机自带的图片进行背景设置。

（5）不要浏览危险网站

不要打开不健康网站，这些网站当中隐匿着许多病毒与木马，用手机浏览此类网站是非常危险的。

五、木马的概念

木马这个名称来源于古希腊的特洛伊木马神话。现今比喻在敌方营垒里埋下伏兵里应外合的活动。计算机领域中所谓的木马是指那些冒充合法程序却以危害计算机安全为目的的非法后门程序。一旦计算机感染木马，木马程序就会在用户的系统打开一个"后门"，黑客们从这个被打开的特定"后门"进入计算机，就可以随心所欲地进行任何操作。比如偷窃上网密码、游戏账号、股票账号、网上银行账号等。

六、木马的传播途径

1. 通过不良链接传播

在一些网站、论坛、博客等信息发布平台，黑客会故意散布一些用户感兴趣的链接，诱骗用户访问不良网站或点击下载含有木马的文件。

2. 通过即时通信工具传播

在 MSN、QQ 等聊天过程中，一些套近乎的陌生人发送的文件中很可能含有木马。

3. 通过电子邮件传播

黑客批量发送垃圾邮件，将木马藏在邮件的附件中，收件人只要查看邮件就会中招。

4. 通过下载网站传播

一些非正规的网站以提供免费软件下载为名，将木马捆绑在软件中。当用户下载安装这些经过捆绑的软件时，木马也随之被安装进了系统。

5. 通过网页浏览传播

也就是当前流行的"网页挂马"。如果说前几种传播途径尚需要受害者"主动"地安装木马，后者的工作原理是利用浏览器漏洞编写带有木马的网页，或者攻破其他知名网站后，在其网页上挂上木马，当用户浏览这些网页后，浏览器会在后台自动下载木马到目标计算机中并加以运行。

6. 通过系统漏洞传播

黑客利用所了解的操作系统或软件漏洞及其特性在网络中传播木马，其原理和蠕虫病毒如出一辙。

7. 通过盗版软件传播

一些用户在计算机中安装的盗版操作系统，本身就带有木马，在这样的系统中工作和上网，安全性自然得不到保障。当前一些盗版的应用软件虽然打着免费的旗号，但多数也不太

"干净"，要么附有广告，要么带有木马或病毒。

七、木马的预防

鉴于木马危害的严重性，一旦感染，损失在所难免，而且新的变种层出不穷，因此，我们在检测清除它的同时，更要注意采取措施来预防它，在平时，注意以下几点能大大减少木马的侵入。

① 不要下载、接收、执行任何来历不明的软件或文件。

② 不要随意打开来历不明的邮件，打开附件前必须经过杀毒。

③ 不要浏览不健康、不正规的网站，这些网站都是"网页挂马"的高发地带，访问这些网站非常危险。

④ 安装一套专门的木马防治软件，并及时升级代码库。

⑤ 及时打上操作系统的补丁，并经常升级常用的应用软件。不但操作系统存在漏洞，应用软件也存在漏洞，很多木马就是通过这些漏洞来进行攻击的，很多时候打过补丁之后的系统本身就是一种最好的木马防范办法。

8.4.2 网络安全技术

网络安全本质上讲就是网络上信息的安全，指网络系统的硬件、软件及其系统中的数据的安全。网络信息的传输、存储、处理和使用都要求处于安全的状态。

网络信息安全的关键技术主要包括防火墙技术、虚拟专用网络技术、入侵检测技术、网络安全扫描技术、网络隔离技术、加密技术等各种技术。下面简单介绍其中一些关键技术。

一、防火墙技术

防火墙技术是建立在现代通信网络技术和信息安全技术基础上的应用性安全技术。它是一个由计算机硬件和软件组成的系统，部署于网络边界，是内部网络和外部网络之前的连接桥梁，同时对进出网络边界的数据进行保护，防止恶意入侵、恶意代码的传播等，保障内部网络数据的安全。它位于被保护网络和其他网络之间，进行访问控制，阻止非法的信息访问和传递。防火墙并非单纯的软件或硬件，它实质是软件和硬件加上一组安全策略的集合。

防火墙遵循的基本准则有两点。第一，它会拒绝所有未经说明允许的命令。防火墙的审查基础是逐项审阅，任何一个服务请求和应用操作都将被逐一审查，符合允许的命令才可能执行，这样的操作方法为保证内部计算机安全性提供了切实可行的办法。正因如此，用户可以申请的服务和服务数量是有限的，提高了安全性的同时也就减弱了可用性。第二，它会允许所有未经说明拒绝的命令。防火墙在传递所有信息的时候都是按照约定的命令执行的，也就是会逐项审查后杜绝潜在危害性的命令，这一点的缺陷就是可用性优于安全性的地位，但是增加安全性的难度。

防火墙的作用主要有：

（1）强化内部网络的安全性

防火墙可以限制非法用户，比如防止黑客、网络破坏者等进入内部网络，禁止存在安全脆弱性的服务和未授权的通信进出网络，并抗击来自各种路线的攻击。对网络存取和访问进行记录、监控，作为单一的网络接入点，所有进出信息都必须通过防火墙，所以防火墙非常适用于收集关于系统和网络使用和误用的信息并做出日志记录。在防火墙上可以很方便地监视网络的安全性,并产生报警。

（2）限定内部用户访问特殊站点

防火墙通过用户身份认证来确定合法用户。防火墙通过事先确定的完全检查策略,来决定内部用户可以使用哪些服务,可以访问哪些网站。

（3）限制暴露用户点,防止内部攻击

利用防火墙对内部网络的划分,可实现网络中网段的隔离,防止影响一个网段的问题通过整个网络传播,从而限制了局部重点或敏感网络安全问题对全局网络造成的影响,同时,保护一个网段不受来自网络内部其他网段的攻击。

（4）网络地址转换（Network Address Translation，NAT）

防火墙可以作为部署 NAT 的逻辑地址,因此防火墙可以用来缓解地址空间短缺的问题,并消除机构在变换 ISP 时带来的重新编址的麻烦。

随着技术的进步和防火墙应用场景的不断延伸,现防火墙按照不同的使用场景主要可以分成以下四类:过滤防火墙、应用网关防火墙、服务防火墙、监控防火墙。

二、虚拟专用网络技术（Virtual Private Network，VPN）

在传统的企业网络配置中,要进行远程访问,需要租用 DDN（数字数据网）专线或帧中继,这样的通信方案必然导致高昂的网络通信和维护费用。对于移动办公人员与远端个人用户而言,一般会通过 Internet 进入企业的局域网,但这样必然带来安全上的隐患。

虚拟专用网的功能是在公用网络上建立专用网络,进行加密通信,通过 VPN 将企、事业单位在地域上分布在全世界各地的 LAN 或专用子网,有机地联成一个整体。这不仅省去了专用通信线路,而且为信息共享提供了技术保障,在企业网络中有广泛应用。VPN 网关通过对数据包的加密和数据包目标地址的转换实现远程访问。VPN 可通过服务器、硬件、软件等多种方式实现。

让外地员工访问到内网资源,利用 VPN 的解决方法就是在内网中架设一台 VPN 服务器。外地员工在当地连上互联网后,通过互联网连接 VPN 服务器,然后通过 VPN 服务器进入企业内网。为了保证数据安全,VPN 服务器和客户机之间的通信数据都进行了加密处理。有了数据加密,就可以认为数据是在一条专用的数据链路上进行安全传输,就如同专门架设了一个专用网络一样,但实际上 VPN 使用的是互联网上的公用链路,因此 VPN 称为虚拟专用网络,其实质就是利用加密技术在公网上封装出一个数据通信隧道。有了 VPN 技术,用户无论是在外地出差还是在家中办公,只要能上互联网就能利用 VPN 访问内网资源,这就是 VPN 在企业中应用得如此广泛的原因。

根据不同的划分标准,VPN 可以进行如下分类划分:

1. 按 VPN 的协议分类

VPN 的隧道协议主要有三种:点对点隧道协议（Point to Point Tunneling Protocol，PPTP）、第二层隧道协议（Layer 2 Tunneling Protocol，L2TP）和因特网安全协议（Internet Protocol Security，IPSec）。其中 PPTP 和 L2TP 协议工作在 OSI 模型的第二层,又称为二层隧道协议;IPSec 是第三层隧道协议。

2. 按 VPN 的应用分类

① 远程接入 VPN(Access VPN)：客户端到网关，使用公网作为骨干网在设备之间传输 VPN 数据流量。

② 内联网 VPN(Intranet VPN)：网关到网关，通过公司的网络架构连接来自同公司的资源。

③ 外联网 VPN(Extranet VPN)：与合作伙伴企业网构成 Extranet，将一个公司与另一个公司的资源进行连接。

3. 按所用的设备类型进行分类

网络设备提供商针对不同客户的需求，开发出不同的 VPN 网络设备，主要有交换机、路由器和防火墙。

路由器式 VPN：路由器式 VPN 部署较容易，只要在路由器上添加 VPN 服务即可。

交换机式 VPN：主要应用于连接用户较少的 VPN 网络。

4. 按照实现原理划分

① 重叠 VPN：此 VPN 需要用户自己建立端节点之间的 VPN 链路，主要包括 GRE、L2TP、IPSec 等众多技术。

② 对等 VPN：由网络运营商在主干网上完成 VPN 通道的建立，主要包括 MPLS、VPN 技术。

三、入侵检测技术

入侵检测系统(Intrusion Detection System，IDS)可以被定义为对计算机和网络资源的恶意使用行为进行识别和相应处理的系统。入侵包括系统外部的入侵和内部用户的非授权行为。入侵检测技术是为保证计算机系统的安全而设计与配置的一种能够及时发现并报告系统中未授权或异常现象的技术，是一种用于检测计算机网络中违反安全策略行为的技术。

入侵检测系统一般经过数据提取、数据分析、结果处理 3 步处理。数据提取就是对数据源（可以是主机上的日志信息、变动信息，也可以是网络上的数据信息，甚至是流量变化等）进行简单的过滤等处理，并将数据格式进行标准化。数据分析对数据进行深入的分析，发现攻击并根据分析的结果产生事件，传送结果给处理模块。结果处理模块的作用在于告警与反应，也就是在发现攻击企图或者攻击后，需要系统及时地进行反应，包括报告、记录、反映和恢复。入侵检测按照不同的分类方法可以分为不同的种类。

1. 按检测技术划分

① 异常检测模型(Anomaly detection)：检测与可接受行为之间的偏差。如果可以定义每项可接受的行为，那么每项不可接受的行为就应该是入侵。首先总结正常操作应该具有的特征（用户轮廓），当用户活动与正常行为有重大偏离时即被认为是入侵。这种检测模型漏报率低，误报率高。因为不需要对每种入侵行为进行定义，所以能有效检测未知的入侵。

② 误用检测模型(Misuse detection)：检测与已知的不可接受行为之间的匹配程度。如果可以定义所有的不可接受行为，那么每种能够与之匹配的行为都会引起告警。收集非正常操作的行为特征，建立相关的特征库，当监测的用户或系统行为与库中的记录相匹配时，

系统就认为这种行为是入侵。这种检测模型误报率低、漏报率高。对于已知的攻击,它可以详细、准确地报告出攻击类型,但是对未知攻击却效果有限,而且特征库必须不断更新。

2. 按检测对象划分

基于主机:系统分析的数据是计算机操作系统的事件日志、应用程序的事件日志、系统调用、端口调用和安全审计记录。主机型入侵检测系统保护的一般是所在的主机系统。是由代理(Agent)来实现的,代理是运行在目标主机上的小的可执行程序,它们与命令控制台(Console)通信。

基于网络:系统分析的数据是网络上的数据包。网络型入侵检测系统担负着保护整个网段的任务,基于网络的入侵检测系统由遍及网络的传感器组成,传感器是一台将以太网卡置于混杂模式的计算机,用于嗅探网络上的数据包。

混合型:基于网络和基于主机的入侵检测系统都有不足之处,会造成防御体系的不全面,综合了基于网络和基于主机的混合型入侵检测系统既可以发现网络中的攻击信息,也可以从系统日志中发现异常情况。

入侵检测经常和入侵跟踪结合在一起,在发现入侵后能对入侵取证甚至反击是信息安全保障体系的重要任务。

四、网络安全扫描技术

网络安全扫描技术是一类重要的网络安全技术。安全扫描技术与防火墙、入侵检测系统互相配合,能够有效提高网络的安全性。通过对网络的扫描,系统管理员能够发现所维护的 Web 服务器的各种 TCP/IP 端口的分配、开放的服务、Web 服务软件版本和这些服务及软件呈现在 Internet 上的安全漏洞,然后根据扫描的结果更正网络安全漏洞和系统中的错误配置,在黑客攻击前进行防范。网络安全扫描技术采用积极的、非破坏性的办法来检验系统是否有可能被攻击崩溃,如果说防火墙和网络监控系统是被动的防御手段,那么安全扫描是一种主动的防范措施,可以有效避免黑客攻击行为,做到防患于未然。

一次完整的网络安全扫描分为三个阶段:

第一阶段:发现目标主机或网络。

第二阶段:发现目标后进一步搜集目标信息,包括操作系统类型、运行的服务以及服务软件的版本等。如果目标是一个网络,还可以进一步发现该网络的拓扑结构、路由设备以及各主机的信息。

第三阶段:根据搜集到的信息判断或者进一步测试系统是否存在安全漏洞。

常用的网络安全扫描技术包括 PING 扫射(Ping sweep)、操作系统探测(Operating system identification)、如何探测访问控制规则(Firewalking)、端口扫描(Port scan)以及漏洞扫描(Vulnerability scan)等。这些技术在网络安全扫描的三个阶段中各有体现。

PING 扫射用于网络安全扫描的第一阶段,可以帮助我们识别系统是否处于活动状态。操作系统探测、如何探测访问控制规则和端口扫描用于网络安全扫描的第二阶段,其中操作系统探测顾名思义就是对目标主机运行的操作系统进行识别;如何探测访问控制规则用于获取被防火墙保护的远端网络的资料;而端口扫描是通过与目标系统的 TCP/IP 端口连接,并查看该系统处于监听或运行状态的服务。网络安全扫描第三阶段采用的漏洞扫描通常是在端口扫描的基础上,对得到的信息进行相关处理,进而检测出目标系统存在的安全漏洞。

网络安全扫描技术的两大核心技术就是端口扫描技术与漏洞扫描技术，这两种技术广泛运用于当前较成熟的网络扫描器中。

1. 端口扫描技术原理

一个端口就是一个潜在的通信通道，也就是一个入侵通道。对目标计算机进行端口扫描，能得到许多有用的信息，从而发现系统的安全漏洞。它使系统用户了解系统目前向外界提供了哪些服务，从而为系统用户管理网络提供了一种手段。

端口扫描向目标主机的 TCP/IP 服务端口发送探测数据包，并记录目标主机的响应。通过分析响应来判断服务端口是打开还是关闭，就可以得知端口提供的服务或信息。端口扫描也可以通过捕获本地主机或服务器的流入流出 IP 数据包来监视本地主机的运行情况，它仅能对接收到的数据进行分析，帮助我们发现目标主机的某些内在的弱点，而不会提供进入一个系统的详细步骤。

2. 漏洞扫描技术原理

漏洞扫描技术主要是检查目标主机是否存在漏洞。它主要通过漏洞库匹配和插件（功能模块技术）技术两种方法来检查目标主机是否存在漏洞。在端口扫描后得知目标主机开启的端口以及端口上的网络服务，将这些相关信息与网络漏洞扫描系统提供的漏洞库进行匹配，查看是否有满足匹配条件的漏洞存在；通过模拟黑客的攻击手法，对目标主机系统进行攻击性的安全漏洞扫描，如测试弱势口令等。若模拟攻击成功，表明目标主机系统存在安全漏洞。

网络安全扫描技术是新兴的技术，它与防火墙、入侵检测等技术相比，从另一个角度来解决网络安全上的问题。随着网络的发展和内核的进一步修改，新的端口扫描技术及对入侵性的端口扫描的新防御技术还会诞生，而到目前为止还没有一种完全成熟、高效的端口扫描防御技术；同时，漏洞扫描面向的漏洞包罗万象，而且漏洞的数目也在继续的增加。就目前的漏洞扫描技术而言，自动化的漏洞扫描无法得以完全实现，而且新的难题也将不断涌现，因此网络安全扫描技术仍有待更进一步的研究和完善。

五、网络隔离技术

面对新型网络攻击手段的出现和高安全度网络对安全的特殊需求，全新安全防护防范理念的网络安全技术——"网络隔离技术"应运而生。网络隔离技术的目标是确保隔离有害的攻击，在可信网络之外和保证可信网络内部信息不外泄的前提下，完成网间数据的安全交换。网络隔离技术是在原有安全技术的基础上发展起来的，它弥补了原有安全技术的不足，突出了自己的优势。

所谓网络隔离技术是指两个或两个以上的计算机或网络在断开连接的基础上，实现信息交换和资源共享，也就是说，通过网络隔离技术既可以使两个网络实现物理上的隔离，又能在安全的网络环境下进行数据交换。网络隔离技术的主要目标是将有害的网络安全威胁隔离开，以保障数据信息在可信网络内在进行安全交互。目前，一般的网络隔离技术都是以访问控制思想为策略，物理隔离为基础，并定义相关约束和规则来保障网络的安全强度。

网络隔离技术有很多种，包括：

① 物理网络隔离：在两个隔离区（Demilitarized Zone，DMZ）之间配置一个网络，让其中的通信只能经由一个安全装置实现。在这个安全装置里面，防火墙及 IDS/IPS 规则会监控

信息包来确认是否接收或拒绝它进入内网。这种技术是最安全但也最昂贵的,因为它需要许多物理设备来将网络分隔成多个区块。

② 逻辑网络隔离:这个技术借由虚拟/逻辑设备,而不是物理的设备来隔离不同网段的通信。

③ 虚拟局域网(VLAN):VLAN 工作在第二层,与一个广播区域中拥有相同 VLAN 标签的接口交互,而一个交换机上的所有接口都默认在同一个广播区域。支持 VLAN 的交换机可以借由使用 VLAN 标签的方式将预定义的端口保留在各自的广播区域中,从而建立多重的逻辑分隔网络。

④ 虚拟路由和转发:这个技术工作在第三层,允许多个路由表同时共存在同一个路由器上,用一台设备实现网络的分区。

⑤ 多协议标签交换(MPLS):MPLS 工作在第三层,使用标签而不是保存在路由表里的网络地址来转发数据包。标签是用来辨认数据包将被转发到的某个远程节点。

⑥ 虚拟交换机:虚拟交换机可以用来将一个网络与另一个网络分隔开来。它类似于物理交换机,都是用来转发数据包,但是用软件来实现,所以不需要额外的硬件。

六、密码技术概述

一般说来,由数据库收集或存储的大量数据,或在传输过程中的数据,由于传输中的公共信道和存储的计算机系统非常脆弱,容易受到两种形式的攻击。一种是从传输信道上截取信息,或从存储的载体上偷窃或非法复制信息,称之为被动攻击;另一种是对在传输过程中或对存储的数据进行非法删除、更改或插入等操作,称之为主动攻击。

除了法律、法规外,密码技术是一种经济实用的方法,不但可以进行数据加密,还可以进行信息鉴别、数字签名,用以防止电子诈骗,这对信息系统的安全起着极其重要的作用。可以说,密码技术是信息安全的核心和基础。

密码形成一门学科是在 20 世纪 70 年代,在其发展过程中有两个重要的里程碑。一是1977 年美国国家标准局正式公布实施了美国的数据加密标准(DES),公开它的加密算法,并批准用于非机密单位及商业上的保密通信。密码学的神秘面纱从此被揭开。二是 Diffie和 Hellman 联合发表了题为"密码学的新方向"的论文,文中提出了适应网络上保密通信的公钥密码思想,掀起了公钥密码研究的序幕。

从不同的角度可以对密码学进行不同的分类。从研究领域看,可以将密码学分成密码编码学与密码分析学。密码编码学研究数据加密算法和解密算法,密码分析学是研究不掌握密钥的情况下,利用密码体制的弱点来恢复明文。从加密方式分,可以分成分组密码、公钥密码和流密码 3 种。

分组密码即对固定长度的一组明文进行加密的一种加密算法。分组密码算法中发送方和接受方使用的是同一个密钥,加、解密算法可以公开,但密钥一定要保密。分组密码算法是单密钥体制,也称为对称密钥体制。典型的算法有 DES、AES、IDEA、RC5、RC6 等。

公钥密码算法的安全性基于数学上目前的一些难解问题,如大整数分解、离散对数等,理论基础是数论、概率统计、算法复杂性理论、编码理论等。

公钥密码系统中,每个用户使用一对密钥(e,d),其中一个密钥 e 公开,称为公钥,一个密钥 d 保密,称为私钥。公钥密码算法也称为非对称密码算法,典型的算法有 RSA、Rabin、

ElGamal、McEliece 等。

公钥密码算法不但可以进行数据加密，大部分算法也可以用来进行数字签名。所谓数字签名就是附加在数据单元上的一些数据，或是对数据单元所做的密码变换。这种数据或变换允许数据单元的接收者用以确认数据单元的来源和数据单元的完整性并保护数据，防止被人（例如接收者）进行伪造。它是对电子形式的消息进行签名的一种方法。除一些公钥密码算法用于数字签名外，也有专门的数字签名算法，如 DSS、Schnorr、Fiat-Shamir、Lamport-Diffie 等，数字签名技术可以很好地防止信息被非法修改。

8.4.3 计算机道德与规范

随着信息化社会的发展，计算机和网络已经走入千家万户。我们在使用计算机的过程中，要遵循一定的道德标准，不应该有违反法律和法规的行为。例如，在未经许可的情况下，不要删改别人计算机中的文件，不要随意使用盗版软件或复制他人的文件。在网络环境中使用计算机时，不要随意删改网上数据或窃取别人的密码等。

计算机和网络的应用在给人们的生活带来极大便利的同时，也不可避免地产生了新的问题，为此我国制定了一些相关法律和法规，对在计算机应用中涉及的问题做了规定。

在使用计算机的过程中，应注意的要点主要有以下几个方面：

1. 有关知识产权

1990 年 9 月我国颁布了《中华人民共和国著作权法》，把计算机软件列为享有著作权保护的作品；1991 年 6 月，颁布了《计算机软件保护条例》，规定计算机软件是个人或者团体的智力产品，同专利、著作一样受法律的保护，任何未经授权的使用、复制都是非法的，按规定要受到法律的制裁；1994 年 2 月，颁布了《中华人民共和国计算机信息系统安全保护条例》；1996 年 2 月，颁布了《中华人民共和国计算机信息网络国际联网管理暂行规定》。

我们在使用计算机软件或数据时，应遵照国家有关法律规定，尊重其作品的版权，这是使用计算机的基本道德规范。

2. 有关计算机安全

计算机安全是指计算机信息系统的安全。计算机信息系统是由计算机及其相关的和配套的设备、设施（包括网络）构成的，为维护计算机系统的安全，防止病毒的入侵，我们应该注意：① 不要蓄意破坏和损伤他人的计算机系统设备及资源；② 不要制造病毒程序，不要使用带病毒的软件，更不要有意传播病毒给其他计算机系统（传播带有病毒的软件）；③ 要采取预防措施，在计算机内安装防病毒软件；要定期检查计算机系统内文件是否有病毒，如发现病毒，应及时用杀毒软件清除；④ 维护计算机的正常运行，保护计算机系统数据的安全；⑤ 被授权者对自己享用的资源负有保护责任，口令密码不得泄露给外人。

3. 有关网络行为规范

计算机网络正在改变着人们的行为方式、思维方式乃至社会结构，它对于信息资源的共享起到了无与伦比的巨大作用，并且蕴藏着无尽的潜能。但是网络的作用不是单一的，在它广泛的积极作用背后，也有使人堕落的陷阱，这些陷阱产生着巨大的反作用。其主要表现在：网络文化的误导；传播暴力、色情内容；网络诱发着不道德和犯罪行为；网络的神秘性"培养"了计算机"黑客"等等。

如今各个国家都制定了相应的法律法规,以约束人们使用计算机以及在计算机网络上的行为。例如,我国公安部公布的《计算机信息网络国际联网安全保护管理办法》中规定任何单位和个人不得利用国际互联网制作、复制、查阅和传播下列信息:① 煽动抗拒、破坏宪法和法律、行政法规实施的;② 煽动颠覆国家政权,推翻社会主义制度的;③ 煽动分裂国家、破坏国家统一的;④ 煽动民族仇恨、破坏国家统一的;⑤ 捏造或者歪曲事实,散布谣言,扰乱社会秩序的;⑥ 宣言封建迷信、淫秽、色情、赌博、暴力、凶杀、恐怖,教唆犯罪的;⑦ 公然侮辱他人或者捏造事实诽谤他人的;⑧ 损害国家机关信誉的;⑨ 其他违反宪法和法律、行政法规的。

但是,仅仅靠制定一项法律来制约人们的所有行为是不可能的,也是不实用的。相反,社会依靠道德来规定人们普遍认可的行为规范。在使用计算机时应该抱着诚实的态度、无恶意的行为,并要求自身在智力和道德意识方面取得进步。

① 不应该在 Internet 上传送大型的文件和直接传送非文本格式的文件,而造成浪费网络资源;

② 不能利用电子邮件做广播型的宣传,这种强加于人的做法会造成别人的信箱充斥无用的信息而影响正常工作;

③ 不应该使用他人的计算机资源,除非你得到了准许或者做出了补偿;

④ 不应该利用计算机去伤害别人;

⑤ 不能私自阅读他人的通信文件(如电子邮件),不得私自拷贝不属于自己的软件资源;

⑥ 不应该到他人的计算机里去窥探,不得蓄意破译别人口令。

总之,我们必须明确认识到任何借助计算机或计算机网络进行破坏、偷窃、诈骗和人身攻击都是非道德的或违法的,必将承担相应的责任或受到相应的制裁。

除此以外,世界知名的计算机道德规范组织 IEEE – CS/ACM 软件工程师道德规范和职业实践(SEEPP)联合工作组曾就此专门制订过一个规范,根据此项规范计算机从业人员职业道德的核心原则主要有以下两项:

原则一:计算机从业人员应当以公众利益为最高目标。这一原则可以解释为以下八点:

① 对工作承担完全的责任;

② 用公益目标节制雇主、客户和用户的利益;

③ 批准软件,应在确信软件是安全的、符合规格说明的、经过合适测试的、不会降低生活品质、影响隐私权或有害环境的条件之下,一切工作以大众利益为前提;

④ 当他们有理由相信有关的软件和文档,可以对用户、公众或环境造成任何实际或潜在的危害时,向适当的人或当局揭露;

⑤ 通过合作全力解决由于软件及其安装、维护、支持或文档引起的社会严重关切的各种事项;

⑥ 在所有有关软件、文档、方法和工具的申述中,特别是与公众相关的,力求正直,避免欺骗;

⑦ 认真考虑诸如体力残疾、资源分配、经济缺陷和其他可能影响使用软件益处的各种因素;

⑧ 应致力于将自己的专业技能用于公益事业和公共教育的发展。

原则二:客户和雇主在保持与公众利益一致的原则下,计算机从业人员应注意满足客户和雇主的最高利益。这一原则可以解释为以下九点:

① 在其胜任的领域提供服务，对其经验和教育方面的不足应持诚实和坦率的态度；

② 不明知故犯使用非法或非合理渠道获得的软件；

③ 在客户或雇主知晓和同意的情况下，只在适当准许的范围内使用客户或雇主的资产；

④ 保证他们遵循的文档按要求经过某一人授权批准；

⑤ 只要工作中所接触的机密文件不违背公众利益和法律，对这些文件所记载的信息须严格保密；

⑥ 根据其判断，如果一个项目有可能失败，或者费用过高，违反知识产权法规，或者存在问题，应立即确认、文档记录、收集证据和报告客户或雇主；

⑦ 当他们知道软件或文档有涉及社会关切的明显问题时，应确认、文档记录和报告给雇主或客户；

⑧ 不接受不利于为他们雇主工作的外部工作；

⑨ 不提倡与雇主或客户的利益冲突，除非出于符合更高道德规范的考虑，在后者情况下，应通报雇主或另一位涉及这一道德规范的适当的当事人。

除了以上基础要求和核心原则外，作为一名计算机从业人员还有一些其他的职业道德规范应当遵守，比如：

① 按照有关法律、法规和有关机关团体的内部规定建立计算机信息系统；

② 以合法的用户身份进入计算机信息系统；

③ 在工作中尊重各类著作权人的合法权利；

④ 在收集、发布信息时尊重相关人员的名誉、隐私等合法权益。

计算机专业人员作为一种独立的职业拥有与众不同的的职业特点、工作条件，因此，其职业道德也与其他行业有所区别，作为计算机从业人员，我们必须牢记这些职业道德准则，更好地投入工作中！

 计算思维启迪

随着信息化社会的发展，计算机网络呈现出了爆发性的增长，极大地方便了人们的工作和生活。

大量的门户网站、学习网站、购物网站、娱乐网站的蜂拥出现，使人们的物质生活方式发生了巨大的改变。一般而言，网络对人们物质生活的影响都是正面的，网络极大地提高了人们的工作效率，促进了社会生产率的提高。无论是生产订货、商品销售还是消费娱乐，许多传统的生产、生活方式都开始从"线下"逐步向"线上"转移。人们的很多需求通过"在线"就能轻松解决。

与此同时，网络给人们的精神生活也带来了深远的影响。我们可以在网络的知识库里寻找自己学业上、事业上的所需，从而帮助我们更好地工作与学习。然而值得注意的是网络不仅对人们的精神生活带来了正面的影响，同时也带来了很多负面的影响。比如长时间上网会对身心造成严重的伤害，甚至危及生命；大量的不良网站极大地危害着社会的稳定和青少年的成长；网络诈骗、钓鱼网站层出不穷导致许多人上当受骗等，这些都给人们的生活带来了很大困扰。因此，我们在享受网络带来的巨大便利性的同时，要做到遵纪守法，加强自我约束，保持清醒的头脑，提高警惕性，只有这样才能真正利用好网络，让网络为我们服务。

思维导图

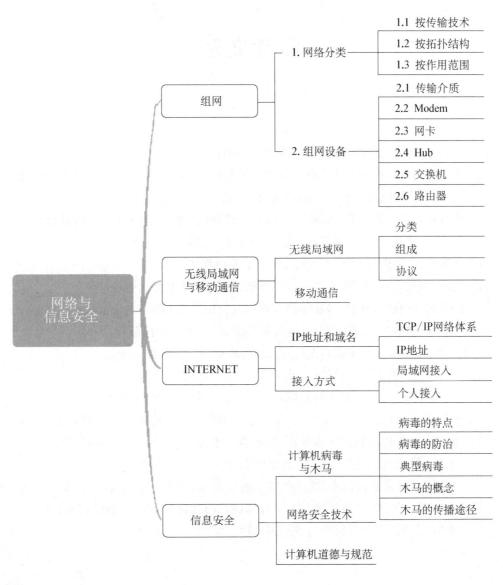

 阅读资料

参考文献

[1] 殷新春.计算机应用基础教程. 北京:中国计量出版社,2009.

[2] 张福炎,孙志辉.大学计算机信息技术教程(第6版). 南京:南京大学出版社,2013.

[3] 陈国良.计算思维导论. 北京:高等教育出版社,2012.

[4] 战德臣,聂兰顺.大学计算机——计算思维导论. 北京:电子工业出版社,2013.

[5] 夏耘,黄小瑜.计算思维基础. 北京:电子工业出版社,2012.

[6] 陆汉权.计算机科学基础. 北京:电子工业出版社,2011.

[7] 沈军,朱敏,徐冬梅等.大学计算机基础.北京:高等教育出版社,2005.

[8] 钟玉琢,冼伟铨,沈洪.多媒体技术基础及应用.北京:清华大学出版社,2000.

[9] 严蔚敏,吴伟民.数据结构(C语言版). 北京:清华大学出版社,2011.

[10] 马华东.多媒体技术原理及应用.北京:清华大学出版社,2002.

[11] 江正战.三级偏软考试教程. 南京:东南大学出版社,2006.

[12] 卢雪松.Visual FoxPro教程(第4版).南京:东南大学出版社,2012.

[13] (美)Roger S.Pressman 著,郑人杰等译.软件工程. 北京:机械工业出版社,2009.

[14] 张海藩,牟永敏.软件工程导论(第6版). 北京:清华大学出版社,2013.

[15] 宋拯. 移动通信技术 . 北京:北京理工大学出版社.2012.

[16] 吴彦文. 移动通信技术及应用(第二版). 北京:清华大学出版社.2013.

[17] 陈国良,董荣胜.计算思维与大学计算机基础教育.中国大学教学,2011(1).

[18] 李廉.计算思维——概念与挑战.中国大学教学,2012(1).